Georg Paul, Meike Hollatz, Dirk Jesko, Torsten Mähne

Grundlagen der Informatik
für Ingenieure

Georg Paul, Meike Hollatz,
Dirk Jesko, Torsten Mähne

Grundlagen der Informatik für Ingenieure

Eine Einführung mit C/C++

Teubner

B. G. Teubner Stuttgart · Leipzig · Wiesbaden

Bibliografische Information der Deutschen Bibliothek
Die Deutsche Bibliothek verzeichnet diese Publikation in der Deutschen Nationalbibliographie;
detaillierte bibliografische Daten sind im Internet über <http://dnb.ddb.de> abrufbar.

Prof. Dr.-Ing. habil. Georg Paul

Dr. paed. Meike Hollatz

Dipl.-Inf. Dirk Jesko

Torsten Mähne
Otto-von-Guericke-Universität Magdeburg
Fakultät für Informatik
PF 4120, D-39016 Magdeburg

1. Auflage Oktober 2003

ISBN-13: 978-3-519-00428-8   e-ISBN-13: 978-3-322-88899-0
DOI: 10.1007/ 978-3-322-88899-0

Alle Rechte vorbehalten
© B. G. Teubner Verlag / GWV Fachverlage GmbH, Wiesbaden 2003

Der B. G. Teubner Verlag ist ein Unternehmen der Fachverlagsgruppe BertelsmannSpringer.
www.teubner.de

Vorwort

Das vorliegende Buch ist aus einer Vorlesung „Grundlagen der Informatik für Ingenieure" entstanden. Diese Vorlesung wird von dem Team um Professor Georg Paul seit 15 Jahren in jeweils aktualisierter Form an der Otto-von-Guericke-Universität Magdeburg gehalten. Teilnehmer sind vor allem Studierende der Ingenieurstudiengänge. Zur Stoffvermittlung stehen 3 Semesterwochenstunden zur Verfügung. Begleitet wird die Vorlesung durch Übungen und Praktika (2-4 SWS). Das Buch ist auch für gleichgelagerte Lehrveranstaltungen an anderen Universitäten und an Fachhochschulen geeignet.

Bei der inhaltlichen Gestaltung eines solchen Buches stellt sich sofort die Frage: Wie kann man die Erwartungshaltung der Leserschaft erfüllen? Es bieten sich zumindest zwei Wege an: Man kann den Inhalt in der Form gestalten, dass der Leser mit den modernsten Werkzeugen und Techniken im Kontext der Rechnernutzung zur Softwareentwicklung konfrontiert wird. Dieser Weg ist stark abhängig von der Hard- und Softwareentwicklung. Ein zweiter Weg besteht darin, durch Vermittlung von Prinzipien, Paradigmen und Methoden der Leserschaft ein Rüstzeug zu vermitteln, das sie motiviert, eigene Anwendungen zu entwickeln. Letzterer Weg wurde in diesem Buch gewählt, um eine gewisse Unabhängigkeit von der rasanten Entwicklung in dieser Branche zu erreichen. Der erste Teil des Buches beinhaltet als Schwerpunkte eine Einführung und wesentliche Gedanken zu Algorithmen, um dann darauf aufbauend in die Programmierung in C/C++ einzusteigen. Hierbei werden Datenstrukturen aufgebaut und geeignete Algorithmen darauf ausgeführt. Zahlreiche eingebundene Anwendungsbeispiele unterstützen die Lernarbeit. Teil 2 stellt Anwendungsaspekte in den Vordergrund. Grundlagen für grafische Anwendungen, für Datenbanksysteme und zur Softwaretechnologie werden erläutert. Weitere Anwendungsbeispiele runden die Thematik ab. Das Buch wird durch eine umfangreiche Sammlung von Übungsaufgaben und Lösungen begleitet, die auf einer zum Buch eingerichteten Web-Seite (`http:\\wwwiti.cs.uni-magdeburg.de\iti_ti\IngInf`) zu finden sind.

Magdeburg, im Juli 2003   G. Paul, M. Hollatz, D. Jesko, T. Mähne

Inhaltsverzeichnis

1	**Einführung**	**13**
1.1	Information als Element der Technik	14
1.1.1	Datenverarbeitung – Notwendigkeit und Möglichkeiten	14
1.1.2	Die neue Stufe in Technik und Wissenschaft	15
1.1.3	Äquivalenz von Steuerung und Information	17
1.1.4	Herausforderung an Wissenschaft und Technik	17
1.2	Grundsätzliches zur Datenverarbeitung	20
1.3	Allgemeine Computeranwendungen	21
2	**Algorithmus und Programm**	**25**
2.1	Algorithmierung - eine allgemeine Einführung	25
2.2	Formalismen zur Beschreibung von Algorithmen	30
2.2.1	Algorithmen, Programme, Programmiersprachen	34
2.2.2	Syntax und Semantik von Programmiersprachen	36
2.2.3	Darstellung der Syntax	38
2.3	Informationsdarstellung	40
2.4	Zusammenfassung	42
3	**Grundsätzliches zum Programmieren in C**	**43**
3.1	Beschreibung des Sprachumfangs von ANSI-C	43
3.1.1	Grundelemente der Sprache	43
3.1.2	Nutzerdefinierte Sprachelemente	46
3.2	Programmaufbau	46
3.3	Variablen, Konstanten und elementare Datentypen	49
3.3.1	Variablen	49
3.3.2	Konstanten	49
3.3.3	Elementare Datentypen	49
3.4	Ein- und Ausgabefunktionen	57

4   Steueranweisungen   58

4.1   Verzweigungen (Selektionen)   58
4.1.1   Bedingte Anweisung   59
4.1.2   Bedingte Anweisung mit Alternative   60
4.1.3   Mehrfachverzweigung   62

4.2   Wiederholungen (Iterationen)   65
4.2.1   Zählschleife   66
4.2.2   Nichtabweisende Schleife   68
4.2.3   Abweisende Schleife   69
4.2.4   Geschachtelte Schleifen   72

4.3   Kontrollierter Abbruch und Sprung   75

5   Zusammengesetzte Datentypen   78

5.1   Felder   78
5.1.1   Eindimensionale Felder   79
5.1.2   Mehrdimensionale Felder   81
5.1.3   Zeichenketten (Strings)   83

5.2   Strukturen   87
5.2.1   Definition und Deklaration   87
5.2.2   Zugriff auf Strukturvariablen   88
5.2.3   Zugriff auf die Komponenten   89
5.2.4   Spezielle Strukturtypen   89

5.3   Selbstdefinierte Datentypen   92

6   Funktionen   95

6.1   Definition und Deklaration   95

6.2   Parameterübergabe durch *call by value*   98

6.3   Parameterübergabe durch *call by reference* 101
6.3.1   Einfache Variablen als Parameter 101
6.3.2   Felder als Parameter 102
6.3.3   Strukturen als Parameter 105
6.3.4   Funktionen als Parameter 107

6.4   Rekursive Funktionen 110

7   Zeiger   113

7.1   Definition und Operationen 113

7.2   Anwendungen von Zeigern 114

7.2.1   Zeiger auf Felder bzw. Feldelemente 114
7.2.2   Zeiger auf Zeichenketten 116
7.2.3   Dynamische Felder 118
7.2.4   Zeiger auf Strukturen 120
7.2.5   Einfach verkettete Liste 123
7.2.6   Hinweise auf weitere Anwendungen 125

8   Dateien   127

8.1   Öffnen und Schließen von Dateien 129

8.2   Lese- und Schreiboperationen mit Dateien 131
8.2.1   Formatiertes Lesen und Schreiben von Textdateien 132
8.2.2   Blockweises Lesen und Schreiben von Binärdateien 137

8.3   Standardgerätedateien und vordefinierte FILE-Zeiger 140

9   Objektorientierte Programmierung mit C++   142

9.1   Probleme strukturierter Programmierung 142

9.2   Der objektorientierte Ansatz 143

9.3   Ein- und Ausgabe in C++ 146

9.4   Objektorientierte Konzepte in C++ 148
9.4.1   Klassen 148
9.4.2   Instanzierung 152
9.4.3   Vererbung 152
9.4.4   Konstruktoren 155
9.4.5   Destruktoren 157
9.4.6   Der implizite Zeiger this 158
9.4.7   Überladen von Operatoren 158

9.5   Abschließendes Beispiel 160

9.6   Zusammenfassung und Ausblick 167

10   Grundlagen der Computergrafik   168

10.1   Einführung 168

10.2   Anwendungsgebiete 169

10.3   Zeichnen elementarer Figuren 172
10.3.1   Punkte 173
10.3.2   Linien 173
10.3.3   Kreise 176

10.4   Grafikgrundlagen 178

10.5   Zweidimensionale, geometrische Transformationen 180

10.6   Einführung in OpenGL 183
10.6.1 Die Bibliothek 184
10.6.2 Die Praxis 187

10.7   Zusammenfassung 203

11   Datenbanksysteme   204

11.1   Motivation des Datenbankkonzepts 204
11.1.1 Geschichte 205
11.1.2 Anforderungen an Datenbank-Management-Systeme 205
11.1.3 Grenzen der Anwendung und Entwicklungstendenzen 207

11.2   Architekturen 208
11.2.1 Schema-Architektur 208
11.2.2 System-Architektur 209

11.3   Datenbankmodelle 210
11.3.1 Entity-Relationship-Modell 211
11.3.2 Relationenmodell 213
11.3.3 Weitere Datenbankmodelle 215

11.4   Datenbanksprachen 217
11.4.1 Datendefinitionssprache 217
11.4.2 Datenmanipulationssprache 218
11.4.3 Anfragesprache 219

11.5   Datenbankentwurf 222

12   Softwareengineering   225

12.1   Einführung, Vorbemerkungen 225
12.1.1 Aufgabe, Begriffsbestimmung 226
12.1.2 Software als Produkt 227

12.2   Softwareentwicklungsprozess, Softwarelebenszyklus 228
12.2.1 Phasenmodell der Softwareentwicklung 229
12.2.2 Methoden zur Softwareentwicklung 235

12.3   Softwarewerkzeuge und Entwicklungsumgebungen 241

12.4   Weitere Konzepte der Softwareentwicklung 242

13   Anwendungen   243

13.1   Problem des Josephus 243
13.1.1 Problemanalyse 244

13.1.2   Programm 245
13.1.3   Ergebnis 247

13.2   Numerische Nullstellenberechnung 248
13.2.1   Problemanalyse 248
13.2.2   Programm 250
13.2.3   Ergebnis 252

13.3   Analyse eines Widerstandsnetzwerkes 253
13.3.1   Problemanalyse 253
13.3.2   Programm 256
13.3.3   Ergebnis 258

13.4   Wärmeleitung in einem mehrschichtigen Bauteil 259
13.4.1   Problemanalyse 260
13.4.2   Programm 262
13.4.3   Ergebnis . . . . . . ʳ 272

14   Einführung in DEV-C++   276

14.1   Installation 276

14.2   Nutzung 277

Literaturverzeichnis   279

Index   282

Abkürzungsverzeichnis

ASCII	American Standard Code for Information Interchange
ASIC	Application Specific Integrated Circuit
ANSI	American National Standards Institute
BNF	Backus-Naur-Form
CAx	Computer Aided x (Rechnerunterstützung in der Domäne x)
CAD	Computer Aided Design
CISC	Complex Instruction Set Computer
CPU	Central Processing Unit
DB	Datenbank
DBMS	Datenbank-Management-System
DBS	Datenbanksystem
DDL	Data Definition Language
DDA	Digital Differential Analyzer
DML	Data Manipulation Language
DV	Datenverarbeitung
DVS	Datenverarbeitungssystem
EBNF	Erweiterte Backus-Naur-Form
EDV	Elektronische Datenverarbeitung
ERM	Entity Relationship Modell
EVA	Eingabe – Verarbeitung – Ausgabe
GKS	Graphic Kernel System
GLU	OpenGL Utility Library
GLUT	OpenGL Utility Toolkit
GNU	„GNU's Not UNIX"

GPL	GNU Public License
IDE	Integrierte Entwicklungsumgebung (Integrated Development Environment)
IT	Informationstechnik
KI	Künstliche Intelligenz
LGS	lineares Gleichungssystem
OpenGL	Open Graphics Library
PAP	Programmablaufplan
PPS	Produktionsplanung und -steuerung
QL	Query Language
RAM	Random Access Memory
RISC	Reduced Instruction Set Computer
ROM	Read Only Memory
RTL	Röhren-Transistor-Logik
SEP	Softwareentwicklungsprozess
Si	Silizium
SPARC	Standard Planning And Requirement Commitee
SQL	Structured Query Language
TTL	Transistor-Transistor-Logik
ULSI	Ultra Large Scale Integration
VLSI	Very Large Scale Integration

1   Einführung

Die Lehrveranstaltung „Grundlagen der Informatik für Ingenieure" wurde erstmals unter Verantwortung der Autoren an der Otto-von-Guericke- Universität im Jahre 1988 angeboten. In den letzten Jahrzehnten hat die Informatik bzw. die Informations- und Kommunikationstechnik eine rasante Entwicklung genommen, die auch auf die Anwendungsfelder der Informatik durchschlägt. Voraussetzung dafür waren vor allem die enormen Fortschritte in der Hardwareentwicklung. Musste vorher mit jedem Speicherbit oder jeder Sekunde Rechenzeit gegeizt werden, so sind heute Rechner verfügbar, die umfangreiche Softwareprodukte mit kurzen Antwortzeiten bedienen. Damit haben sich zum Teil auch die Erwartungshaltungen der Anwender an die Informatik gewandelt. Diese drückt sich z.B. darin aus, dass der Anwender der Informationstechnik (im Maschinenbau und in der Elektrotechnik, in der Verfahrenstechnik, in der Sporttechnik, u.a.) zumeist vorgefertigte Tools nutzen möchte, die sein technisches Problem lösen helfen, ohne dass er selbst tief in die „Geheimnisse" der Informatik eindringen muss. Diese Forderung ist akzeptabel, schließt aber eine Beschäftigung mit der Informationstechnik aus mindestens 3 Gründen nicht aus:

- Der Anwender muss die Einsatzmöglichkeiten der vorgefertigten Softwarewerkzeuge einschließlich ihrer Schnittstellen selbst erschließen können.
- Er muss diese durch eigene Anwendungen erweitern können.
- Er muss ein Grundverständnis für die Informatik entwickeln, um im Team die Sprache des Partners zu verstehen.

Aus diesen Zielstellungen heraus wurde diese Vorlesung ständig überarbeitet. Dabei wird bis auf eine Entwicklungsumgebung zur Programmierung (Dev-C++) nicht auf fertige Tools eingegangen. Systeme zur Unterstützung der Textverarbeitung, der Tabellenkalkulation oder auch zur Datenverwaltung sollten mit Hilfe der eigens dafür geschaffenen Tutorials erschlossen werden.

1.1   Information als Element der Technik

Mit Jobst [Job 87, S. 135] kann man konstatieren: „Mit der weiteren Entfaltung der wissenschaftlich-technischen Revolution wird das Verhalten des Menschen zu den kulturellen Bildungsgütern, zu dem sich entwickelnden Weltwissen, den Alltagsinformationen und zu der individuellen geistigen Welt selbst durch die moderne Informationstechnik wesentlich beeinflusst ... Der Mensch im Mittelpunkt stehend, wird sich des Computers auf allen Gebieten gesellschaftlichen Lebens bemächtigen. Da aber alles, was der Mensch beabsichtigt, den Weg durch seinen Kopf gehen muss, steht für alle Zeiten der Existenz des Menschen die Frage nach den Inhalten und Prozessen seines Bewusstseins."

Diese bereits 1987 aufgestellte These hat durch die rasante Entwicklung der Informationstechnik im letzten Jahrzehnt und die damit verbundene Herausforderung an die geistigen Fähigkeiten des Menschen ihre Bestätigung gefunden. Die Entwicklung der Persönlichkeit wird in diesem Sinne wesentlich vom Bildungserwerb abhängen, der zugleich Erwerb geistiger Fähigkeiten ist. Ist dieser an praktische Manipulationen von Geräten gebunden, so sind auch Fertigkeiten zu erwerben. Die wirkliche Nutzung der jeweiligen Möglichkeiten der Computer verlangt jedoch die Einheit von Fähigkeiten und Fertigkeiten. Das Buch kann inhaltlich die Voraussetzungen schaffen für den Aufbau einer Lehrveranstaltung zum Thema „Grundlagen der Informatik für Ingenieure".

1.1.1   Datenverarbeitung – eine alte Notwendigkeit und neue Möglichkeiten

Die elektronische Datenverarbeitung (EDV) hat während der letzten Jahrzehnte bereits tiefgreifende Wirkungen in der Technik, Wirtschaft, Verwaltung und im Alltag hervorgerufen. Diese Entwicklung geht mit rasanter Geschwindigkeit weiter. Durch wirtschaftlichere Prozessoren, Speicher und komplette Verarbeitungssysteme dringt die EDV in ihrer Anwendung in immer neue Bereiche vor. Dies wird durch die Tendenz gefördert, dass eine Verschiebung der Arbeitsinhalte und -strukturen weg von manuell-technischen Fähigkeiten hin zur Be- und Verarbeitung von Informationen seit über 100 Jahren im Gange ist.

Die zunehmende Menge von Informationen und damit verbundener Rechenarbeit führte bereits im 17. Jahrhundert dazu, dass Wissenschaftler und Erfinder immer wieder versuchten, Informationen mit Hilfe von maschinellen Einrichtungen zu verarbeiten, zu transportieren und zu übermitteln. Die ersten Ergebnisse dieser Bemühungen (siehe [Rem 99]) sind:

1623: SCHICKARD baut die erste Rechenmaschine (Addition, Subtraktion, Multiplikation, Division).

1641: PASCAL konstruiert eine Zweispeziesmaschine („Pascaline").

1673: LEIBNIZ konstruiert die erste Vierspeziesmaschine.

Weitere Entwicklungsetappen schließen sich an:

1805: JACQUARD konstruiert den lochkartengesteuerten mechanischen Webstuhl, der die Lochungen mit Nadeln abtastet.

1822: BABBAGE entwirft das Konzept einer mechanischen programmgesteuerten Rechenmaschine, die Speicher, Steuereinheit und Verarbeitungseinheit beinhaltet. Die daraufhin gebaute Anlage kann aufgrund der begrenzten Leistungsfähigkeit der ausschließlich mechanischen Bauteile nicht zur vollständigen Funktionstüchtigkeit entwickelt werden.

1886: HOLLERITH konstruiert die elektrische Lochkartenmaschine, die in den USA zur Auswertung der Volkszählung verwendet wird.

1941: ZUSE entwirft und konstruiert die Z3, die erste programmgesteuerte Rechenmaschine mit ca. 2600 Relais und einer Arbeitsgeschwindigkeit von 15-20 arithmetischen Operationen je Sekunde.

1944: AIKEN entwickelt den Relaisrechner Mark I, mit dem eine Addition in 0,3 s, eine Multiplikation in 6 s und eine Division in 11 s möglich wird.

1946: ECKERT und MAUCHLY geben die Ideen zum Bau des Elektronenröhrenrechners ENIAC (Electronic Numerical Integrater and Computer).

1949: Beginn der industriellen Rechnerproduktion nach der Konzeption des speicherprogrammierbaren Rechners von JOHANN VON NEUMANN (1946).

Die Ausführungen zeigen, dass die EDV keineswegs eine zufällige Erfindung war, sondern das Ergebnis langen Suchens sowohl nach technischen Lösungen als auch nach geeigneten funktionalen Prinzipien. Funktionsprinzipien in Verbindung mit den dafür geeigneten Technologien erschließen der EDV laufend neue Gebiete, die Wirkungen erzeugen, die weit über die ursprünglichen Bedürfnisse hinausgehen.

1.1.2 Die neue Stufe in Technik und Wissenschaft

Obwohl der Computer als Werkzeug zur DV das Ergebnis einer zielstrebigen Forschung und Entwicklung war und ist, überraschen seine weitreichenden Anwendungen selbst Fachleute immer wieder. Die Ursachen liegen im Zusammentreffen mehrerer grundsätzlich neuer Dinge, u.a. sind dies:

- das gespeicherte Programm,
- das kybernetische Prinzip der informationellen Steuerung auf der Basis digital dargestellter Informationen,
- die Entwicklung einer Jahrhunderttechnologie in Form integrierter Schaltkreise auf Si-Basis.

Die Verbindung neuer funktionaler Prinzipien und kaum begrenzter Leistungs-
technologien bewirken den bedeutungsvollen Schritt in das Informationszeitalter.
Während die Si-Technik größte Beachtung erfährt, ist es ungleich schwieriger, die
revolutionierende Bedeutung der geistig-logischen Prinzipien an geeigneter Stelle
darzustellen. In dieser Reihe sind besonders zu erwähnen:

Leibniz entwickelt 1679 das duale Zahlensystem und Rechenregeln für die Dual-
   arithmetik.
Boole entwickelt um 1885 die Algebra der Logik.
Turing entwickelt um 1936 die mathematische Logik weiter zum Konzept der Berechenbarkeit und ihrer Formulierung in einem Automatenmodell.

Den entscheidenden Durchbruch gab es mit der bereits erwähnten Konzeption des
speicherprogrammierbaren Rechners durch den ungarischen Mathematiker JOHANN
VON NEUMANN (1946). Das gespeicherte Programm schafft eine informationsver-
arbeitende Maschine, die die Möglichkeit hat, nicht nur Nutzinformationen, sondern auch ihre eigene Arbeitsfolge, die als Informationen ebenfalls gespeichert ist,

- zu *verarbeiten*,
- zu *verändern*,
- den Ablauf der Arbeit damit selbst zu *steuern*.

Dieser Prozess war bisher in der Technik nicht bekannt. Der dadurch praktizierte Übergang zur informatorischen Steuerung hat viel grundsätzlichere Bedeutung,
da verschiedenartige Steuerungsvorgänge abstrahiert und auf einheitliche Verar-
beitungsmethoden zurückgeführt werden. Hierin liegt auch das Erfolgsgeheim-
nis der Mikroprozessoren. Die Entwicklung integrierter Schaltkreise in Si-Technik
stellt eine wissenschaftlich-technische Kombinationsleistung dar, die zusammen
mit der Kernenergie- und Raumfahrttechnik die Geschichte der Technik im 20.
Jahrhundert prägte. Die technische Perfektion der Si-Technik führt zur Verbesse-
rung des Preis/Leistungsverhältnisses. Waren anfänglich geringe Produktionsaus-
beuten aufgrund ungenügend beherrschter Herstellungsprozesse zu verzeichnen,
so gelang es mittels zuverlässiger Technologien, die Schaltkreise auf immer kleineren Si-Chips unterzubringen und damit die Packungsdichte zu erhöhen. Höhere Ausbeute, schnellere und leistungsfähigere Schaltkreise führen hinsichtlich
der Computerleistung zu einem Effekt in dritter Potenz. Die alte Ingenieurerfah-
rung, nach der Fortschritt an der einen Stelle seinen Preis an anderer Stelle hat,
tritt in diesem Falle in mehrfacher Wirkung auf. Dafür gibt es in der Naturwis-
senschaft nur wenige Parallelen (z.B. Nutzbarmachung des Feuers, Erfindung der
Buchdruckerkunst).

1.1.3 Äquivalenz von Steuerung und Information

Auf der Suche nach fundamentalen Grundsätzen in der Wissenschaft war es stets
nützlich, Quelle und Entwicklung des heute gesicherten Wissens im historischen
Rückblick zu analysieren. Wissenschaft und Technik sind oft dadurch einen großen
Schritt vorangebracht worden, dass große Denker unabhängig voneinander bekannte Gesetzmäßigkeiten in anderen Erscheinungen gefunden haben. Dies wird
durch den Begriff „Äquivalenz" ausgedrückt, z.B.:

Isaac Newton (1683): Schwerkraft-Massenanziehung,
Robert Meyer (1842): Wärme und Energie,
Albert Einstein (1907/17): Masse und Energie,
Johann von Neumann (1946): Information und Steuerung.

Das als Information gespeicherte Programm präsentiert sich als weitreichendes
Prinzip, dem sich fast täglich neue Anwendungen eröffnen. Alle seit der von Neumann'schen Entdeckung entwickelten Computeranlagen haben dieses Prinzip als
Kernstück. Daher ist die Organisation der informatorischen Steuerung sowohl in
zentralen als auch in verteilten Systemen zu einer Primäraufgabe der Softwareentwicklung und -architektur geworden. Dies erfordert, dass sich die Ingenieurgene-
rationen im verstärkten Maße der Ausarbeitung und Beherrschung logischer Kon-
zeptionen von Systemen widmen müssen. Die Möglichkeit, ursprünglich technische Prozesse als informatorische Strukturen zu erkennen und zu betrachten, führt
dazu, dass die Informationsverarbeitung mehr und mehr als eine Wechselwirkung
zwischen Programmen und Informationskomplexen zu verstehen ist.

Vor diesem Hintergrund vollzieht sich gegenwärtig ein dramatischer Technologie-
wandel. Nach REMBOLD ist die Entwicklung der elektronischen Rechnermaschi-
nen dadurch gekennzeichnet, dass sich jede der Perioden durch typische Software-
und Hardwareentwicklungsstufen auszeichnet [Rem 99, S. 25 ff.] (die Zeitangaben
differieren in den einzelnen Quellen, die Merkmale sind jedoch zumeist eindeutig).
In den Tabellen 1.1 und 1.2 sind die Perioden einschließlich ihrer Charakteristiken
aufgeführt. Allen Beteiligten ist klar, dass sich eine revolutionäre Neuorientierung
in der Computerentwicklung vollziehen wird. Wir müssen heute jedoch noch feststellen, dass der größte und schnellste Computer der Welt nicht in der Lage ist,
Denkarbeit zu leisten, z.B. im Sinne des Sprach- und Bildverständnisses. Doch man
denkt bereits über das Ende der Neumann-Ära nach.

1.1.4 Herausforderung an Wissenschaft und Technik

Mit der Information als neuem Element und mit der Informationsverarbeitung
durch Automaten hat sich die Informatik als Wissenschaftsbereich herausgebil-
det, die interdisziplinär ihren Platz zwischen Mathematik, Logik, Ingenieurwis-

Tabelle 1.1 Überblick über die Rechnergenerationen

Periode	Zeitraum	Elektronische Basis	Charakteristik
1	1953-1958	Röhren	1ms bis Sekunden Speicherzugriff
2	1958-1966	Transistoren, RTL	1μs Speicherzugriff
3	1966-1974	Integrierte Schaltungen, TTL	2ns Speicherzugriff, geringe Baugröße, Magnetkernspeicher
4	1974-1982	hochintegrierte Schaltungen, VLSI, MOS	Softwareentwicklung
5	1982-1990	höchstintegrierte Schaltkreise, ULSI, 16 MBit Speicherbausteine	Künstliche Intelligenz
6	seit 1990	CISC und RISC-Prozessoren	Mehrprozessor-, Verbundsysteme

senschaften und Linguistik finden wird. Da wir auch wissen, dass sogar biologische Prozesse wesentlich informatorisch bestimmt sind, wird jeder Versuch einer Abgrenzung fehlschlagen. Die große Reichweite des neuen Gebietes führt dazu, dass sich bereits heute eine ganze Reihe wissenschaftlich-technischer Disziplinen darum ranken, u.a.:

- Digitale Schaltkreistechnik,
- Computerarchitektur,
- Programmierung, Software-Engineering,
- Simulation,
- Computergeometrie, -grafik, Bildverarbeitung, Animation, virtuelle Realität,
- Datenbanken,
- Kommunikationstechnologie, Netze, Internet,
- Wissensbasierte Systeme, Lernsysteme,
- Neuronale Netze, Fuzzy-Systeme,
- Anwendungen in allen Bereichen der Gesellschaft.

In der Forschung und Ausbildung findet diese Entwicklung ihren Niederschlag z.B. in neuen Fachgebieten und gleichnamigen Studiengängen wie Wirtschaftsinformatik, Ingenieurinformatik, Bioinformatik, Medizinische Informatik, Medieninformatik u.a. All diese Fachgebiete tragen noch unverkennbare Züge einer jungen Wissenschaft. Sie sind zum Teil noch geprägt durch viele empirische Fakten und Verfahren, die ständig in der Veränderung begriffen sind. Hier gilt jedoch der dialektische Grundsatz, dass aus der wachsenden Quantität gesetzmäßig eine neue Qualität hervorgehen wird. In dem Maße, wie es der Informatik gelingt, invariante Prinzipien herauszuarbeiten, wird sich aus diesem Wissenschaftszweig eine

Tabelle 1.2 Merkmale der Rechnergenerationen

Periode (Zeitraum)	Hardware	Software	Einsatz
I (1953-58)	Vakuumröhren, Magnetbänder, Magnettrommeln als Externspeicher, Zugriffszeit 10^{-3} sec.	keine unterstützenden Betriebssysteme bzw. Compiler	vor allem im Rechnungswesen
II (1958-66)	Transistoren, verbesserte Kernspeicher, 10^{-6} sec.	Betriebssystem und Compiler (Cobol, Fortran) vorhanden	wissenschaftliche Rechnungen, Betriebsüberwachung
III (1966-74)	integrierte Schaltungen, Mikroprozessoren, $2 \cdot 10^{-9}$ sec., Halbleiterspeicher, Kleinrechner, Rechnerverbund	Softwarekrise, da mit Hardwareentwicklung nicht schritthaltend	Rechner als Konstruktionshilfe (CAD)
IV (1974-82)	hochintegrierte Schaltungen, Verkleinerung der Schaltkreise (>130.000 Transistoren), 64 KBit-Speicher, Super- und Kleinrechner	integrierte Softwarelösungen	CAD/CAM-Anlagen, Netze
V (1982-90)	höchstintegrierte Schaltkreise, 16 MBit-Speicherchips, 64 MBit in Arbeit, Workstation	Expertensysteme, KI	Automatisierung von Industrieprozessen mit Prozessrechnern
VI (seit 1990)	64 Bit-Prozessoren, 64 Mbit DRAM, PC-Dominanz	Entwicklung für Verbundsysteme	EDV durchdringt fast alle Bereiche

Basiswissenschaft und Ingenieurwissenschaft zugleich entwickeln. Hierbei geht es um die Ableitung von Grundfunktionen. Der heutige Erkenntnisstand basiert zumeist noch auf Erfahrungen, die im praktischen Umgang mit Informationsverarbeitungsprozessen gesammelt wurden. Trotzdem ist zu erwarten, dass künftige Generationen von Informatikern und Informatikerinnen mit sehr viel weniger Lehrstoff ein sehr viel breiteres Anwendungsspektrum der Informationsverarbeitung abdecken können. Aus der Sicht des Technikers beinhaltet dieses Spektrum Tätigkeiten, wie:

- Prozesse simulieren und steuern,
- umfangreiche Rechenoperationen ausführen,
- Daten speichern, umarbeiten, verarbeiten,
- Experimente unterstützen,
- Objekte beschreiben, speichern, manipulieren, darstellen, ausgeben.

1.2   Grundsätzliches zur Datenverarbeitung

Für Nutzer, die sich der Rechentechnik als Arbeitsmittel bedienen, ohne an ihrer Entwicklung und Konstruktion beteiligt zu sein, gilt es, folgende Grundhaltung zu beherzigen:

Der Nutzer arbeitet zwar am Computer,
kommuniziert aber immer mit einem Programm!

Dieser Zusammenhang ist deshalb von Bedeutung für die praktische Arbeit, weil sofort nach dem Einschalten des Computers automatisch eine Komponente des Betriebssystems aufgerufen wird, die die Kommunikation mit der Umwelt sichert. Dabei werden dem Computer Informationen in Form von Signalen mitgeteilt. Werden diese Signale so kodiert, dass sie von einem Computer akzeptiert werden können, und steht ein Programmsystem zur Verfügung, das diese verarbeiten kann, sind diese Signale oder Signalfolgen programmgerecht dargestellt und werden als *Daten* bezeichnet.

Die *Daten* sind demnach eine Teilmenge aller darstellbaren Informationen. Daten sind Zeichenketten (kodierte Signalfolgen), die Informationen repräsentieren und zur Speicherung und Verarbeitung in Computern bestimmt sind. Sie bestehen aus beliebigen Zeichen des rechnerexternen Alphabets. Mit ihnen dürfen Transport- und Vergleichsoperationen ausgeführt werden.

Die *Grundfunktionen der Datenverarbeitung* (DV) können folgendermaßen zusammengefasst werden: DV-Systeme sind Anlagen, die dazu dienen, Daten, die in das System eingegeben werden oder dort digital gespeichert sind,

- zu *verknüpfen*,
- zu *verarbeiten*, um die Ergebnisse wieder
- *abzuspeichern* oder dem Benutzer in geeigneter Form
- *zur Verfügung zu stellen*.

Vorgänge im *Datenverarbeitungssytem* (DVS) lassen sich in 5 Kategorien von Grundfunktionen einteilen:

Ein-/Ausgabe (input,output): Führt einem DVS alle Daten zu, die verarbeitet werden sollen und stellt die Ergebnisse einem Nutzer zur Verfügung.

Transport (transfer): Ermöglicht das Zusammenspiel der einzelnen Funktionseinheiten.

Speicherung (storage): Sichert die Verfügbarkeit der Daten zwischen Ein- und Ausgabevorgängen.

Verknüpfung (processing): Beinhaltet die eigentliche Verarbeitung von Daten.

Steuerung (control): Bewirkt das folgerichtige Zusammenspiel aller Funktionen.

Aufeinanderfolgende Steuerschritte, die verschiedene zusammenhängende Funktionsanweisungen in einer maschinell verarbeitbaren Sprache (Maschinensprache) darstellen, werden *Programm* genannt. Programmieren bedeutet, Algorithmen[1] zu kodieren auf:

- Maschinen-Niveau,
- maschinenorientiertem Niveau,
- problemorientiertem Niveau (=virtuelle Betrachtungsweise einer Maschine).

Werden diese Grundfunktionen durch technische Einrichtungen bewirkt, spricht man von *Hardware*. Erfolgt dies durch den Ablauf von „informatorischen" Funktionsanweisungen, so werden diese zur *Software* gerechnet.

Software: ist die Gesamtheit aller Verarbeitungsprogramme, d.h. aller festgelegten Funktionsabläufe der DV.

Programme: sind formgebundene, stofflich konkretisierte Geistesschöpfungen.

Soll eine Anwendung auf dem Rechner erledigt werden, so ergibt sich diese Problemlösungskette:

Problem - Algorithmus - Programm

1.3 Allgemeine Computeranwendungen

Die meisten Menschen wissen, dass Computer eine bedeutende Rolle im Leben spielen. Die wenigsten sind sich jedoch bewusst, wie durchdringend diese Rolle ist. Computer spielen nahezu in alle Sphären des Alltags hinein: Von der Ladenkasse bis zur Ampelsteuerung, vom Führen von Bankkonten bis zur Warenverteilung, von der Wettervorhersage bis zur Produktion von Tageszeitungen, von der medizinischen Diagnostik bis in die Freizeit. Diese Liste ist nahezu endlos und jeder Versuch, sie erschöpfend darzustellen, wäre nicht mehr informativ. Auf zwei besondere Anwendungsbereiche soll an dieser Stelle eingegangen werden:

- *Datenverarbeitung*, weil diese mehr Computerzeit belegt als irgendein anderer Anwendungsbereich,
- *Wissensbasierte Systeme*, weil sie immer mehr an Bedeutung gewinnen.

Im eigentlichen Sinne sind alle Computeranwendungen als Datenverarbeitung zu bezeichnen, da die meisten Algorithmen Daten in der einen oder anderen Form verändern. Dieser Begriff der DV assoziiert zunächst die Vorstellung von der Bewältigung großer Datenmengen, von denen nur ein Bruchteil im Speicher gehalten werden kann. Hunderttausende Datensätze und -elemente abrufen, sortieren, transformieren, ausdrucken, einlesen, prüfen, selektieren, verdichten usw. sind die

---

[1]Algorithmen und Algorithmierung werden ausführlich in Kapitel 2 behandelt

elementaren Operationen der DV. Vielfältige Methoden wurden für all diese Funktionen entwickelt und als Software implementiert. Diese Anwendungen werden uns ständig begleiten. Seit über 10 Jahren werden diese Informationen weltweit über Netzdienste angeboten, wobei der Teilnehmerkreis an dieser Kommunikation sich ständig erweitert, so dass dieses Verständigungsmittel schon heute zum Alltag gehört (siehe auch [Kup 88]).

Die *künstliche Intelligenz* (KI), heute besser unter dem Oberbegriff *wissensbasierte Systeme* geführt, gehört zu jenen Computeranwendungen, die mehr als alle anderen Anwendungen die Vorbehalte Außenstehender erzeugt haben. Die Gründe dafür sind aus diesen drei Schlagzeilen ableitbar:

> „Elektronengehirn schlägt Schachmeister"
> „Roboter läuft Amok"
> „Können Maschinen denken?"

Diese Diskussion wird häufig mit zu wenig Sachkenntnis geführt. Die Frage auf Grund welcher Mittel und Methoden die heutigen und morgigen Computersysteme intelligenter als die gestrigen sind, wurde bezeichnenderweise sehr selten gestellt. Deren Kenntnis allein eröffnet aber den Weg der künstlichen Intelligenz in die gesellschaftliche Praxis der Gegenwart und Zukunft. Nach [Job 87, S. 50 ff.] sind mindestens drei Entwicklungslinien des 19. und 20. Jahrhunderts von grundlegender Bedeutung für die Entwicklung der KI:

1. Die Mathematische Logik, die den Nachweis führte, dass das logische Schließen als ein Teilgebiet des menschlichen Denkens formalisierbar ist (BOOLE, FREGE, WHITEHEAD, RUSSEL u.a.),
2. Zunehmendes Verständnis des Berechenbarkeits- und Algorithmusbegriffs als Bindeglied zu den Computern (TURING, CHURCH u.a.),
3. Konstruktiv-technische Entwicklung der Computer (BABBAGE, TURING, ZUSE, VON NEUMANN).

Weitere Teilgebiete der KI sind:

- Problemlösen, Steuermethoden, Suche (Spielprogrammierung),
- Frage der Wissensdarstellung (Expertensysteme),
- Verarbeitung der natürlichen Sprache,
- Schaffung von Programmiersprachen und Software für die KI (LISP, PROLOG),
- Theorie des menschlichen Problemlöseverhaltens (Überprüfung von Erfahrungen, Modellierung von Emotionen, Schlussfolgerungen über Meinungen und Motivationen, Schlussfolgerungen über Ereignisse und Handlungen, Entscheidungsprobleme, Gedächtnis- und Bewusstseinsmodelle),
- Computervision = Bildverarbeitung (Bildaufnahme und -darstellung, Klassifikation von Bildern, Verstehen von Bildern),

- maschinelles Lernen (Entwicklung von Lernprozessen zur Wissensverbesserung und Wissensgewinnung),
- Robotik.

Bei dieser Entwicklung wird die Frage nach der Rolle des Menschen zu stellen sein, da ja durch technische Mittel Funktionen des menschlichen Gehirns mehr oder weniger perfekt simuliert werden können. Solche Fragen berühren moralische Sachverhalte, wie die besondere Stellung des Menschen in der Welt, seine Subjektivität als Voraussetzung zielsetzender und verwirklichender Aktivität und menschlicher Selbstbestimmung. Eine Teilantwort kann aus der Sicht der Übertragbarkeit menschlicher Entscheidungen auf den Computer und der Verantwortbarkeit für deren Folgen gegeben werden. Eine Entscheidung fällen heißt, aus einem Feld real gegebener und erkannter Möglichkeiten jene auszuwählen, die unter den gegebenen Bedingungen der Zielfunktion am besten entspricht. Damit wird ausgesagt, dass Entscheidungen zu fällen als vermittelndes Glied zwischen Erkennen und Handeln ein Prozess geistiger Tätigkeit ist. Die dazu notwendige Verarbeitung von Informationen kann zweifelsfrei von künstlich intelligenten Systemen ausgeführt werden.

Welche Entscheidungen kann der Mensch an die Technik delegieren? Welche Entscheidungen bleiben ihm vorbehalten? Zunächst kann festgehalten werden, dass es zwei Niveaustufen computergestützter Entscheidungen gibt:

1. Die moderne Informationstechnik fungiert als Basis und Stützung menschlicher Entscheidungsfindung.
2. Die Entscheidungen werden im Rahmen von Steuerfunktionen an intelligente, technische Systeme delegiert.

Der Entscheidungsspielraum muss wissenschaftlich erschlossen sein und ist durch das erkannte Möglichkeitsfeld akzeptabler Varianten abzugrenzen. Entscheidungen bleiben dem Menschen prinzipiell dort überlassen, wo sie nicht auf logische Operationen zu reduzieren sind, sondern auch interessengebundene Wertungen implizieren.

Spezielle Computeranwendungen finden wir in fast allen Lebensbereichen. Aus der Sicht des Leserkreises sind dies zum Beispiel die Entwicklung und Anwendung von Softwareprodukten zur Unterstützung der Produktion materieller Produkte:

- Computer Aided Systems (CAx, CAD, CAP, CAM, ...),
- Produktionsplanungssysteme (PPS,ERP),
- Produktdatenverwaltungssysteme (PDM/EDM),
- Workflowsysteme,
- Data Warehouse Systeme,
- Computertomografie,

- Krankenhausmanagementsysteme,
- Umweltinformationssysteme.

Softwareprodukte für den Konsumbereich:

- Computerspiele,
- Filmproduktion,
- Medientechnik (Text, Video, Audio).

Diese Aufzählung ist nahezu endlos und verdeutlicht die überragende Rolle der Computertechnologien in unserer gegenwärtigen Gesellschaft.

2 Algorithmus und Programm

2.1 Algorithmierung - eine allgemeine Einführung

„Wir leben im Zeitalter der Computerrevolution. Wie jede Revolution ist sie umfassend, durchdringend und wird bleibende, fundamentale Auswirkungen für die gesellschaftliche Entwicklung haben. Sie wirkt sich insbesondere auf die Denk- und Lebensweise jedes Einzelnen aus."[Kup 88].

Industrielle Revolution bedeutete im Wesentlichen eine Steigerung der *körperlichen* Kräfte des Menschen, der Muskelkräfte:
* Druck auf den Knopf veranlasst die Maschine, ein Muster in ein Metallblech zu stanzen.
* Zug an einem Hebel bewegt eine Baggerschaufel durch eine Kohlenmasse.
* Maschinen übernehmen bestimmte, wiederkehrende körperliche Tätigkeiten.

Computerrevolution als tragende Säule der technischen Revolution bedeutet Steigerung der *geistigen* Kräfte des Menschen:
* Druck auf einen Knopf kann eine Maschine veranlassen, verzwickte Berechnungen durchzuführen, komplizierte Entscheidungen zu fällen oder Informationsmengen zu speichern, aufzufinden und zu verarbeiten.
* Maschinen übernehmen bestimmte, wiederkehrende geistige Tätigkeiten.

Was ist ein *Computer*, dass er solche revolutionären Auswirkungen besitzt?

Definition 2.1. Ein Computer ist eine Maschine, *die geistige Routineaufgaben ausführt*, indem sie einfache Operationen mit hoher Geschwindigkeit ausführt, wobei die *Einfachheit der Operationen* (z.B. Addition zweier Zahlen) mit Geschwindigkeit ausgeglichen wird und eine *hohe Zahl von Operationen ausführbar* ist.

Was ist nun ein Algorithmus?

Definition 2.2. Einen Computer dahin zu bringen, dass er eine Aufgabe ausführt, bedeutet, ihm mitzuteilen, welche Operationen er ausführen soll – man muss beschreiben, wie die Aufgabe auszuführen ist. Solch eine Beschreibung nennt man

Tabelle 2.1 Algorithmen für Alltagsprozesse

Prozess	Algorithmus	Typische Schritte im Algorithmus
Pullover stricken	Strickmuster	stricke Rechtsmasche, stricke Linksmasche
Modellflugzeug bauen	Montageanleitung	leime Teil A an den Flügel B
Kuchen backen	Rezept	nimm 3 Eier, schaumig schlagen
Einkaufen	Einkaufszettel	Suche Butter
Kleider nähen	Schnittmuster	nähe seitlichen Saum
Sonate spielen	Notenblatt	spiele Note

Algorithmus. Er beschreibt demzufolge die Methode, mit der eine Aufgabe gelöst wird. Der Algorithmus besteht aus einer Folge von Schritten, deren korrekte Abarbeitung die gestellte Aufgabe löst. Diesen Vorgang bezeichnet man als *Prozess* [Gol 90, S. 11].

Weitere Definitionen:

- Ein *Algorithmus* liegt genau dann vor, wenn gegebene Größen (Eingabegrößen, Eingabeinformationen, Aufgaben, etc.) aufgrund eines Systems von Regeln (Umformungsregeln) eindeutig in andere Größen (Ausgabegrößen, Ausgabeinformationen, Lösungen, etc.) umgeformt oder umgearbeitet werden.
- Ein *Algorithmus* dient stets zur Lösung einer Klasse von Aufgaben einheitlichen Typs.
- Ein *Algorithmus* ist ein eindeutig bestimmtes Verfahren unter Anwendung von Grundoperationen über primitiven (gegebenen) Objekten [Sch 87, S. 27].

Der Algorithmus ist keine Besonderheit der Informatik. Viele Alltagsvorgänge lassen sich durch Algorithmen beschreiben (siehe Tabelle 2.1) [Gol 90].

Beispiel 2.1. Algorithmus für das Suchen der größten Zahl aus einer Menge von positiven ganzen Zahlen; die Zahl -1 kennzeichnet das Ende der Menge. Wir geben zunächst eine verbale Beschreibung.

Ablauf:

1. lies die erste Zahl
2. initialisiere z mit der gelesenen Zahl (die Zahl der Variablen z zuweisen)
3. lies die nächste Zahl x
4. wenn diese Zahl x größer z, dann setze z auf diese Zahl
5. wenn noch Zahlen vorhanden, dann gehe nach Schritt 3
6. gib z aus

Pascal-Programm:

```
program maxnr;

var z, x : integer;

begin
   readln(z);              { Schritt 1 und 2 }
   repeat
      readln(x);           { Schritt 1 und 3 }
      if x>z then z:=x;    { Schritt 4, Vergleich }
   until x=-1;             { Schritt 5, Abbruch }
   writeln(z);             { Schritt 6 }
   readln;                 { Ausgabebildschirm bleibt, bis Taste gedrückt }
end.
```

★

Personen oder Einheiten, die derartige Prozesse ausführen, nennt man Prozessoren. Der Computer ist ein spezieller Prozessor, der im Wesentlichen aus 3 Hauptkomponenten besteht, die die Hardware bilden (vgl. Abbildung 2.1):

Zentraleinheit (CPU, central processing unit), die die Basisoperationen ausführt,

Speicher (memory), der die auszuführenden Operationen als Algorithmus und die Daten, auf denen die Operationen wirken, enthält,

Ein- und Ausgabegeräte (input and output devices), über die der Algorithmus und die Daten in den Hauptspeicher gebracht werden und über die der Computer die Ergebnisse seiner Tätigkeit mitteilt.

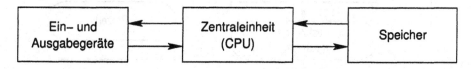

Abbildung 2.1 Komponenten eines typischen Computers

Merkmale, die einen Computer kennzeichnen, sind:

- Geschwindigkeit (Operationen/Zeiteinheit),
- Zuverlässigkeit (Fehlerhäufigkeit),
- Speicherfähigkeit (Menge der Informationseinheiten),
- Kostenaufwand (Preis/Leistungsverhältnis).

An einen Algorithmus wird der Anspruch gestellt, dass er so ausgedrückt wird, dass der Prozessor ihn versteht und ausführen kann. Der Prozessor muss den Algorithmus interpretieren können, indem er

- versteht, was jeder Schritt bedeutet und

- die jeweilige Operation ausführen kann.

Zum Beispiel muss der Pianist Noten lesen und spielen können, der Koch muss ein Rezept umsetzen und die strickende Person muss Nadeln und Wolle handhaben können. Ist der Prozessor ein Computer, muss der Algorithmus in Form eines Programmes ausgeführt werden. Dazu bedarf es einer geeigneten Programmiersprache. Um den Algorithmus als Programm zu formulieren, muss man programmieren. Jeder Schritt eines Algorithmus wird durch eine Anweisung (instruction) beschrieben. Ein Algorithmus besteht somit aus einer endlichen Folge von Anweisungen, die der Computer ausführen soll. Abbildung 2.2 vermittelt die Stufen der Algorithmusausführung mittels Computer.

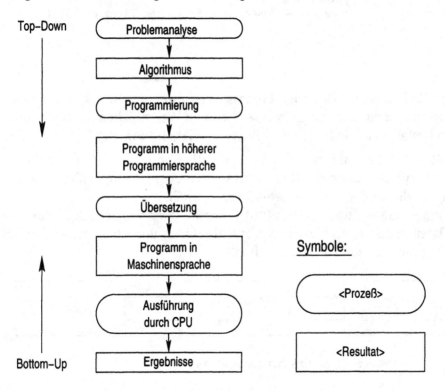

Abbildung 2.2 Stufen der Algorithmenausführung

Worin besteht nun die Bedeutung von Algorithmen? Wie dargelegt, erfordert die Durchführung eines Prozesses auf einem Computer, dass

1. ein Algorithmus entworfen wird,
2. der Algorithmus in einer geeigneten Programmiersprache ausgedrückt wird,
3. der Computer das Programm ausführt.

Die Rolle der Algorithmen ist grundlegend:

**Ohne Algorithmus kein Programm,
ohne Programm keine Ausführung.**

Algorithmen sind weiterhin sowohl unabhängig von der Programmiersprache als auch vom Computertyp. Als Analogie zum Alltag: Ein Rezept für einen Obstkuchen kann in Deutsch oder Englisch ausgedrückt werden, der Algorithmus ist derselbe. Falls das Rezept gewissenhaft befolgt wird, entsteht der gleiche Kuchen, unabhängig vom Code. Technisch ausgedrückt heißt das, alle Computer (wie alle Köche) können die gleichen Grundoperationen ausführen, obwohl sich diese in Details unterscheiden. Daraus resultiert der Schluss, dass Algorithmen unabhängig von der „Tagestechnologie" erzeugt und studiert werden können, die Ergebnisse bleiben trotz neuer Computermodelle und Programmiersprachen gültig.

Programmiersprachen und Computer sind Mittel, um Algorithmen in Form von Prozessen auszuführen. Computertechnologie und Programmiersprachen bestimmen jedoch entscheidend die schnellere, billigere und zuverlässigere Ausführung von Algorithmen (Beispiel: Möglichkeit der computergestützten Wettervorhersage). Vier allgemeine Merkmale von Algorithmen sind grundlegend:

1. Ein Algorithmus muss von einer Maschine durchgeführt werden können. Die für den Ablauf des Algorithmus benötigte Information muss zu Beginn vorhanden sein.
2. Ein Algorithmus muss allgemein gültig sein. Die Größe der Datenmenge, auf die der Algorithmus angewandt wird, darf nicht eingeschränkt sein.
3. Der Algorithmus besteht aus einer endlichen Reihe von Einzelschritten und Anweisungen über die Reihenfolge. Jeder Schritt muss in seiner Wirkung genau definiert sein.
4. Ein Algorithmus muss nach einer endlichen Zeit (und nach einer endlichen Zahl von Schritten) enden. Für das Ende des Algorithmus muss eine Abbruchbedingung formuliert sein.

Nach der Erläuterung der fundamentalen Bedeutung der Algorithmen für die Informatik ist nun die Frage nach der Zielrichtung des Studiums derselben zu stellen. Welche Gesichtspunkte und welche Eigenschaften sind zu beachten?

Berechenbarkeit

Gibt es Problemstellungen, für die es keinen Algorithmus gibt, der sie löst? Die Bemühungen um eine diesbezügliche Antwort werden unter der Überschrift Berechenbarkeit eingeordnet. Leichtgläubig könnte man annehmen, dass Computer alle Probleme lösen können. Überraschenderweise ist das Gegenteil der Fall. Computer können die meisten Dinge nicht. Dies resultiert daraus, dass es sogenannte *berechenbare* und *nichtberechenbare* Probleme gibt. Ein klassisches Beispiel für ein nichtberechenbares Problem ist es nachzuweisen, ob ein Algorithmus hält, wenn man ihm seinen eigenen Text eingibt. Dieses Problem ist unter dem Begriff *Halte-problem* bekannt. Ohne hier den Beweis anführen zu wollen, müssen wir feststellen, dass es nicht gelingt, dieses Problem zu lösen (siehe [Gol 90, S. 83 ff.]).

Komplexität

Wie bewertet man Algorithmen, wie trifft man eine alternative Auswahl? Unter dieser Fragestellung sind eingeordnet:

- die Bestimmung der erforderlichen Ressourcen,
- die Optimierung der Algorithmen,
- die Entscheidung über die Durchführbarkeit (maximal polynomialer Zeitbedarf).

Diese Themen sind unter dem Begriff der Komplexität von Algorithmen zusammengefasst.

Korrektheit

Algorithmen sollen sich so verhalten, wie wir es beabsichtigt haben. Tun sie dies, dann sprechen wir von Korrektheit. Natürlich ist der sicherste Weg zum Korrektheisnachweis ein mathematischer Beweis. Leider ist dies meist mit einem sehr hohen Aufwand verbunden. Für Algorithmen in sicherheitskritischen Anwendungen ist es jedoch unerlässlich. Ansonsten kann man sich auch mit einem experimentellen Nachweis zufrieden geben. Hierzu gehören z.B.:

- die Fehlersuche und -korrektur (Debugging),
- das Testen und Beweisen.

2.2   Formalismen zur Beschreibung von Algorithmen

Im Abschnitt 2.1 wurde die zentrale Bedeutung des Algorithmenbegriffs für die Informatik behandelt. Bevor wir uns dem Entwurf von Algorithmen zuwenden, werden noch einige Mittel zur Darstellung von Algorithmen vorgestellt.

Die wichtigsten sind:

- allgemeine verbale Beschreibung,
- Programmablaufplan,
- Struktogrammtechnik,
- strukturierte verbale Anweisungsfolge (SVA, Pseudocode).

Jede dieser Methoden wird ihre Nutzer finden. Im Rahmen dieses Buches entscheiden wir uns für eine Kombination der Programmablaufpläne (PAP), Struktogrammtechnik und der allgemeinen verbalen Beschreibung. In Abbildung 2.3 dargestellt.

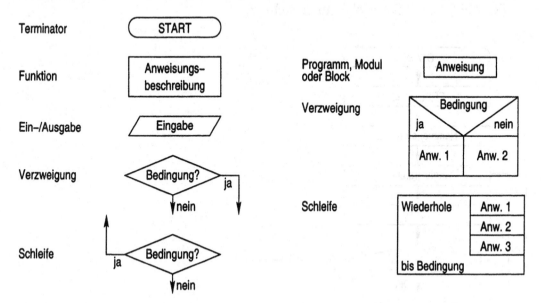

Abbildung 2.3 Notation für Programmablaufpläne und Struktogramme

Da wir bereits betont haben, dass Algorithmen nicht auf einen ausführenden Prozessor (Mensch oder Maschine!) festgelegt sind, können wir zur Erläuterung auf ein bekanntes Beispiel aus dem Alltagsleben zurückgreifen.

Beispiel 2.2. Nachfolgend wird ein aus der Literatur oft genutzter Algorithmus zum Einschlagen eines Nagels zunächst verbal und anschließend in Abb. 2.4 als Programmablaufplan dargestellt.

Voraussetzung: Hammer, Nägel, Flaschen mit Bier
Ergebnis: Entscheidung, ob Nagel eingeschlagen wurde oder nicht.
Verbale Beschreibung:

1. ERFOLG:=0
2. Hammer ergreifen
3. Nagel ergreifen
4. Schlag
5. falls (Daumen ist blau), gehe nach 11
6. falls (Nagel ist fest) setze ERFOLG:=1 und gehe nach 9
7. falls (Nagel ist gerade) gehe nach 4
8. falls (Nägel sind noch vorhanden) gehe nach 3

9. Trinken einer Flasche Bier
10. falls (Flaschen sind noch vorhanden) gehe nach 9
11. Fluch
12. Falls ERFOLG=1, ist der Nagel wie gewünscht eingeschlagen, falls ER-FOLG=0, wurde das Ziel nicht erreicht.

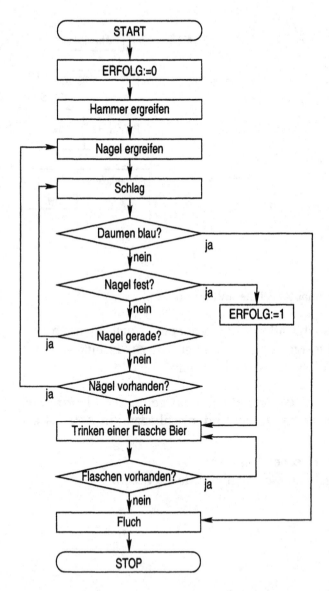

Abbildung 2.4 Programmablaufplan für Algorithmus „Einschlagen eines Nagels"

★

Beispiel 2.3. Algorithmus zur Bestimmung der Teiler einer positiven ganzen Zahl mit der Ausgabe von sechs Teilerwerten je Zeile. Das Struktogramm zu dem im Folgenden verbal beschriebenen Algorithmus ist in Abb. 2.5 dargestellt.

Voraussetzung: positive ganze Zahl
Ergebnis: Teiler dieser Zahl
Ablauf:

1. Lies eine Zahl z ein
2. falls $z < 1$ gehe nach 1
3. Beginne mit Teiler $t = 1$
4. Berechne r als Rest der Division $z \div t$
5. falls $r \neq 0$ gehe nach 7
6. Ausgabe: r (r ist ein Teiler von z)
7. Erhöhe t um 1 (Test der nächsten Zahl)
8. falls $t < \frac{z}{2}$ gehe nach 4 (Alle Zahlen $> \frac{z}{2}$ können keine Teiler sein)

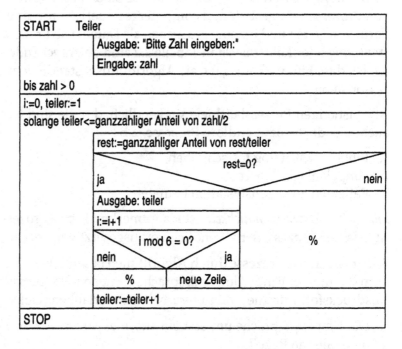

Abbildung 2.5 Struktogramm für Algorithmus „Teiler einer positiven ganzen Zahl"

Tabelle 2.2 Beispiele für Ein- und Ausgaben von Prozessen

Prozess	Eingabe	Ausgabe
Pullover stricken	Wolle	Pullover
Flugmodell bauen	Balsaholz	Flugmodell
Kuchen backen	Mehl, Eier, Zucker	Kuchen
Kleider nähen	Stoff	Kleid
Wöchentliche Lohnermittlung	Stundensätze, geleistete Arbeitsstunden	Auszahlungsbeträge
Konstruieren	Geometrie	Zeichnung

2.2.1 Algorithmen, Programme, Programmiersprachen

Ein Algorithmus entspricht einer Beschreibung, wie eine Aufgabe oder ein Prozess auszuführen ist. *Prozesse* interagieren mit ihrer Umgebung. Sie nehmen *Eingaben* (input) entgegen und erzeugen *Ausgaben* (output). Die Ausgabe ist meist die Zielrichtung des Prozesses. In Tabelle 2.2 sind Beispiele für Ein- und Ausgaben von Prozessen dargestellt. Ein computergesteuerter Prozess erfordert Eingaben in Form von Daten und erzeugt Ausgaben als Daten. Die Prozesse *Wöchentliche Lohnermittlung* oder *Konstruieren* in Tabelle 2.2 sind entsprechende Beispiele. Zu beachten ist, dass Ein- und Ausgabe als Algorithmusbestandteile unabhängig vom Prozessor sind.

Alle bisherigen Prozessbeispiele sind endlich, d.h. sie sind terminiert. Es gibt aber auch unendliche bzw. endlose Prozesse, z.B.:

1. Bibliothekskatalog fortschreiben,
2. Ampelanlage steuern,
3. Patienten auf Intensivstation betreuen.

Endlichkeit (bzw. *Unendlichkeit*) ist Hauptmerkmal eines Prozesses. Ein Hauptfehler ist, dass ein Prozess, der als endlich vorausgesetzt wurde, häufig nicht endet.

Bisher haben wir Prozesse durch Algorithmen beschrieben, die sich als Ausdrucksform der menschlichen Umgangssprache bedienen. Es gibt zwei Gründe, die diese Ausdrucksform für die Computerarbeit nicht erlauben [Gol 90]:

1. Die Umgangssprache umfasst ein enormes Vokabular und komplizierte grammatikalische Regeln.
2. Das Verständnis des Satzes hängt nicht nur von der Grammatik ab, sondern auch wesentlich vom Umfeld (Kontext), z.B.:
   - „Sich regen bringt Segen."
   - „Das war ein Wink mit dem Zaunpfahl."

Als Konsequenz müssen Computeralgorithmen in einfacher Form als Programm ausgedrückt werden. Dazu bedarf es Programmiersprachen. In Tabelle 2.3 sind Beispiele höherer Programmiersprachen aufgelistet. Die Ursache für die Entwicklung verschiedener Programmiersprachen ist in 3 Punkten zu erklären :

1. Die Computerprogrammierung ist eine vergleichsweise junge Tätigkeit, die ständig in Fluss ist und von neuen Ideen lebt.
2. Computer werden zu vielfältigen Zwecken genutzt. Daraus folgt, dass die angewandten Algorithmen verschiedener Art sind und nicht in jeder Programmiersprache gleichermaßen gut darstellbar sind (z.B. Noten zum Spielen eines Musikinstruments und die Schreibweise von Strickmustern unterscheiden sich grundsätzlich). Spezialsprachen sind das Resultat dieser Bemühungen (COBOL, CORAL, LISP).
3. Es gibt eine unumgängliche Tendenz, das Rad neu zu erfinden. Diesem Syndrom liegt der Glaube zugrunde, dass das eigene Rad besser ist als das des Anderen.

Tabelle 2.3 Beispiele höherer Programmiersprachen

Name (Einführungs-jahr)	Langbezeichnung	Neue Leistungen
FORTRAN (1953)	**Formula Translater**	Struktur für Arithmetik
COBOL (1956)	**Common Business Oriented Language**	kommerzielle und ökonomische Berechnungen
ALGOL 60 (1960)	**Algorithmic Language**	math.-nat. Berechnungen
PL/1 (1965)	Programming Language	Struktur für Prozeduren, wiss.-techn. und ökon. Berechnungen
BASIC (1969)	**Beginners All-Purpose Symbolic Instruction Code**	Heranführung an die Programmierung eines Computers
Pascal (1970	nach Blaise Pascal benannt	math., naturwiss. und ökon. Berechnungen, Lehrsprache
C (1972)		Programmierung aller Aufgaben einschl. Betriebssystemprogramme
Prolog (1972)	**Programming in Logic**	log. Programmiersprache geeignet für wiss.-bas. Systeme
Smalltalk (1980)		Pioniersprache des objektorientierten Denkmodells
C++ (1983)		Erweiterung von C um objektorientierte Konzepte
Java (1996)	aus OAK von Sun Microsystems entwickelt	plattformunabhängige OO-Programmiersprache

Jede Programmiersprache hat ihr eigenes Vokabular und eigene grammatikalische Regeln, die in der Regel aus mathematischen Symbolen und englischen Wörtern (**if, then, else, while, repeat, until, do**) bestehen. Die Unterschiede im Vokabular und in der Grammatik führen in den verschiedenen Programmiersprachen zu unterschiedlichen Formen erlaubter Ausdrücke.

Beispiel 2.4. Darstellung eines Rechenalgorithmus in

COBOL: **MULTIPLY** Preis **BY** Menge **GIVING** Kosten
PASCAL: Kosten:=Preis∗Menge;
C: Kosten=Preis∗Menge;

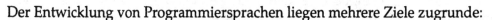

Der Entwicklung von Programmiersprachen liegen mehrere Ziele zugrunde:

- Die Sprache muss eine einfache und knappe Darstellung des Algorithmus in dem Anwendungsbereich gestatten, für den sie entworfen ist.
- Die Sprache muss für einen Computer leicht verständlich sein.
- In dieser Sprache geschriebene Programme müssen für Menschen leicht verständlich sein, so dass sie bei Bedarf leicht geändert werden können.
- Die Sprache sollte die Fehlermöglichkeiten bei der Umsetzung eines Algorithmus in ein Programm minimieren.
- Die Durchsicht des Programmtextes sollte zeigen, dass die Programmausführung tatsächlich den auszuführenden Prozess wiedergibt.

Diese Ziele sind zum Teil nicht vollständig miteinander vereinbar, z.B. effiziente, rechnerorientierte Darstellung und leichte Verständlichkeit für den Menschen.

2.2.2 Syntax und Semantik von Programmiersprachen

Es wurde bereits darauf hingewiesen, dass ein Prozessor in der Lage sein muss, einen Algorithmus zu interpretieren, um den von ihm beschriebenen Ablauf auszuführen. Dazu muss der Prozessor in der Lage sein,

- die Darstellung, in der der Algorithmus ausgedrückt ist, zu verstehen (z.B. ein Strickmuster oder ein Notenblatt oder Konstruktionsanweisung) und
- die entsprechenden Operationen auszuführen.

Betrachten wir den ersten Schritt näher, so stellen wir fest, dass dieser in 2 Teilschritte zerfällt:

1. Der Prozessor muss in der Lage sein, die Symbole, in denen der Algorithmus dargestellt ist, zu erkennen und ihnen eine Bedeutung zuzuordnen (Worte, Abkürzungen, mathematische Symbole, Noten eines Musikstückes, usw.). Dafür

muss der Prozessor Kenntnisse über das Vokabular und die Grammatik der Sprache besitzen, in der der Algorithmus ausgedrückt ist, z.B.:
- „Ärmel" ist ein deutsches Wort.
- „=" ist z.B. eine Wertzuweisung.

Folgende Kombinationen sind Verletzungen der jeweiligen Sprachregeln und müssen vom Prozessor erkannt werden:
- Ärmel die Säume,
- $a + c = b$.

Die Menge der grammatikalischen Regeln, die bestimmen, wie die Symbole in der Sprache korrekt zu benutzen sind, heißt *Syntax* der Sprache. Ein Programm, das die Syntax der Sprache, in der es ausgeführt ist, befolgt, heißt syntaktisch korrekt. Eine Abweichung von der Sprachsyntax heißt *Syntaxfehler*. Syntaktische Korrektheit ist normalerweise eine notwendige Voraussetzung für die Interpretation eines Computerprogrammes.

2. Der zweite Teilschritt, einen Algorithmus zu verstehen, verlangt, jedem Schritt des Algorithmus eine Bedeutung in Form von Operationen zuzuordnen, die der Prozessor ausführen kann, z.B.:
- „1 rechts" beim Stricken bedeutet, Nadel und Wolle in bestimmter Weise zu behandeln.
- Die Bedeutung von Kosten:=Preis∗Menge; ist darin zu sehen, dass zwei Zahlen, mit Preis und Menge bezeichnet, zu multiplizieren sind und somit als Ergebnis eine dritte Zahl mit der Bezeichnung Kosten ergeben.

Die Bedeutung besonderer Ausdrucksformen einer Sprache heißt *Semantik* der Sprache. In der Umgangssprache sind Syntax und Semantik sehr komplex und oft aufeinander bezogen. Hier ist es möglich, syntaktisch richtige Sätze zu bilden, die jedoch inhaltlich sinnlos sind, z.B.:
- Farblose grüne Ideen schlafen wild.
- Der Elefant aß die Erdnuss. (sinnvoll) jedoch
- Die Erdnuss aß den Elefanten. (sinnlos)

Ähnlich können Schritte im Algorithmus syntaktisch korrekt jedoch semantisch falsch sein, z.B.:
- Schreibe den Namen des 1. Monats im Jahr. (richtig)
- Schreibe den Namen des 13. Monats im Jahr. (falsch)

Programmiersprachen sind hinsichtlich Syntax und Semantik relativ einfach gestaltet, so dass ein Programm ohne Bezug auf die Semantik syntaktisch analysiert werden kann. Die Aufdeckung semantischer Unstimmigkeiten beruht auf Kenntnissen über die angegebenen Objekte. Insbesondere baut sie auf Kenntnissen über Eigenschaften (Attribute) dieser Objekte und über Zusammenhänge der Objekte auf. Das heißt, dass zum Beispiel obige Absurditäten (Erdnuss ⟶ Elefant, 13. Monat) erkannt werden. Für den Prozessor folgt daraus, dass er genügend über die Objekte, auf die der Algorithmus Bezug nimmt, wissen muss. Nicht ausreichende

Kenntnisse führen zu Inkonsistenzen, die eventuell erst bei der Ausführung des Programms zum Vorschein kommen. Schwerwiegendere Fehler in der Semantik treten auf, wenn Unstimmigkeiten aus früheren Algorithmusschritten herrühren, z.B.:

1. Denke Dir eine Zahl von 1 bis 13 aus.
2. Bezeichne diese Zahl mit n.
3. Schreibe den n-ten Namen des Monats im Jahr.

Die Unstimmigkeit der möglichen Zahl 13 tritt erst bei der Ausführung des Algorithmus auf. Es gibt kaum eine Chance, diesen Fehler vorher zu entdecken.

2.2.3   Darstellung der Syntax

Als Anwender wollen wir mittels Programmen unsere Probleme auf dem Rechner lösen. Dazu bedienen wir uns verschiedenster Programmiersprachen. Diese können wir natürlich nicht alle im Detail beherrschen. Um nachvollziehen zu können, wie sich beispielsweise ein Element einer Sprache formulieren lässt, schlagen wir in einem geeigneten Buch nach. Dort finden wir die Beschreibung in einer bestimmten Darstellungsform, z.B. in Backus-Naur-Form oder als Syntaxdiagramm. Deshalb nachfolgend die Erkärung dieser „Metasprachen".

Backus-Naur-Form

Die Backus-Naur-Form (BNF) wurde in den 60er Jahren im Zusammenhang mit der Programmiersprache Algol eingeführt. Später wurde sie um zusätzliche Beschreibungsmittel zur Erweiterten Backus-Naur-Form (EBNF) vervollständigt. Die Erweiterungen bieten keine neuen Konzepte für die Darstellung von Syntaxregeln, verringern aber den Umfang der für die Definition einer Grammatik notwendigen Regeln. Zeichen mit Sonderbedeutung:

: : =   Trennt linke Seite von der rechten Seite einer syntaktischen Regel.
< >   Dient zum Einschluß von Nichtterminalsymbolen (Objekte, die durch syntaktische Regeln beschrieben werden, die man aber selber definieren kann, z.B.: Variablen, Anweisungen).
| Dient zur Darstellung von Alternativen auf der rechten Seite von syntaktischen Regeln.

Terminalsymbole (vordefinierte, feststehende Symbole, z.B.: begin, end) sind entweder einzelne Zeichen (z.B.: Klammern, Semikolon) oder unterstrichene Zeichenketten, z.B.:

```
<programm> ::= <kopf> <block> <ende>
<anweisungsteil> ::= begin <anweisung> end
```

Syntaxdiagramm

Die Syntaxdiagramme wurden erstmals in Verbindung mit der Programmiersprache PASCAL eingeführt. Sie bieten gegenüber der BNF den Vorteil, dass die syntaktischen Regeln grafisch wiedergegeben werden und somit für den Menschen oft besser nachzuvollziehen sind als die textuelle Notation der BNF. Folgende Abbildungsvorschriften bilden die Grundlage der Syntaxdiagramme:

- Ein Syntaxdiagramm ist ein knotenmarkierter, gerichteter Graf.
- Jedes Syntaxdiagramm hat eine Bezeichnung und zwei ausgezeichnete Knoten; genau einen Eingangs- und genau einen Ausgangsknoten.
- Zwei Arten von Knoten (Abbildung 2.6):
  - *Rechtecke* markieren Nichtterminalsymbole.
  - *Ovale* und *Kreise* markieren Terminalsymbole.

Nichtterminale   Terminale

Abbildung 2.6 In Syntaxdiagrammen verwendete Notation

Jeder Weg durch ein Syntaxdiagramm liefert durch Aneinanderreihen der dabei erreichten Knotenmarkierungen eine zulässige syntaktische Struktur. Abbildung 2.7 stellt zwei Beispiele von Syntaxdiagrammen dar.

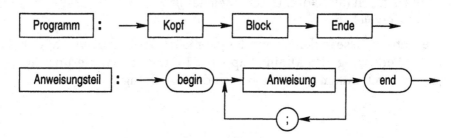

Abbildung 2.7 In Syntaxdiagrammen verwendete Notation

Beispiel 2.5. Syntaxdiagramm für Bezeichner. Bezeichner werden zur Benennung von Marken, Konstanten, Typen, Variablen und Funktionen verwendet. Das Syntaxdiagramm für Bezeichner ist in Abbildung 2.8 dargestellt. Nach diesem Syntaxdiagramm zulässige Bezeichner sind beispielsweise: Otto, B1 und u_16. Demgegenüber sind 1x und Bsp 1 keine zulässigen Bezeichner.

★

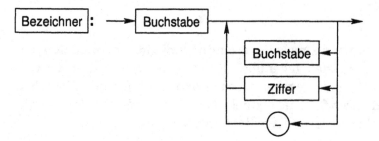

Abbildung 2.8 Syntaxdiagramm für Bezeichner

2.3   Informationsdarstellung

Der Rechner bekommt von der Außenwelt Signale zumeist in elektrischer Form
mitgeteilt. Diese kennzeichnen einen bestimmten Zustand (high oder low, 0 oder 1,
vorhanden oder nicht vorhanden). Diese Zustände sind binär, d.h. es existieren genau zwei. Der Informationsgehalt eines 0-1 - Zustandes wird als *Bit* (binary digit)
bezeichnet. Eine Gruppe von 8 Bits ergeben 1 *Byte*, 2^{10}=1024 Byte ergeben ein Ki-
lobyte, 1024 KByte = 1048576 Byte ergeben 1 Megabyte, 1024 MByte = 1073741824
Byte ergeben 1 Gigabyte, usw. Mit n Bit können 2^n Informationen dargestellt werden. Zur Darstellung der Informationen stehen uns, wie bereits erwähnt, entsprechende Zeichen zur Verfügung:

- Ziffern (numerische Zeichen),
- Buchstaben (alphanumerische Zeichen),
- Sonderzeichen.

Wie werden diese in den Computer gebracht? Der Computer hat nur zwei Zustände zur Verfügung, das Minimalalphabet 1 Bit. Eine Erweiterung dieses Alphabets
gelingt durch Bitkombinationen nach der Gleichung:

$$m = 2^n$$

D.h., mit n Bit lassen sich m unterschiedliche Zeichen darstellen. Auf diesen bi-
nären Code werden alle weiteren gebräuchlichen Codes zurückgeführt. Zur Darstellung eines Zeichens werden somit n Bit lange Bitkombinationen gebildet und
verarbeitet. In Tabelle 2.4 sind Beispiele für Codes angegeben, die mit 3 Bit dargestellt werden können. An der Schnittstelle zum Nutzer (extern) werden Codes
benutzt, die überschaubarer sind. Nach der Anzahl der darstellbaren Grundsym-
bole m unterscheidet man in:

binären Code	{0,1}	$n = 1$	$m = 2$
oktalen Code	{0,1,2,3,4,5,6,7}	$n = 3$	$m = 8$
hexadezimalen Code	{0,1,2,3,4,5,6,7,8,9,A,B,C,D,E,F}	$n = 4$	$m = 16$

Tabelle 2.4 Beispiele für verschiedene Zeichencodes unter Verwendung von Bittriaden (n=3)

Bitkombination	Code 1	Code 2	Code 3
000	0	A	do1
001	1	B	re
010	2	C	mi
011	3	D	fa
100	4	E	sol
101	5	F	la
110	6	G	si
111	7	H	do2

Tabelle 2.5 Ausschnitt aus dem ASCII-Code

Alphanum. Zeichen	Dezimal	Binär	Oktal	Hexadezimal
1	49	00110001	061	31
2	50	00110010	062	32
.	46	00101110	056	2E
!	33	00100001	041	21
?	63	00111111	077	3F
a	97	01100001	141	61
b	98	01100010	142	62
[	91	01011011	133	5B
(	40	00101000	050	28

Für die Codierung von Zeichen werden meist Codes mit einer Länge von 8 Bit = 1 Byte verwendet, z.B. der erweiterte ASCII-Code[1] (American Standard Code for Information Interchange) und ANSI-Code (American National Standards Institute). Damit können 256 verschiedene Zeichen dargestellt werden. Diese Codes benötigen zum einen relativ wenig Speicher, bieten andererseits aber genügend „Platz" für die wesentlichen Zeichen. Heute werden aber auch zunehmend Codes mit einer Länge von 16 Bit verwendet, z.B. der Unicode. Ein Hauptgrund für die Einführung dieser Codes ist die zunehmende Internationalisierung, d.h. Software soll in verschiedenen Ländern verwendet werden, die verschiedene Schriftzeichen verwenden. Dafür reichen die im ASCII- und ANSI-Code zur Verfügung stehenden Zeichen nicht mehr aus. Eines haben aber alle Codes zur Darstellung von Zeichen gemeinsam: Das von uns benutzte externe Alphabet wird durch eine Transformation in einen entsprechenden Code in ein rechnerinternes Alphabet umgewandelt. Dies ist in Tabelle 2.5 am Beispiel des ASCII-Codes dargestellt.

---

[1]Der ursprüngliche ASCII-Code verwendete 7 Bit je Zeichen.

Werden bestimmte Bitkombinationen (Binärwörter) als Ziffern gedeutet, dann lassen sich damit Zahlen darstellen. Verantwortlich für die Deutung der Bitfolge als Zeichenkette oder Zahl ist der vereinbarte Typ.

Beispiel 2.6. Codierung positiver ganzer Zahlen im Binärsystem.

0	0	0	0	0	0	0	0	0
0	0	0	0	0	0	0	1	1
0	0	0	0	0	0	1	0	2
				$\vdots$				
0	0	0	0	1	0	1	0	10
0	0	0	0	1	0	1	1	11
				$\vdots$				
1	1	1	1	1	1	1	0	254
1	1	1	1	1	1	1	1	255

2.4   Zusammenfassung

Wir wollen Kapitel 2 mit einigen Sätzen zusammenfassen.

- Algorithmen sind fundamental für die Informatik.
- Sie zeichnen sich durch grundlegende Merkmale aus.
- Der Entwurf verlangt Kreativität und Einsicht.

Zur Interpretation eines jeden Schrittes eines Algorithmus muss ein Prozessor eines Rechners in der Lage sein:

1. die Symbole, in denen der Algorithmusschritt ausgedrückt ist, zu verstehen,
2. dem Algorithmusschritt in Form von Operationen eine Bedeutung zuzuordnen,
3. die auftretenden Operationen auszuführen.
4. Syntaxfehler werden in Stufe 1,
5. bestimmte Semantikfehler in Stufe 2,
6. andere Semantikfehler erst in Stufe 3 festgestellt.
7. Stufe 1 und 2 werden von einem Übersetzer vollzogen.
8. Logische Fehler werden vom Prozessor nicht erkannt.

Die Schnittstelle zwischen dem Menschen und dem Rechner bilden die Programme. Zur rechnerinternen Darstellung muss das Programm in Bit-Folgen umgewandelt werden.

3 Grundsätzliches zum Programmieren in C

3.1 Beschreibung des Sprachumfangs von ANSI-C

Die Programmiersprache C [Ker 90] wurde Anfang der 70er Jahre von Dennis Ritchie in den Bell Laboratories in den USA entwickelt. Sie gehört zur Familie der prozeduralen oder auch imperativen Sprachen. Dies bedeutet, dass sowohl formuliert werden muss, „was" (welche Daten?) Gegenstand des Bearbeitungsprozesses ist und „wie" (welche Funktionen?) die Bearbeitung geschieht. 1989 wurde diese Sprache vom amerikanischen Normungsausschuß (ANSI) zum Standard erhoben. In den Kapiteln 3–8 werden wir uns mit den Möglichkeiten, die diese Programmiersprache zur Lösung von Anwendungsproblemen bietet, auseinandersetzen. Im Kapitel 9 werden wir die entsprechenden Erweiterungen durch objektorientierte Ansätze behandeln, die sodann die Programmiersprache C++ ausmachen.

3.1.1 Grundelemente der Sprache

Zeichensatz

Das Grundvokabular von C basiert auf mehreren Vereinbarungen von Grundsymbolen.

```
<Buchstabe> ::= A | B | ... | Z | a | b | ... | z |
<Ziffer > ::= 0 | 1 | ... | 9 |
<Sonderzeichen> ::= ( | ) | [ | ] | { | } | < | > | + | - |
                    * | / | ~ | & | | | _ | = | ! | ? | # |
                    \ | , | . | ; | : | % | ^ | ' | "
```

Weiterhin gehören zum Zeichensatz Leerzeichen, Zeilenendezeichen, Tabulator und Seitenvorschub.

Operatoren

Die in C verfügbare Operatoren sind in Tabelle 3.1 zusammengefasst. x++ und x-- sind dabei verkürzte Schreibweisen für x=x+1 und x=x-1. Zwischen x++ und ++x be-

Tabelle 3.1 Operatoren in C

Operator	Aufgabe
() [] . ->	Klammerung, Zugriff auf Feld und Strukturen
(typ) * & **sizeof**	Typumwandlung, Dereferenzierung von Zeigern, Adressoperator und Speicherbedarfsoperator
++ --	Inkrement und Dekrement. Der Ausdruck x++ entspricht dabei der Erhöhung des Wertes von x um 1.
+ - * / %	Arithmetische Operatoren
= += -= *= /= %=	Zuweisungsoperatoren. Eine Zuweisung x+=y stellt dabei eine verkürzte Schreibweise von x=x+y dar, d.h. der Wert in x wird um den Wert in y erhöht
== != <= = /= %=	Vergleichsoperatoren (Gleichheit, Ungleichheit, kleiner als etc.)
! && ||	logische Operatoren (NOT, UND und ODER)
& | ^ ~	bitweise Verknüpfung mittels UND, ODER und XODER sowie Negation

steht ein Unterschied, wenn dieser Ausdruck in einem komplexeren Ausdruck verwendet wird. In diesem Fall wird durch die Position von ++ bzw. -- bestimmt, wann das Inkrementieren bzw. Dekrementieren erfolgen soll. Wir werden diesen Unterschied zu einem späteren Zeitpunkt noch genauer betrachten.

Ein häufiger Fehler bei Verwendung der Vergleichsoperatoren besteht darin, dass anstelle von == bei Vergleichen nur = geschrieben wird. Dies ist syntaktisch richtig und wird auch ausgeführt, liefert aber in der Regel ein falsches Ergebnis, da es als Wertzuweisung interpretiert wird. Wir werden auf diese Fehlerquelle und deren Auswirkungen im Zusammenhang mit der if-Anweisung noch genauer eingehen.

Mit dem Typumwandlungsoperator kann der Typ eines Ausdrucks, z.B. einer Variablen, innerhalb eines Ausdrucks geändert werden. Im Zusammenhang mit den Datentypen werden wir noch genauer betrachten, warum und wann dies notwendig ist.

Reservierte Worte (Schlüsselwörter)

Folgende Worte sind in C fest definiert und dürfen nur in dieser entsprechenden Semantik verwendet werden.

auto	break	case	char	const	continue	default	do	double
else	enum	extern	float	for	goto	if	int	long
register	return	short	signed	sizeof	static	struct	switch	typedef
union	unsigned	void	volatile	while				

Bezeichner und Namen

Die Bezeichner dienen der eindeutigen Identifizierung von Objekten innerhalb eines Programms. Für Bezeichner in C-Programmen gilt:

- Ein Bezeichner besteht aus einer Folge von Buchstaben, Ziffern oder dem Zeichen _ (Unterstrich), wobei das erste Zeichen keine Ziffer sein darf.
- Ein Bezeichner darf beliebig lang sein, wobei jedoch nur eine bestimmte Länge signifikant ist. Diese Länge variiert von Compiler zu Compiler.
- Schlüsselwörter dürfen nicht als Bezeichner genutzt werden.

In C-Programmen dienen Namen als Bezeichner von Variablen, Konstanten, Funktionen, Marken, usw. Namen gelten nur in einer Datei (interne Namen), wobei dieselben bis zu 31 signifikante Zeichen aufweisen können, z.B.:

```
I, a5, _Simulation
```

Werden mit Namen auch Objekte in mehreren Dateien angesprochen (externe Namen), so ist die signifikante Länge mindestens 6 Zeichen.

Formate in C-Programmen

C-Programme können formatfrei geschrieben werden, d.h., sie müssen keine bestimmte Zeilenstruktur haben. Es empfiehlt sich jedoch im Sinne einer besseren Übersicht, eine Strukturierung vorzunehmen.

Standardbezeichner

Neben den Schlüsselwörtern enthält die Sprache Bibliotheksroutinen, die durch Standardbezeichner gekennzeichnet sind. Dazu gehören neben mathematischen Routinen solche zur Arbeit im Text- oder Grafikmodus usw. Diese Bezeichner sollten auch nur in diesem semantischen Zusammenhang verwendet werden.

Kommentare

Kommentare dienen der besseren Lesbarkeit von Programmen und sollten demzufolge häufig verwandt werden. Zwischen den Zeichen /∗ und ∗/ können beliebig viele Zeichen stehen. Der Compiler betrachtet diese Einfügung als Trennzeichen, z.B.:

```
/∗ Dies ist ein Kommentar ∗/
```

3.1.2   Nutzerdefinierte Sprachelemente

Neben den vordefinierten Sprachelementen, die eine Programmiersprache anbietet, gibt es die Möglichkeit, eigene Sprachelemente zu definieren, die aber bestimmten Syntaxregeln genügen müssen. Für die Darstellung der Syntaxregeln
einer Sprache gibt es verschiedene Beschreibungsmittel. Im vorhergehenden Kapitel hatten wir bereits die Backus-Naur-Form und die Syntaxdigramme vorgestellt.
Diese wollen wir gegebenenfalls anwenden.

3.2   Programmaufbau

Die Sprache C ist eine höhere Programmiersprache, die es uns erspart, Programme
in der umständlichen Maschinensprache abzufassen. Ein C-Programm besteht aus
einer Folge von Anweisungen. Dieser Quellcode wird anschließend durch einen
Compiler geprüft (Parsen) und anschließend in Maschinensprache (Codieren) übersetzt. Der Vorgang vom *Quellprogramm* bis zum ausführbaren Programm läuft wie
in Abbildung 3.1 dargestellt ab [Het 93, S. 8]. Die Headerdateien enthalten Deklarationen von Funktionen, Makros, Konstanten usw., die bestimmte Funktionalitäten
bereitstellen, z.B. Funktionen für die Ein- und Ausgabe in stdio.h. In den Headerdateien werden aber nur die Prototypen der Funktionen, d.h. Name, Parameter
und Rückgabewert, nicht aber die Anweisungen angegeben. Funktionen können
in *Libraries* in vorkompilierter Form bereitgestellt werden. Damit ist es möglich,
Funktionen zu nutzen, deren interne Programmierungen nicht bekannt sein müssen.

Aufgabe eines Programms: Ist die Manipulation von Daten.
Daten: Sind Programmbereiche, in die durch Befehle des Anwenderprogramms
   Informationen ein- und ausgetragen werden.
Datenobjekte: Sind benennbare Speichereinheiten eines bestimmten Datentyps.
Datenmodell: Ist die Zusammenfassung aller Datenobjekte.

Jedes C-Programm wird in der Regel nach folgender Grobstruktur gebildet:

• Include-Dateien, die externe Quellcodedateien einbinden,
• Definitionsteil für Konstanten und Makros ,
• Deklarationsteil für globale Variablen,
• Definitionsteil globaler Funktionen,
• Hauptprogramm,
• Definitionsteil der lokalen Funktionen.

Das Syntaxdiagramm dieses grundlegenden C-Programmes ist in Abbildung 3.2
dargestellt. Ein entsprechender Quellcode könnte folgendermaßen aussehen:

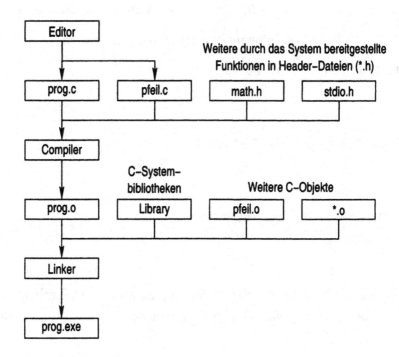

Abbildung 3.1 Phasen der Programmentwicklung

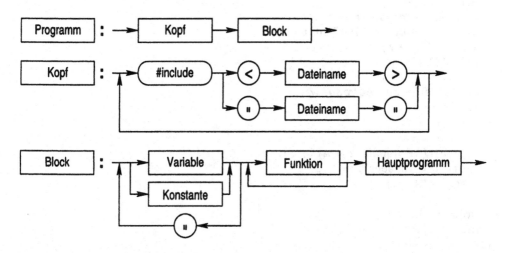

Abbildung 3.2 Syntaxdiagramm eines C-Programms

```
#include < ... >      /* externe Quellcodedateien */
#define ...           /* Definition von Konstanten und Makros */

int ...               /* globale Variablen und Datentypen */

void funk1() {        /* Funktion 1 */
  ⋮
}

int funk2() {         /* Funktion 2 */
  ⋮
}

int main() {          /* Hauptprogramm */
  ⋮
}
```

Beispiel 3.1. Berechnung der größeren Zahl aus einem Zahlenpaar.

```
/* Berechnung der größeren Zahlen aus einem Zahlenpaar. Abbruch mit x= −1.
*/

#include <stdio.h>      // Datei stdio.h für i/o-Operationen

/* Hauptprogramm */
int main()
{
  int z, x;
  /* Eingabe organisieren */
  printf("Größte Zahl\nZahl z= ");
  scanf("%i", &z);
  printf("\nZahl x= ");
  scanf("%i", &x);
  /* Schleife zur Abfrage */
  do {
    if (x > z)
      z = x;
    printf("Ergebnis z = %i", z);
    printf("\nneues x = ");
    scanf("%i", &x);
  }
  while (x != −1);
  return 0;
}
/* Ende des Programmes */
```

★

3.3 Variablen, Konstanten und elementare Datentypen

3.3.1 Variablen

Variablen und Konstanten bilden das Datenmodell als Träger der Informationen. Eine *Variable* ist ein Datenobjekt mit veränderlichem Wert, das Namen und Datentyp besitzt und ab einer bestimmten Adresse im Speicher Platz belegt. Variablen müssen vor ihrer Verwendung deklariert werden. Die Syntax für die Definition einer Variablen lautet:

Syntax (Variable):

```
datentyp varname1 [ , varname2 ];
```

3.3.2 Konstanten

Eine *Konstante* ist ein Datenobjekt mit unveränderlichem Wert. Dieses Objekt kann eine Zahl, ein Zeichen oder eine Zeichenkette sein. Es wird zwischen folgenden Typen von Konstanten unterschieden:

- Ganzzahlkonstanten (**int, short, long**),
- Gleitkommakonstanten (**float** oder **double**),
- Zeichenkonstanten (**char**),
- Zeichenkettenkonstanten (Feld vom Typ **char**),
- Aufzählungskonstanten (enumerators, intern **int**).

Konstanten können auch symbolisch definiert werden, z.B.:

```
#define PI 3.141529
#define Begin {
#define End }
```

3.3.3 Elementare Datentypen

Bevor wir ein Programm schreiben, um darin Daten zu verarbeiten, müssen wir Speicherplatz für die Variablen vereinbaren. Dies geschieht über Datentypen. In C unterscheidet man in Basisdatentypen und deren Modifikationen durch Voranstellen der Typ-Modifizierer **short, long, double, signed** und **unsigned**. Darüber hinaus kann der Programmierer erweiterte Datentypen festlegen (Felder, Strukturen und Unions, die später behandelt werden). In Abbildung 3.3 sind die wichtigsten von C bereitgestellten Datentypen zusammen mit ihrem Speicherplatzbedarf angegeben.

Tabelle 3.2 Wertebereiche verschiedener Integer-Datentypen

Datentyp	Wertebereich			Speicherplatzbedarf
signed char	-128	...	127	1 Byte
char	0	...	255	1 Byte
short	-32.768	...	32.767	2 Byte
unsigned short	0	...	65.535	2 Byte
int	-2.147.483.648	...	2.147.483.647	4 Byte
unsigned int	0	...	4.294.967.295	4 Byte
long	-2.147.483.648	...	2.147.483.647	4 Byte
unsigned long	0	...	4.294.967.295	4 Byte

Dieser Platzbedarf ist abhängig von Rechnerarchitektur, Betriebssystem und Compiler. Der ANSI-Standard legt nur Mindestgrößen für die Basisdatentypen fest. Im folgenden beziehen wir uns auf den GNU-Compiler unter Windows 98.

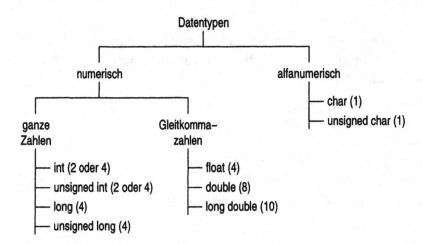

Abbildung 3.3 Einteilung und Speicherplatzbedarf elementarer Datentypen

Ganze Zahlen

Für die Speicherung werden Integer-Datentypen verwendet. In Tabelle 3.2 sind die Wertebereiche und der benötigte Speicher verschiedenener Integer-Datentypen dargestellt.

Die Darstellung natürlicher Zahlen im Dualsystem erfolgt nach dem *Stellenwertverfahren*. Mittels folgender Formel lässt sich aus einer Zahl in einem Zahlensystem der Basis B die entsprechende Zahl im Dezimalsystem errechnen:

$$N_B = \sum_{i=0}^{n-1} Z_i * B^i = Z^{n-1} * B^{n-1} + \ldots + Z^1 * B^1 + Z^0 * B^0$$

Dabei ist Z_i die Ziffer an der i-ten Stelle in der Zahl zur Basis B.

Beispiel: $N_8 = 43721 = 4 * 8^4 + 3 * 8^3 + 7 * 8^2 + 2 * 8^1 + 1 * 8^0$

Beispiel 3.2. Umwandlung der Dezimalzahl $N_{10} = 111$ in Dualzahl mit $B = 2$
Algorithmus: $N_{10} \longrightarrow N_8 \longrightarrow N_2$, d.h. dezimal $\longrightarrow$ oktal $\longrightarrow$ binär

```
111 : 8 =  13  Rest  7 ─────────────────────┐
 13 : 8 =   1  Rest  5 ─────────────┐        │
  1 : 8 =   0  Rest  1 ──────┐      │        │
                    N₈ =     1      5        7
                    N₂ =    001    101      111
```

Dualzahl: $0 * 2^7 + 1 * 2^6 + 1 * 2^5 + 0 * 2^4 + 1 * 2^3 + 1 * 2^2 + 1 * 2^1 + 1 * 2^0$

Bitposition	7	6	5	4	3	2	1	0
Stellenwertigkeit	2^7	2^6	2^5	2^4	2^3	2^2	2^1	2^0
Bitbelegung	0	1	1	0	1	1	1	1

```
1 * 1                               =   1
1 * 2                               =   2
1 * 2 * 2                           =   4
1 * 2 * 2 * 2                       =   8
0 * 2 * 2 * 2 * 2                   =   0
1 * 2 * 2 * 2 * 2 * 2               =  32
1 * 2 * 2 * 2 * 2 * 2 * 2           =  64
0 * 2 * 2 * 2 * 2 * 2 * 2 * 2       =   0
                                    ─────
                                      111
```

★

Festkommazahlen Da ganze Zahlen Vorzeichen behaftet sein können, benutzt man zu ihrer Abbildung die Festkomma- oder auch Festpunktdarstellung. Das Komma bzw. besser der Punkt steht dabei (gedacht!) nach dem rechten Bit. Ganze Zahlen werden demzufolge durch Bitfolgen mit einer festen Länge von Z Byte dargestellt. In Abbildung 3.4 ist diese Darstellung veranschaulicht. Zur Darstellung des Vorzeichens wird das Bit mit der höchsten Wertigkeit verwendet, d.h. Bitposition 15 bei Z = 2 Byte, Bitposition 31 bei Z = 4 Byte, usw. Dabei entspricht 0 positiv (+) und 1 negativ (-). Negative Zahlen werden als Zweierkomplement dargestellt. Die Ermittlung des Zweierkomplements erfolgt durch Invertierung aller Bits (außer dem Vorzeichenbit) und Addition von 1 an der Stelle 2^0.

| 2^{31} | 2^{30} | 2^{29} | ... | 2^2 | 2^1 | 2^0 | Stellenwertigkeit Z=4 Byte |
| 2^{15} | 2^{14} | 2^{13} | ... | 2^2 | 2^1 | 2^0 | Stellenwertigkeit Z=2 Byte |

			...			

| 31 | 30 | 29 | | 2 | 1 | 0 | Bitposition Z=4 Byte |
| 15 | 14 | 13 | | 2 | 1 | 0 | Bitposition Z=2 Byte |

Abbildung 3.4 Darstellung von Festkommazahlen

Beispiel 3.3. Zahlenbeispiel zur Festkommadarstellung.

Dual	Dezimal
0 1 1 1 1 1 1 1 1 1 1 1 1 1 1 1	32767
0 0 0 0 0 0 0 0 0 0 0 0 0 0 0 1	1
1 1 1 1 1 1 1 1 1 1 1 1 1 1 1 1	-1

★

Reelle Zahlen

Bei der internen Darstellung numerischer Daten muss man selbstverständlich berücksichtigen, dass nicht nur ganze Zahlen, sondern auch reelle Zahlen zu verarbeiten sind. Dieser Tatsache wird mit der internen Darstellung als *Gleitkommazahl* (Gleitpunktzahl) entsprochen.

Gleitkommazahlen   Reelle Zahlen werden intern als Gleitkommazahlen abgebildet. Die Bestimmungsgleichung in halblogarithmischer Form lautet :

$$Zahl = (+/-)m * B^{(+/-)exp} \qquad \text{mit } 0 < m < 1, exp \in \mathbb{N} \cup \{\varnothing\}$$

m	-	Mantisse
B	-	Basis
exp	-	Exponent

Die interne Darstellung einer Gleitkommazahl erfolgt in drei Teilen, mit einer Mantisse (m), mit einer Charakteristik (CH) und mit einem Vorzeichen (V). Für das

Vorzeichen wird immer ein Bit verwendet. Die Länge der anderen beiden Komponenten hängt vom konkreten Datentyp ab. Die Charakteristik berechnet sich wiederum aus zwei Bestandteilen:

$$CH = e + k$$

wobei e der Vorzeichen behaftete Exponent und k ein konstanter Faktor sind.

Beispiel 3.4. Interne Darstellung von **float**-Werten.

Für die Darstellung einer Zahl vom Datentyp **float** werden 32 Bit (4 Byte) verwendet. Davon entfallen 23 Bit auf die Mantisse (m), 8 Bit auf die Charakteristik (CH) und 1 Bit auf das Vorzeichen (V). Abbildung 3.5 verdeutlicht diese Aufteilung. Die Darstellung von Zahlen der Typen **double** und **long double** erfolgen auf ähnliche Weise. Für die Mantisse und die Charakteristik stehen dann nur entsprechend mehr Bits zur Verfügung.

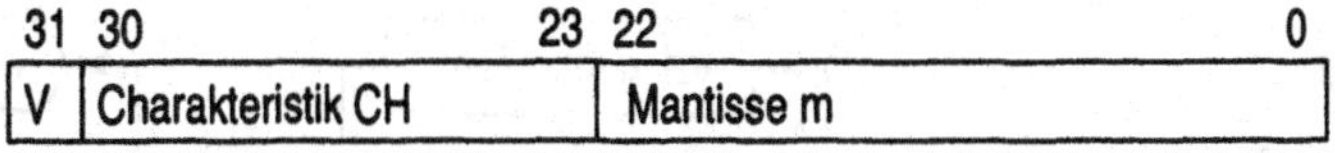

31	30		23	22		0
V	Charakteristik CH			Mantisse m		

Abbildung 3.5 Darstellung von **float**-Zahlen

★

Beispiel 3.5. Darstellung der Dezimalzahl +26.5 als normierte Gleitpunktzahl.

1. Umwandlung Dezimalzahl in Dualzahl

$$26.5_{10} = 11010.101_2$$

2. Normierung der Dualzahl

$$11010.101 * 2^0 = 0.11010101 * 2^5$$
$$\rightsquigarrow m = 0.11010101$$

3. Exponent 5 entspricht $e = 101$. Mit $k = 10000000$ ergibt sich:

$$CH = k + e = 10000000 + 101 = 10000101$$

Es folgt demnach:

$$26.5_{10} \,\hat{=}\, 0\ 10000101\ 11010101000000000000000_{\text{float}}$$

★

In einem C-Programm können Gleitkommazahlen auf zwei unterschiedliche Arten dargestellt werden:

1. als Dezimalzahl Das Syntaxdiagramm ist in Abbildung 3.6 dargestellt. Beispiele für diese Darstellungsart sind:

3.14, 73.234　　richtig
.656, 65.　　　　falsch

Abbildung 3.6 Syntaxdiagramm für Gleitkommazahlen als Dezimalzahl

2. in halblogarithmischer Form Das Syntaxdiagramm ist in Abbildung 3.7 dargestellt. Beispiele für die diese Darstellungsart sind:

3.21E7, 0.5E+8, 111.11E-1, 3E-11　　richtig
E10, 16E　　　　　　　　　　　　　　falsch

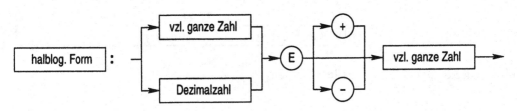

Abbildung 3.7 Syntaxdiagramm für Gleitkommazahlen in halblogarithmischer Form

Das vollständige Syntaxdiagramm für reelle Zahlen ist abschliessend in Abbildung 3.8 dargestellt. Wird explizit keine andere Formatierung angegeben, erfolgt die Ausgabe in halblogarithmischer Darstellung, z.B.: 0.12E-2.

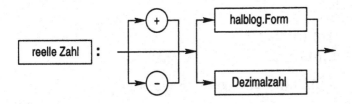

Abbildung 3.8 Syntaxdiagramm für reelle Zahlen

Beispiel 3.6. Es soll die Fläche der in Abbildung 3.9 dargestellten Figur berechnet werden. Die Eingabe der einzelnen Längen soll dabei durch den Nutzer erfolgen.

Gegeben ist weiterhin:

$$x = 0.2 * b$$
$$A = b * h - \frac{\pi}{4} * d^2$$

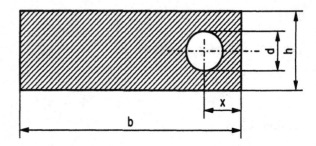

Abbildung 3.9 Skizze zum Beispiel „Flächenberechnung"

Programmablaufplan:

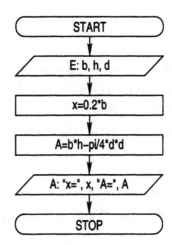

C Programm:

```
/* Beispiel: Verwendung reeller Typen */
#include <stdio.h>

#define PI 3.14159265358979323846

int main() {
   float b, h, d, x, a;

   scanf("%f%f%f", &b, &h, &d);
   x = 0.2 * b;
   a = b * h - PI / 4 * d * d;
   printf("\nx=%f A=%f\n", x, a);
   return 0;
}
```

Ergebnis:

```
2.0
0.2E1
```

```
0.15
```

```
x=0.400000 A=3.982329
```

boolean-Typ

Dieser Typ ist in C als logischer Datentyp nicht vorgesehen. Später wird er in C++ eingeführt. In C wird bei logischen Operationen ein Ergebniswert verschieden von Null als wahr und gleich Null als falsch gewertet.

char-Typ

Der Datentyp char ist vordefiniert und beschreibt die Menge von endlich vielen Zeichen, die ein Computersystem für die Kommunikation über das Terminal (Tastatur) benutzt. Zur Zeichenmenge gehören:

1. 'A' ... 'Z' Ordnungsnummer 65 - 90 im ASCII-Code,
2. 'a' ... 'z' Ordnungsnummer 97 - 122,
3. '0' ... '9' Ordnungsnummer 48 - 57,
4. Sonderzeichen Ordnungsnummer 32 - 47.

Als Ordnung gilt: 'A'<'Z', 'a'<'z' und '0'<'9'. Als Speicherplatz wird 1 Byte benötigt!

Beispiel 3.7. Anwendung des Datentyps char.

```
char z1, z2;
z1 = 'A';
scanf("%c", &z2);
printf("\nz1 = %c, z2 = %c", z1, z2);
```

Der Datentyp char ist die Grundlage für die Zeichenverarbeitung (Textverarbeitung). Eine Zeichenkette wird durch den strukturierten Datentyp Feld (vgl. Abschnitt 5.1) gebildet, z.B.:

```
char zk[15];
```

In dieser Variablen lässt sich eine Zeichenkette mit 14 Zeichen und einem Endezeichen abbilden.

3.4 Ein- und Ausgabefunktionen

Wir haben in unseren Beispielen bereits stillschweigend die Funktionen scanf und printf benutzt. Sie sind in der Datei stdio.h enthalten und organisieren standardmäßig die Eingabe über Tastatur und Ausgabe über Bildschirm. Bei der Eingabe müssen dabei sowohl der Datentyp und die Speicherbereiche der Variablen angegeben werden.

Beispiel 3.8. Anwendung der Ein- und Ausgabefunktionen scanf und printf.

```
#include <stdio.h>

int main() {
  int var_i;
  long var_l;

  printf("Variable var_i: ");
  scanf("%d", &var_i);
  printf("\nDezimal: %d", var_i);
  printf("\nHexa:    %x", var_i);

  printf("\nVariable var_l: ");
  scanf("%ld", &var_l);
  printf("\nDezimal: %ld", var_l);
  printf("\nHexa:    %lx\n", var_l);

  return 0;
}
```

★

Eingabe und Ausgabe sind in der Regel formatiert. Die wichtigsten Formate sind in Tabelle 3.3 zusammengefasst. Mit diesen Ausführungen können wir im nächsten Kapitel Lösungen entwickeln, wobei wir den Ablauf der Programme selbst durch Schleifen, Verzweigungen oder durch einfache Folgen steuern wollen.

Tabelle 3.3 I/O-Formate

Format	Ein-/Ausgabewert
%d oder %i	Dezimale Zahl vom Typ int
%o	Oktale Zahl vom Typ int
%h	hexadezimale Zahl vom Typ int
%c	Zeichen
%s	Zeichenkette
%f	Gleitkommazahl vom Typ float oder double

4 Steueranweisungen

Alle Anweisungen eines Programms werden nacheinander (sequentiell) abgearbeitet. Wie die Beispiele aus dem vorigen Kapitel, die reine Sequenzen von Anweisungen zeigen, ist auch der Tauschalgorithmus eine einfache Sequenz von drei Anweisungen, hat aber eine besondere Bedeutung, insofern als er die Grundlage aller Sortieralgorithmen bildet:

Beispiel 4.1. Sequenz zum Tauschen des Inhalts der Variablen a und b. Alle Variablen müssen den gleichen Typ haben!

```
hilf = a;      /* Wert von a an die Hilfsvariable */
a    = b;      /* Wert von b nach a, überschreibt alten Wert von a */
b    = hilf;   /* der in hilf gespeicherte Wert von a nach b */
```

★

Um trotz der sequentiellen Arbeitsweise die Reihenfolge der Abarbeitung von Anweisungen gegenüber der Reihenfolge ihrer Notation verändern und steuern zu können, stellt die Programmiersprache C spezielle Anweisungen zur Beschreibung von Verzweigungen, Wiederholungen und Sprüngen zur Verfügung und bietet die Möglichkeit, mehrere Anweisungen durch geschweifte Klammern zu einer Verbund- oder Blockanweisung zusammenzufassen (Abbildung 4.1). Eine Blockanweisung, auch kurz Block genannt, darf überall dort stehen, wo eine Anweisung stehen darf. Blöcke können daher auch geschachtelt werden.

4.1 Verzweigungen (Selektionen)

Von einer Verzweigung spricht man immer dann, wenn zwei oder mehr Anweisungen für den weiteren Ablauf zur Auswahl stehen, wobei die Entscheidung von der Erfüllung einer Bedingung abhängt. Im Einzelnen stehen dafür zur Verfügung:

- Bedingte Anweisung (**if**),
- bedingte Anweisung mit Alternative (**if else**),
- Mehrfachverzweigung (**switch**).

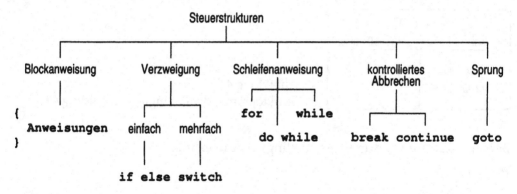

Abbildung 4.1 Steuerstrukturen in C

4.1.1 Bedingte Anweisung

Die bedingte Anweisung ist der einfachste Fall einer Verzweigung. Sie gestattet es, eine beliebige Anweisung nur dann ausführen zu lassen, wenn eine bestimmte Bedingung erfüllt ist. In C steht zu diesem Zweck die **If**-Anweisung zur Verfügung. Die Bedingung darf dabei auch aus mehreren logischen Ausdrücken zusammengesetzt sein. Es kommt nur darauf an, dass die Auswertung auf den Wert wahr oder falsch führt. Jeder Wert des Ausdrucks, der den Wert wahr liefert, wird auf !0 gesetzt, d.h. die nachfolgende Anweisung wird ausgeführt. Dagegen wird jedes Ergebnis des Ausdruckes mit dem Wert falsch auf 0 gesetzt und die nachfolgende Anweisung wird übersprungen.

Für das Zusammensetzen von Bedingungen stehen die logischen Operatoren && (und), || (oder) und ! (nicht) zur Verfügung Für ihre Anwendung auf zwei Aussagen p und q gelten die in Tabelle 4.1 dargestellten Wertetafeln.

Tabelle 4.1 Wertetafeln für logische Operationen

p	q	p und q	p oder q	nicht q
w	w	w	w	f
w	f	f	w	w
f	w	f	w	
f	f	f	f	

Das Struktogramm der **If**-Anweisung ist in Abbildung 4.2 dargestellt. Die Syntax lautet:

Syntax (If):

If (Bedingung) Anweisung;

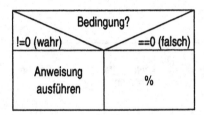

Abbildung 4.2
Struktogramm der bedingten Anweisung (If)

Beispiel 4.2. Anwendung einer bedingten Anweisung:

```
If (x != 0)
    y = 1/x;
```

4.1.2   Bedingte Anweisung mit Alternative

Die bedingte Anweisung mit Alternative wird verwendet, wenn zwei Anweisungen in Abhängigkeit von einer Bedingung alternativ auszuführen sind. Wenn die Bedingung erfüllt ist, wird Anweisung 1 ausgeführt und sonst Anweisung 2. Zu diesem Zweck bietet C eine entsprechende Erweiterung der If-Anweisung mit **else** an. Das Struktogramm ist in Abbildung 4.3 dargestellt, die Syntax lautet:

Syntax (If –else):

```
If (Bedingung)
    Anweisung 1;
else
    Anweisung 2;
```

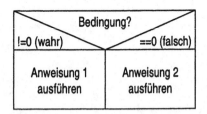

Abbildung 4.3
Struktogramm der bedingten Anweisung mit Alternative (If –else)

Beispiel 4.3. Anwendung einer bedingten Anweisung mit Alternative:

```
If (bruttogehalt < bemessungsgrenze)
    beitrag = bruttogehalt*prozentsatz;
else
    beitrag = bemessungsgrenze*prozentsatz;
```

Geschachtelte bedingte Anweisungen

Bedingte Anweisungen dürfen ineinander geschachtelt werden. Ein **else** gehört dabei immer zu dem letzten **if**, zu dem noch kein **else** angegeben wurde. Will man es anders haben, so ist die Zuordnung von **if** und **else** durch Verbundklammern zu regeln.

Beispiel 4.4. Im Rahmen einer Volkszählung soll eine Auswertung hinsichtlich der Altersstruktur vorgenommen werden, indem die Personen in bestimmten Altersbereichen gezählt werden. Das Struktogramm für dieses Beispiel ist in Abbildung 4.4 dargestellt.

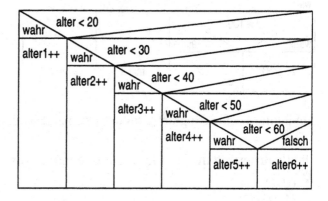

Abbildung 4.4 Struktogramm für das Beispiel „Volkszählung".

Die Realisierung in C erfolgt folgendermaßen:

```
if ( alter <20)
    alter1 ++;               /* alter1 : jünger als 20 Jahre */
else if ( alter <30)
        alter2 ++;           /* alter2 : 20 – 29 Jahre */
    else if ( alter <40)
            alter3 ++;       /* alter3 : 30 – 39 Jahre */
        else if ( alter <50)
                alter4 ++;   /* alter4 : 40 – 49 Jahre */
            else if ( alter <60)
                    alter5 ++; /* alter5 : 50 – 59 Jahre */
                else
                    alter6 ++; /* alter6 : ab 60 Jahre */
```

Während im vorigen Beispiel die Schachtelung im **else**- Zweig erfolgte, wird sie im folgenden Beispiel im **if**-Zweig vorgenommen.

Beispiel 4.5. Es soll ein gemessener Spannungswert auf die Bereiche

$$
\begin{array}{llll}
100 & < & U & & \text{zu groß} \\
20 & < & U & <= & 100 \quad \text{max} \\
2 & < & U & <= & 20 \quad \text{mittel} \\
& & U & <= & 2 \quad \text{min}
\end{array}
$$

gefiltert werden. Das zugehörige Struktogramm ist in Abbildung 4.5 dargestellt.

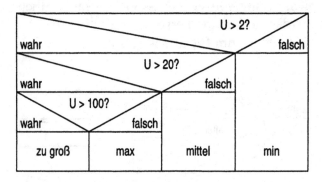

Abbildung 4.5 Struktogramm für das Beispiel „Spannungsbereiche"

Die Realisierung in C verdeutlicht folgender Programmausschnitt:

```
if (U>2)
   if (U>20)
      if (U>100)
         printf("zu gross");    /*    U> 100 */
      else
         printf("max");         /* 20< U<= 100 */
   else
      printf("mittel");         /*  2< U<= 20  */
else
   printf("min");               /*    U<= 2    */
```

★

4.1.3 Mehrfachverzweigung

Mehrfachverzweigungen kann man durch Schachtelung von if –else-Anweisungen in beliebiger Tiefe aufbauen. Der Nachteil daran ist aber, dass man relativ schnell die Übersicht verliert. Ein übersichtliches Einrücken des Quelltextes ist durch die Spaltenzahl des Bildschirmes ebenfalls begrenzt. Für eine Fallauswahl (Fallunterscheidung, Mehrfachentscheidung) mit vielen einzelnen Fällen ist die switch-Anweisung vorgesehen. Das Struktogramm ist in Abbildung 4.6 dargestellt, die Syntax ist:

Syntax (switch):

```
switch (Variable)
{
  case Konstante 1: Anweisung 1;
  case Konstante 2: Anweisung 2;
    ⋮
  case Konstante n: Anweisung n;
  default: Anweisung x;
}
```

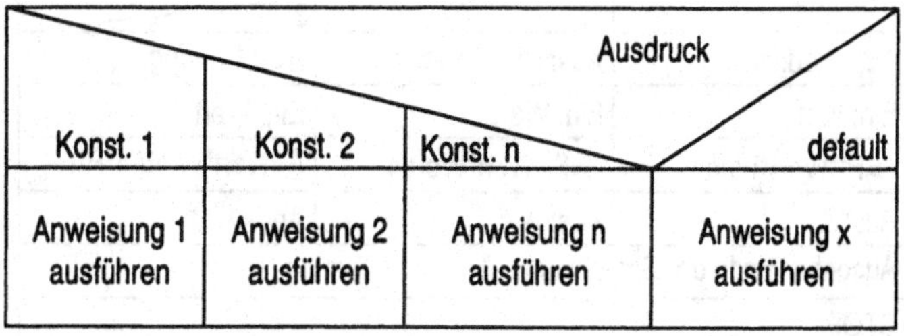

	Ausdruck		
Konst. 1	Konst. 2	Konst. n	default
Anweisung 1 ausführen	Anweisung 2 ausführen	Anweisung n ausführen	Anweisung x ausführen

Abbildung 4.6 Struktogramm der **switch**-Anweisung

Die Variable muss allerdings einen ordinalen Wert liefern, d.h. es dürfen nur abzählbare Datentypen (**int**, **char**, ...) benutzt werden. Die Konstanten 1 bis n geben jede einen bestimmten Wert aus dem Wertebereich dieses Datentyps an. Hat die Variable dann diesen Wert, werden alle nach dem Doppelpunkt stehenden Anweisungen bis zum nächsten **break** (siehe auch Abschnitt 4.3) oder dem Ende der **switch**-Anweisung ausgeführt. Die nach dem Schlüsselwort **default** (Vorgabe, Standard) folgenden Anweisungen werden ausgeführt, wenn keiner der mit **case** angegebenen Fälle eingetreten ist. Die **default**-Marke ist optional.

Beispiel 4.6. Mehrfachverzweigung zum Berechnen einer Kreisfläche. Die Kreisfläche soll in Abhängigkeit vom Eingabewert aus dem Radius, dem Durchmesser oder dem Umfang berechnet werden.

Auf die Einbettung der Verzweigung in eine Schleife wird hier verzichtet, weil Wiederholungen erst im nächsten Kapitel behandelt werden. Siehe dazu das Beispiel Stammdatenverwaltung in Abschnitt 4.2.2.

Die Formeln für die Berechnung der Fläche lauten:

$$A = \pi * r^2 \quad \text{oder} \quad A = \pi * \frac{d^2}{4} \quad \text{oder} \quad A = \frac{u^2}{4\pi}$$

Die Formeln für die Berechnung des Umfangs lauten:

$$u = 2 * \pi * r \quad \text{oder} \quad u = \pi * d$$

Struktogramm:

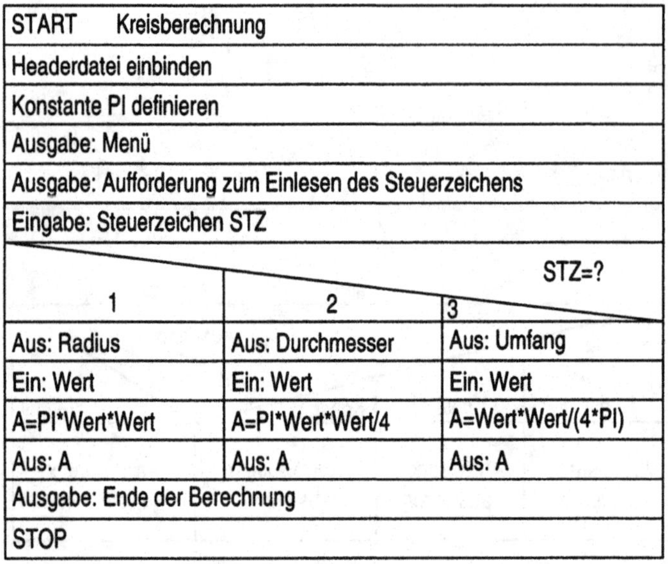

START Kreisberechnung		
Headerdatei einbinden		
Konstante PI definieren		
Ausgabe: Menü		
Ausgabe: Aufforderung zum Einlesen des Steuerzeichens		
Eingabe: Steuerzeichen STZ		
		STZ=?
1	2	3
Aus: Radius	Aus: Durchmesser	Aus: Umfang
Ein: Wert	Ein: Wert	Ein: Wert
A=PI*Wert*Wert	A=PI*Wert*Wert/4	A=Wert*Wert/(4*PI)
Aus: A	Aus: A	Aus: A
Ausgabe: Ende der Berechnung		
STOP		

Abbildung 4.7 Struktogramm zur Flächenberechnung

C Programm:

```
/* Kreisflächenberechnung aus Radius, Durchmesser
 * oder Umfang, Auswahl mittels switch-Anweisung. */
#include <stdio.h>
#define PI 3.14159265358979323846

int main() {
    int STZ;
    double Wert, A;

    printf("Kreisflaechenberechnung aus:\n");
    printf("\tRadius\t\t - 1 eingeben,\n");
    printf("\tDurchmesser\t - 2 eingeben,\n");
    printf("\tUmfang\t\t - 3 eingeben,\n");
    printf("\tEnde\t\t - 4 eingeben.\n");
    printf("\nSteuerzeichen eingeben: ");
    scanf("%i", &STZ);

    switch(STZ)
    {
        case 1: printf("\nRadius eingeben: ");
                scanf("%lf", &Wert);
                A= PI*Wert*Wert;
                printf("\nFlaeche= %f", A);
                break;
```

```
    case 2: printf("\nDurchmesser eingeben: ");
            scanf("%lf", &Wert);
            A= PI * Wert * Wert/4;
            printf("\nFlaeche= %f",A);
            break;
    case 3: printf("\nUmfang eingeben: ");
            scanf("%lf", &Wert);
            A= Wert * Wert/(4*PI);
            printf("\nFlaeche= %f", A);
    }
    printf("\nEnde des Programmes\n"); system("Pause"); return 0;
}
```

Ergebnis:

```
Kreisflächenberechnung aus:
    Radius       - 1 eingeben,
    Durchmesser  - 2 eingeben,
    Umfang       - 3 eingeben,
    Ende         - 4 eingeben.
```

```
                                    oder:
Steuerzeichen eingeben: 1           Steuerzeichen eingeben: 2

Radius eingeben: 10                 Durchmesser eingeben: 20

Flaeche= 314.000000                 Flaeche= 314.000000



oder:                               oder:
Steuerzeichen eingeben: 3           Steuerzeichen eingeben: 4

Umfang eingeben: 62.8               Ende des Programmes

Flaeche= 314.000000
```

★

4.2   Wiederholungen (Iterationen)

Sollen eine oder mehrere Anweisungen wiederholt ausgeführt werden, spricht man auch von Zyklen oder Iterationen und beschreibt sie mit Hilfe von Schleifenanweisungen. Merkmale für Schleifen sind die Anzahl der Durchläufe (Schleife mit bekannter und unbekannter Dauer) sowie der Zeitpunkt der Prüfung des Abbruchkriteriums. Dabei wird zwischen *anfangsgeprüften* oder *abweisenden Schleifen* und *endgeprüften* oder *nichtabweisenden Schleifen* unterschieden.

4.2.1   Zählschleife (for)

Eine Zählschleife ist für die Beschreibung eines Algorithmus geeignet, wenn eine bestimmte und schon vorher feststehende Anzahl von Wiederholungen auszuführen ist. Die Ausführung einer for-Schleife ist in Abbildung 4.8 in Form eines PAP dargestellt.

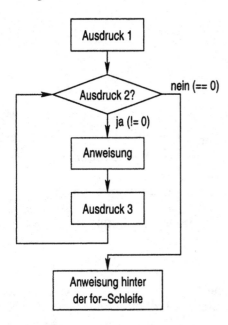

Abbildung 4.8
PAP einer for-Schleife

Syntax (for):

`for ( Ausdruck1 ; Ausdruck2 ; Ausdruck3 ) Anweisung ;`

Ausdruck 1: Initialisierung der Schleifenvariablen
Ausdruck 2: Abbruchkriterium
Ausdruck 3: Änderung der Schleifenvariablen (Reinitialisierung, Schrittweite)

Alle drei Ausdrücke sind optional.

Die Zählschleife ist eine abweisende Schleife, denn das Abbruchkriterium wird am Anfang geprüft und die Anweisung wird nur ausgeführt, wenn bzw. solange es erfüllt ist. Im Gegensatz zu anderen Programmiersprachen ist in C die Schrittweite frei wählbar, z.B.:

for (i=0; i<10; i+=2)	Schrittweite 2	i = 0, 2, 4, 6, 8
for (i=10; i>0; i−−)	negative Schrittweite -1	i = 10, 9, ... 1
for (i=1; i<1000; i.=2)	multiplikative Schrittweite	i = 1,2,4,8 ... 512
for (i=0; i<10; i=i+0.5)	Schrittweite 0.5	i = 0.0, 0.5, ..., 9.5

Beispiel 4.7. Summieren der ersten n natürlichen Zahlen. Vom Anwender ist der Wert für die Zahl n vorzugeben. Sie soll nicht größer als 32.767 sein. Der Anfangswert für die Summe ist auf 0 zu setzen. Es wird eine for-Schleife verwendet.

C Programm:

```c
#Include <stdio.h>
Int main()
{  long sum;              /* Summe der ersten n Zahlen */
   Int n;                 /* Anzahl der Summanden */
   int i;                 /* Zählvariable */
   Int max= 32767;        /* Obere Grenze für n */

   printf("Dieses Programm berechnet die Summe der\n");
   printf("ersten n Zahlen,  n < %d.\n", max);
   printf("n = ");
   scanf("%d", &n);
   If ( n> max) n= max;   /* Kontrolle der oberen Grenze */
   sum= 0;                /* Initialisierung der Summenvariablen */
   for( i = 1; i<= n; i++)/* i=1, um 1 erhöhen, solange i <= n */
      sum= sum+ i ;       /* Summieren */

   printf("\n\nEs wurden die Zahlen von 1 bis %d addiert.", n);
   printf("\n\nDie Summe dieser Zahlen ist: %ld\n\n", sum);
   system("Pause"); return 0;
}
```

Ergebnis:

```
n = 100
Es wurden die Zahlen von 1 bis 100 addiert.
Die Summe dieser Zahlen ist: 5050
```

Code-Reduzierung: Die Schleifenvariable sum kann auch im Schleifenkopf initialisiert und die Addition somit verkürzt geschrieben werden:

```c
for (sum=0, i=1; i<=n; i++) sum += i;
```

Das Komma als Trennoperator bewirkt, dass die ersten zwei Ausdrücke als ein Ausdruck betrachtet werden. ★

4.2.2   Nichtabweisende Schleife (do−while)

Der Zyklus der do-while-Schleife wird mindestens einmal durchlaufen. Der Grund liegt darin, dass das Abbruchkriterium erst nach Ausführung der Anweisung geprüft wird. Die „wiederhole - solange"-Schleife ist demzufolge nichtabweisend und von unbekannter Dauer. Der PAP einer do−while-Schleife ist in Abbildung 4.9 dargestellt. Da das Abbruchkriterium (die Abbruchbedingung) im Schleifenkörper erstmalig abgefragt wird, kann die Initialisierung der Schleifenbedingung vor Beginn der Schleife entfallen. Dieser Schleifentyp ist immer dann anzuwenden, wenn bewusst mindestens ein Durchlauf einkalkuliert wird.

Syntax (do−while):

do
   Anweisung;
while (Bedingung);

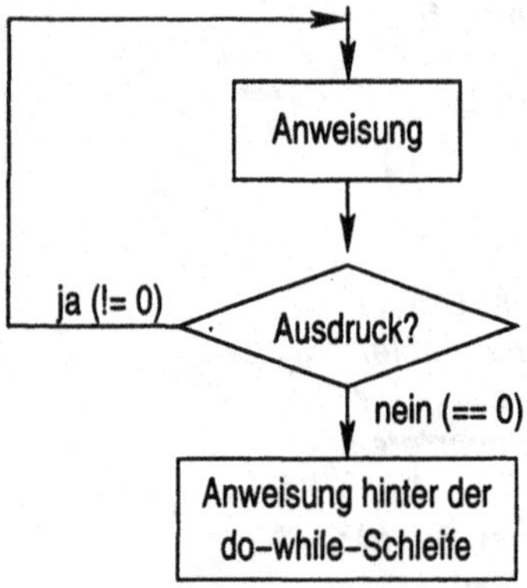

Abbildung 4.9
PAP einer do−while-Schleife

Beispiel 4.8. Es wird ein Menü von Operationen angeboten, die gewünschte Operation abgefragt und ausgeführt und danach wird wieder das Menü angeboten.

C Programm:

```
#include <stdio.h>
int main() {
    char sel; /* Schleifenkontrollvariable, nicht initialisiert */

    do {                    /* die folgenden Anweisungen ausführen */
        printf("\nStammdatenverwaltung SIM 1\n\n");
        printf("\t1 = Anlegen\n");
        printf("\t2 = Aendern\n");
        printf("\t3 = Loeschen\n");
        printf("\t4 = Drucken\n");
        printf("\t0 = Ende\n\n");
        printf("\tIhre Wahl: ");
```

```
        sel = getchar();                        /* Wahl einlesen */
        getchar();                              /* Enter lesen */
        switch (sel) {
           case '1':
                printf("\n\nHier ist die Anlegen-Simulation.\n");
                break;
           case '2':
                printf("\n\nHier ist die Aendern-Simulation.\n");
                break;
           case '3':
                printf("\n\nHier ist die Loeschen-Simulation.\n");
                break;
           case '4':
                printf("\n\nHier ist die Drucken-Simulation.\n");
                break;
           case '0':
                printf("\n\n\t\t***\tEnde der Simulation\t***\n");
                break;
           default: printf("\n\nFalsche Eingabe\n");
        }                                        /* Ende switch */
     } while (sel != '0');            /* solange Eingabe nicht 0 */
     return 0;
}                                                /* Ende main */
```

Ergebnis:

```
Stammdatenverwaltung SIM 1        Stammdatenverwaltung SIM 1
1 = Anlegen                       1 = Anlegen
2 = Ändern                        2 = Ändern
3 = Löschen                       3 = Löschen
4 = Drucken                       4 = Drucken
0 = Ende                          0 = Ende
Ihre Wahl: 2                      Ihre Wahl: 0
Hier ist die Ändern-Simulation.   *** Ende der Simulation ***
```

★

4.2.3   Abweisende Schleife (while)

Die while-Schleife beschreibt eine anfangsgeprüfte, unter Umständen abweisende
Wiederholung unbestimmter Dauer. Im Grenzfall wird bereits der erste Durchlauf
abgewiesen. Natürlich muss im Schleifenkörper auch die Schleifenvariable geändert werden, um nicht in eine Endlosschleife zu verfallen, oder es muss anderwei-
tig ein Abbruch vorgesehen werden (siehe Abschnitt 4.3). Die Initialisierung der
Schleifenvariablen ist vor dem Eintritt in die Schleife durchzuführen, da ansonsten

die zufällige Speicherbelegung dieser Variablen u.U. zu einem absolut falschen Ergebnis führen kann. Die Reinitialisierung erfolgt im Schleifenkörper. Der PAP der **while**-Schleife ist in Abbildung 4.10 dargestellt.

Syntax (while):

while (Ausdruck)
  Anweisung;

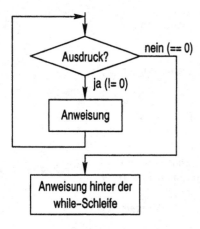

Abbildung 4.10
PAP einer **while**-Schleife

Beispiel 4.9. Geradlinig begrenzte Fläche: Ein Viereck sei durch vier gegebene Geraden begrenzt. Es ist zu ermitteln, ob zufällig gewählte Koordinatenpunkte innerhalb des Vierecks liegen.

Mathematisches Modell:

Das Viereck wird durch folgende Geradengleichungen eingegrenzt (vgl. Abbildung 4.11):

$$
\begin{aligned}
f_1(x) &= -0,5x + 10, \\
f_2(x) &= 0,5x + 4, \\
f_3(x) &= 2x + 2, \\
f_4(x) &= -x + 10.
\end{aligned}
$$

Ein Punkt liegt in der Fläche, wenn gilt:

$$y < f_1(x) \quad \text{und} \quad y > f_2(x) \quad \text{und} \quad y < f_3(x) \quad \text{und} \quad y > f_4(x).$$

Verbale Beschreibung des Programmablaufs:

- Steuervariable z initialisieren
- solange z!=0:
- Koordinaten eingeben

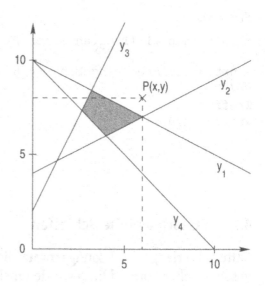

Abbildung 4.11
Viereck

- Berechnung und Test
- Ergebnis (Treffer oder kein Treffer) ausgeben
- z einlesen.

C Programm:

```
                /* abweisende Schleife, logische Verknüpfungen */
#include <stdio.h>
int main() {
   int z=1;                /* Initialisieren der Steuervariablen */
   float x, y;

   printf("Blindekuhspiel (Treffen einer Flaeche)\n\n");
   while( z!=0) {
      printf("\nPunktkoordinaten eingeben\n");
      printf("x="); scanf("%f",&x);
      printf("y="); scanf("%f",&y);

      if ((y<-0.5*x+10) && (y>0.5*x+4) && (y<2*x+2) && (y>-x+10)) {
         printf("\nTreffer!");
      } else {
         printf("\nPunkt liegt ausserhalb!");
      }

      printf("\n weiter? 1/0: ");
      scanf("%i",&z);
   }
   printf("\nEnde des Programmes\n");
   return 0;
}
```

Ergebnis:

```
Blindekuhspiel (Treffen einer Flaeche)
```

```
Punktkoordinaten eingeben x=4.8    Punktkoordinaten eingeben x=2
y=7.2                              y=4
Treffer!                          Punkt liegt ausserhalb!
weiter? 1/0: 1                     weiter? 1/0: 0
                                   Ende des Programmes
```

4.2.4 Geschachtelte Schleifen

Oftmals verlangt der Lösungsansatz die Anwendung der Schleifenkonstrukte in geschachtelter Form, d.h. es werden mehrere Zyklen miteinander gekoppelt. Dieses Problem ergibt sich z.B. bei der Bearbeitung von Matrizen (vgl. Abschnitt 5.1.2). Die Tiefe der Schachtelungen hängt von der Semantik ab.

Beispiel 4.10. Flächenberechnung: Die Fläche wird durch eine Funktion und die x-Achse begrenzt und ist in einem bestimmten Intervall

1. mittels Integration,
2. mittels Monte-Carlo-Verfahren zu berechnen.

Mathematisches Modell:

Die Fläche wird durch folgende Funktionen begrenzt (vgl. Abbildung 4.12):

$$y_1 = f_1(x) = \sin x \qquad y_2 = f_2(x) = 0 \qquad \text{mit} \qquad 0 \le x \le \pi$$

Lösung mittels Integration:

$$A_r = \int_0^\pi \sin x \, dx = |-\cos x|_0^\pi = 2$$

Lösung mittels Monte-Carlo-Verfahren:

Der Lösungsansatz nach der Monte-Carlo-Methode geht davon aus, dass die Flächen mit einem Netz von Punkten, die durch einen gleichverteilten Zufallsgenerator erzeugt werden, belegt werden können. Das Verhältnis der Anzahl der Punkte, die zwischen der Sinuskurve und der Abszisse liegen, zur Gesamtzahl der Punkte im Bereich der Grundfläche A_G ist ein Maß für die gesuchte Fläche. Ein Punkt in A_G ist bestimmt durch:

$$P(x,y) = P(Z_1 * \pi, Z_2 * 1) \qquad \text{mit Zufallszahlen} \qquad Z_1, Z_2 \in [0 \ldots 1].$$

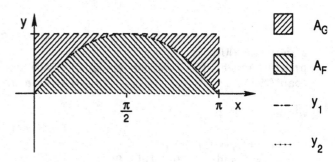

Abbildung 4.12 Skizze zur Flächenberechnung

Als Bedingung für die Treffer gilt:

Wenn $y < \sin x$ und $y > 0$ dann $T = T + 1$,

wobei T die Anzahl der Treffer enthält. Die Anzahl der Punkte ist N. Damit ergibt sich für die Monte-Carlo-Fläche:

$$A_F = \frac{T}{N} * A_G$$

Datenmodell:

Anzahl der Versuche N, Treffer T, Monte-Carlo Fläche AM, Integralfläche AI, Gesamtfläche AG, Steuerzeichen STZ, Differenz D, Koordinaten x und y, Begrenzer y1, Laufvariable j

C Programm:

```
/* Berechnung einer Fläche mittels Integration, sowie nach der
 * Monte-Carlo-Methode
 */

#include <stdio.h>
#include <math.h>
#define PI 3.14159265358979323846

Int main() {
    float D, AI, AM, y, y1, x;
    Int j, n, t;

    printf("Flächenberechnung: ");
    printf("Integration und Monte-Carlo-Methode\n");

                                        /* Integration */
    printf("Integral y=sin(x) mit 0<=x<=PI, yi=-cos(x)\n");
    AI=-(cos(PI)-cos(0));
    printf("Integrationsergebnis AI = %f\n\n", AI);
```

```
                                      /* Monte-Carlo-Methode */
    srand(time(NULL));
    printf("Anzahl der Versuche eingeben (Ende bei 0): ");
    scanf("%i", &n);              /* Steuervariable initialisieren */

    while( n!=0) {
        t=0;                              /* Treffer initialisieren */
        for(j=1;j<=n;j++) {
            y= (rand()%1001)/1000.0;
            x= (rand()%1001)*PI/1000;
            y1= sin(x);
            if((y<y1) && (y>0))  t=t+1;
        }
        printf("Treffer: %i\n",t);
        AM=t*PI/n;
        printf("Monte-Carlo-Methoden-Ergebnis AM: %f\n",AM);
        D=(AI-AM)*100/AI;
        printf("Die Abweichung betraegt %f Prozent.\n", D);
        printf("\n Anzahl der Versuche eingeben (Ende bei 0): ");
        scanf("%i", &n);
    };
    return 0;
}
```

Ergebnis:

```
Flächenberechnung: Integration und Monte-Carlo-Methode
Integral y=sin(x) mit 0<=x<=PI, yi=-cos(x)
Integrationsergebnis AI = 2.000000

Anzahl der Versuche eingeben (Ende bei 0): 1000
Treffer: 632
Monte-Carlo-Methoden-Ergebnis AM:1.985428
Die Abweichung betraegt 0.728601 Prozent

Anzahl der Versuche eingeben (Ende bei 0): 10000
Treffer: 6350
Monte-Carlo-Methoden-Ergebnis AM:1.994853
Die Abweichung betraegt 0.257373 Prozent

Anzahl der Versuche eingeben (Ende bei 0): 0
```

★

4.3   Kontrollierter Abbruch und Sprung

Zum Abschluss dieses Abschnitts wollen wir uns noch mit den Steuerkonzepten des kontrollierten Abbrechens und des unbedingten Sprungs auseinandersetzen.

break-Anweisung

Die **break**-Anweisung darf in Schleifen und in der **switch**-Anweisung (vgl. Abschnitt 4.1.3) vorkommen. Sie bewirkt eine sofortige Beendigung dieser Anweisungen. Die Syntax lautet:

break;

continue-Anweisung

Diese Anweisung ist nur in Schleifen zu verwenden. Sie bewirkt den Abbruch des gerade durchlaufenen Schleifendurchgangs und gibt die Steuerung an den Anfang des folgenden Schleifendurchgangs ab. Die Syntax lautet:

continue;

Beispiel 4.11. Das Programm berechnet in einer **while**-Schleife den Kehrwert beliebiger Zahlen. Der aktuelle Schleifendurchgang wird mit einer **continue**-Anweisung abgebrochen, wenn der Wert 0 eingegeben wird. Anschließend kann ein neuer Wert eingegeben werden.

C Programm:

```c
#include <stdio.h>

int main() {
   float x;
   char reply='j';
   printf("Kehrwertberechnung fuer alle Zahlen ausser 0.\n");
   do {
      printf("Kehrwert von: ");
      scanf("%f", &x);
      if (x==0)       /* Abbruch des aktuellen Schleifendurchgangs
                         zur Verhinderung einer Division durch 0. */
      continue;
      printf("\n Kehrwert von %f ist %f.\n", x, 1/x);
      printf("Noch einen? (j/n): ");
      getchar();                              /* Enter lesen */
      reply = getchar(); /* Kontrollvariable re-initialisieren */
   } while ( reply== 'j');
   return 0;
}
```

Ergebnis:

```
Kehrwertberechnung fuer alle Zahlen ausser 0.
Kehrwert von: 0
Kehrwert von: 2
Kehrwert der eingegebenen Zahl ist 0.500000.
Noch einen Kehrwert berechnen? (j/n): n
```

Dieses Programm hätte aber auch gut ohne **continue**-Anweisung realisiert werden können:

C Programm:

```
#Include <stdio.h>
int main()
{  float x;
   printf("Kehrwertberechnung fuer alle Zahlen ausser 0.\n");
   printf("\nKehrwert von: ");
   scanf("%f", &x);
   while( x!=0)
   {  printf(" Kehrwert von %f ist %f.", x, 1/x);
      printf("\n\nKehrwert von: ");
      scanf("%f", &x);
   };
   printf("\nKehrwert von 0 ist nicht definiert!\n");
   system("Pause"); return 0;
}
```

Ergebnis:

```
Kehrwertberechnung fuer alle Zahlen ausser 0.

Kehrwert von: 2
 Kehrwert von 2.000000 ist 0.500000.

Kehrwert von: 0
 Kehrwert von 0 ist nicht definiert!
```

★

goto-Anweisung

Die **goto**-Anweisung bewirkt einen Sprung an die Stelle des Programms, die durch die entsprechende Einsprungmarke gekennzeichnet ist. Die Syntax lautet:

Syntax (goto):

```
label: Anweisung;
goto label;
```

Dabei trägt **label** irgendeinen zulässigen Namen. Die Sprunganweisung **goto** und die Markenanweisung müssen sich innerhalb der gleichen Funktion befinden. **goto**-Anweisungen haben einen schlechten Ruf, da ihre häufige Anwendung zu sogenannten Spaghettiprogrammen führen kann. Sie sind durch die bisher behandelten Sprachkonstrukte ersetzbar. Deshalb wird hier kein Beispiel angegeben.

5 Zusammengesetzte Datentypen

Es ist semantisch sicherlich wünschenswert, logisch zusammenhängende Werte auch in einer Variablen zusammenzufassen. Solche zusammengehörigen Werte findet man beispielsweise in Tabellen mit vielen gleichartigen Daten oder in Informationen zu Objekten, die sich aus mehreren Teilen mit unterschiedlichen Typen zusammensetzen. Der Vorteil des Zusammenfassens zu einer Variablen besteht in der Reduzierung des Codes und im Umgang mit diesen Objekten. Die Sprache C bietet drei solcher Typen an: Feld, Struktur und Union. Felder, engl. Arrays, enthalten Datenelemente gleichen Typs. Strukturen und Unions dürfen aus Datenelementen verschiedenen Typs zusammengesetzt sein.

5.1 Felder

Felder fassen Datenelemente **gleichen** Typs unter einem Namen zusammen, speichern diese unmittelbar hintereinander und unterscheiden sie mit Hilfe von Indizes. Es gibt kein spezielles Wortsymbol für Felder. Man erkennt Felder und Feldelemente an den eckigen Klammern (siehe Syntax). Als Typen der Elemente kommen in Frage:

- Elementare Datentypen wie char, short, int, long, float, double,
- Felder,
- Strukturen, Unions und
- Zeiger.

Felder sind in C zunächst eindimensional. Sie können aber geschachtelt werden, denn die Feldelemente dürfen selbst wieder Felder sein. Mit eindimensionalen Feldern stellt man zum Beispiel Vektoren dar. Will man eine Tabelle oder eine Matrix abbilden, verwendet man zweidimensionale Felder. Die Schachtelungstiefe ist eine Frage der Semantik und der Übersichtlichkeit, nicht des Compilers.

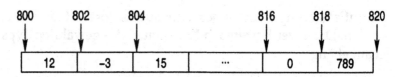

Abbildung 5.1 Feld mit Speicheradressen

5.1.1 Eindimensionale Felder

Syntax (Felddefinition):

datentyp feldname[elementeanzahl];

Die Definition einer Variablen feld mit 10 Elementen vom Typ **short** erfolgt beispielsweise mit der Festlegung **short** feld[10];. Da die Elemente eines Feldes im Speicher hintereinander abgelegt werden (Abbildung 5.1), lässt sich die Adresse jedes Feldelementes aus der Anfangsadresse des Feldes und dem Index des entsprechenden Elementes bestimmen. Im Falle des Beispiels sind alle Elemente 2 Byte (**short**) lang.

Die Anzahl der Elemente muss in der Definition angegeben werden und bleibt während des gesamten Programms *statisch* erhalten. Wir werden später darlegen, wie man mittels Zeigertechnik dynamische Felder anlegen kann.

Der Index beginnt immer mit 0 und endet demzufolge bei n Elementen stets bei n-1! Beispielsweise kann mit feld[0] auf das erste Element und mit feld[9] auf das zehnte Element eines Feldes mit dem Namen feld zugegriffen werden. Der Indexwert darf auch durch eine abzählbare Variable angegeben werden, zum Beispiel: feld['k'] ist gleich feld[107].

Operationen auf Feldelementen

Wenn man mit Feldern arbeiten will, muss man auf die Feldelemente zugreifen, denn die Sprache C kennt keine Befehle, die mit Feldern als Ganzes operieren. Jedes Feldelement ist durch den Feldnamen und seinen Index erreichbar. Die mit den Werten der einzelnen Feldelemente ausführbaren Operationen sind identisch mit den Operationen auf dem Basistyp, beispielsweise sind für **int** k, feld[10]; die folgenden Anweisungen möglich.

feld [0] = 10;	Weist dem 1. Element des Feldes feld den Wert 10 zu.
k = feld [1] + 3;	Addiert 3 zum Wert des 2. Feldelements und weist das Ergebnis der Variablen k zu.
printf ("%i", feld [5]);	Gibt den Wert des 6. Feldelementes als ganze Zahl aus.

Die Initialisierung eines Feldes kann auch sofort mit der Definition vorgenommen werden. Dazu werden einfach Konstanten des gewählten Typs an die Felddefinition angehängt.

```
float zahl[100] = {12.0, -8.13, 3.14};
```

Diese Definition initialisiert die ersten 3 Elemente mit den angegebenen Zahlenwerten und setzt die restlichen auf 0. Soll das Feld zahl generell mit 0 initialisiert werden, kann man dies durch folgende Anweisung erreichen:

```
float zahl[100] = {0.0};
```

Ein- und Ausgabe von Feldelementen

Auch die Ein- und die Ausgabe von Feldern muss elementweise erfolgen. Dazu nutzt man in der Regel eine Schleife. Mit folgenden for-Schleifen werden beispielsweise für die fünf Elemente eines Feldes int v[5] Werte von der Tastatur eingelesen und anschließend wieder ausgegeben:

```
for (k=0; k<5; k++) scanf("%i", &v[k]);

for (k=0; k<5; k++) printf("%i", v[k]);
```

Eine gewisse Ausnahme bildet die Funktion sizeof(), welche die Größe des für das gesamte Feld benötigten Speicherplatzes in Byte liefert:

```
float feld[10];
printf(" sizeof( feld)= %i \n", sizeof(feld));
```

Beispiel 5.1. Gegeben seien n Messwerte einer Testreihe. Sowohl die Anzahl n als auch die Werte selbst sind einzulesen! Zu berechnen sind der Mittelwert (für n>0)

$$M = \frac{\sum_{i=1}^{n} a_i}{n}$$

und die Standardabweichung (für n>1)

$$S = \sqrt{\frac{\sum_{i=1}^{n}(M - a_i)^2}{n-1}}.$$

C Programm:

```
#include <stdio.h>          /* Mittelwert und Standardabweichung */
int main()
{ int const nmax=100;
    int i, n;
    float summe, mittel, abw, std,  werte[nmax];
```

```
    printf("\n\n Anzahl der Messwerte ( 2<=n<=%i )=" , nmax);
    scanf("%i",&n);
    If ( n> nmax || n< 2)
       { printf(" Geht nicht! ");
          system("Pause"); return 0;                    /* Absicherung */
       }
    summe=0;                              /* Anfangswert für Addition */
    for( i =0; i <n; i++)
    {   printf("%2i. Wert: " , i+1);
        scanf("%f", &werte[i]);                         /* einlesen */
        summe += werte[i];                              /* addieren */
    }
    mittel= summe/n;
    summe=0;                              /* Anfangswert für Addition */
    for( i=0; i<n; i++)
    {   abw=( werte[i] – mittel);
        summe += abw * abw;
    }
    std= sqrt( summe/(n-1));
    printf("\nMittelwert = %f\n", mittel);
    printf("\n    Standardabweichung = %f\n\n",std);

    system("PAUSE"); return 0;
}
```

Ergebnis:

```
Anzahl der Messwerte ( 2<=n<=100 ): 5
1. Wert: 10
2. Wert: 11
3. Wert: 12
4. Wert: 13
5. Wert: 14

Mittelwert = 12.000000

    Standardabweichung = 1.581139
```

★

5.1.2   Mehrdimensionale Felder

Der bisher erläuterte Mechanismus ist auch auf mehrdimensionale Felder übertragbar.

Syntax (Feld):

```
datentyp feldname[e1][e2] ... [en];
```

Felder sind im Speicher nach dem letzten Index geordnet, d.h. ein zweidimensionales Feld wird zeilenweise abgespeichert, zum Beispiel:

a[2][3] in der Reihenfolge a_{00} a_{01} a_{02} a_{10} a_{11} a_{12}.

Die Initialisierung eines zweidimensionalen Feldes mit 12 Elementen erfolgt beispielsweise mit folgender Anweisung:

Int feld[3][4]={1,2,3,4, 5,6,7,8, 9,10,11,12};

oder mit

Int feld[3][4]={ {1,2,3,4},{5,6,7,8}, {9,10,11,12} };

Damit hat das erste Element feld [0][0] den Wert 1 und das letzte Element feld [2][3] den Wert 12 zugewiesen bekommen. Der Zugriff auf die einzelnen Elemente wird über geschachtelte Schleifen organisiert.

Beispiel 5.2. Es soll eine Matrix mit m Zeilen und n Spalten über die Tastatur eingelesen und anschließend wieder ausgegeben werden. Als Beispiel diene etwa die folgende Matrix:

$$Matrix = \begin{bmatrix} 2 & 3 & 5 \\ 7 & -1 & 9 \end{bmatrix}$$

C Programm:

```
#include <stdio.h>
Int main()
{  const Int m=2, n=3;
   Int i, j, Matrix[m][n];
   for (i=0; i<m; i++)           /* Zeilenindex   */
     for (j=0; j<n; j++)         /* Spaltenindex  */
       scanf("%d", &Matrix[i][j]);  /* einlesen    */

   for (i=0; i<m; i++)           /* Zeilenindex   */
   { for (j=0; j<n; j++)         /* Spaltenindex  */
       printf("%8d", Matrix[i][j]);  /* ausgeben   */
     printf("\n");               /* neue Zeile!!! */
   }
   system("PAUSE"); return 0;
}
```

★

Beispiel 5.3. Es ist zu berechnen, wie sich ein Sparguthaben, dessen Anfangswert eingelesen wird, bei unterschiedlichen Zinssätzen (0.5, 1.0, ... 3.0) im Verlauf von 6 Jahren entwickelt! Das Guthaben je Jahr und Zinssatz ist zu speichern und als Tabelle auszugeben!

C Programm:

```c
#include <stdio.h>
int main()                              /* Kapital mit Tabelle */
{  int i, jahr, j=6, z=2.3;
   float kap[z][j], akap=100, zins=0;

   printf("\nKapitalentwicklung im Verlauf von %i Jahren:\n", j);
   printf(" Anfangskapital: ");
   scanf("%f", &akap);

   printf(" zins");
   for( jahr=1; jahr<=j; jahr++) printf("%10i", jahr);
   printf("\n");                        /* Tabellenkopf */

   for( i = 0; i < z; i++)
   {  zins = zins + 0.005;
      printf("%4.1f%%", zins*100);      /* 1. Spalte */

      for( jahr = 0; jahr < j; jahr++)
      {  if ( jahr==0) kap[i][jahr]= akap        *( 1+ zins );
         else           kap[i][jahr]= kap[i][jahr-1] *( 1+ zins );
         printf("%10.2f", kap[i][jahr]);
      }
      printf("\n");                     /* neue Zeile */
   }
   system("PAUSE"); return 0;
}
```

Ergebnis:

```
Kapitalentwicklung im Verlauf von 6 Jahren:
 Anfangskapital: 1000
zins         1         2         3         4         5         6
0.5%   1005.00   1010.03   1015.08   1020.15   1025.15   1030.38
1.0%   1010.00   1020.10   1030.30   1041.60   1051.01   1062.52
1.5%   1015.00   1030.22   1046.68   1061.36   1077.28   1093.44
2.0%   1020.00   1040.40   1061.21   1082.43   1104.08   1126.16
2.5%   1025.00   1051.63   1077.89   1104.81   1131.41   1160.69
3.0%   1030.00   1061.90   1093.73   1126.51   1159.27   1194.05
```

★

5.1.3   Zeichenketten (Strings)

Zeichenketten oder Strings sind Zeichenfolgen, die aus Zeichen des darstellbaren Zeichensatzes bestehen. Wir haben bisher in der printf -Funktion nur Zeichenkettenkonstanten benutzt. Zeichenketten können jedoch auch als Variablen abgebildet werden. Dazu definieren wir eindimensionale char-Felder. Beispielsweise definiert char s[13] eine Variable, die 12 Zeichen und eine Endemarkierung (\0) aufnehmen kann. Die Endemarkierung dient dazu, beim Durchmustern des Strings das Ende zu finden.

Operationen auf Zeichenketten

Wie wir bereits oft praktiziert haben, können Variablen auf verschiedene Arten initialisiert werden. Gleiches trifft auch auf String-Variablen zu:

```
char s[5]= { 'A', 'B', 'E', 'R', '\0' };
```

oder

```
char s[ ]="ABER";
```

Ein zweidimensionales Feld kann wie folgt anfangsbelegt werden:

```
char s2[4][6] = { "ALPHA", "BETA", "GAMMA", "DELTA" };
```

Damit ergibt sich im Speicher die in Abbildung 5.2 dargestellte Belegung.

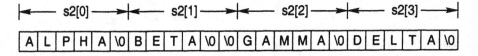

Abbildung 5.2 Ablage von Zeichenketten im Speicher

Die Ein- und Ausgabe von Zeichenketten kann mit den Funktionen scanf bzw. printf erfolgen. Zu beachten ist, dass bei der Eingabefunktion der Adressoperator „&" nicht erforderlich ist. Der Grund liegt darin, dass der Compiler mit dem Namen des Zeichenkettenfeldes immer die Anfangsadresse des ersten Elementes verbindet:

```
scanf("%s", name);
printf("%s", name);
```

oder mit Angabe der Zeichenzahl:

```
printf("%10s", name);
```

Als Alternative stehen die Funktionen gets(name) für die Eingabe von der Tastatur und puts(name) für die Ausgabe über den Bildschirm zur Verfügung. Mit zweidimensionalen char-Feldern kann man z.B. Namenslisten verwalten. Zunächst definieren wir eine Liste mit:

```
char names[10][20];
```

Damit können 10 Namen mit bis zu 19 Zeichen verarbeitet werden. Mit der Anweisung:

```
gets(names[0]);    bzw.    puts(names[0]);
```

wird eine Zeichenkette in das erste Element des Feldes eingelesen, bzw. es wird das erste Element des Feldes ausgegeben.

Da die Arbeit mit Zeichen und Zeichenketten quasi die Grundlage der Textverarbeitung darstellt und es sehr umständlich ist, Zeichenkettenfelder ständig elementweise zu verarbeiten, werden in der Bibliothek string.h weitere Funktionen bereitgestellt (vgl. Tabelle 5.1). Bei der Anwendung der Funktionen strcpy und strcat gilt es zu beachten, dass die Funktionen keinen Speicher allokieren. Dieser muss vom aufrufenden Programm in ausreichender Größe bereitgestellt werden. Soll beispielsweise eine Zeichenkette kopiert werden, müssen im Hauptprogramm zwei Felder, eines für den Quell- und eines für den Zielstring, definiert werden. Wird dies nicht beachtet, kann es zu Laufzeitfehlern kommen, da die Kopierfunktion auf einen nicht definierten Speicherbereich zugreift.

Tabelle 5.1 Funktionen zur Bearbeitung von Zeichenketten in string.h

Kopieren	strcpy(s1, s2)	Der String s2 wird in den String s1 kopiert. Der Speicher für s1 muss vorher vom Programm allokiert werden.
Verkettung	strcat(s1, s2)	String s2 wird an s1 angehängt. s1 muss genügend groß deklariert sein, um die zusätzlichen Zeichen aus s2 aufnehmen zu können
Vergleich	strcmp(s1, s2)	Beide Strings werden verglichen. Das Ergebnis wird als Int-Wert zurückgegeben. Das Resultat ist dabei kleiner 0, wenn s1<s2, gleich 0, wenn s1=s2 und größer 0, wenn s1>s2.
Stringlänge	strlen(s)	Liefert die Länge der Zeichenkette in Byte, d.h. die Anzahl der Zeichen. Das abschließende 0-Byte wird dabei nicht mitgezählt.

Beispiel 5.4. Es sind n Vornamen einzulesen (n ebenfalls einlesen). Danach ist ein zu suchender Vorname einzulesen und es ist festzustellen, an welcher Stelle dieser Name erstmalig auftritt und wie oft er insgesamt enthalten ist.

C Programm:

```
#Include <stdio.h>
#Include <string.h>
main() {                    /* Beispiel: Namen vergleichen, zählen */
    const Int nmax=100;
    Int i, j, n, k, wo, anz;
    char name[nmax][30], cc[30];
```

```
    printf("Anzahl Namen (maximal %i): ", nmax);
    scanf("%i", &n);
    If ( n> nmax)
        n= nmax;                              /* Absicherung */
    for ( i = 0;  i < n;  i ++) {
        printf("%2i. Name: ",  i+1);
        scanf("%s",&name[ i ]);
    }
    printf("\n zu suchender Name: ");
    scanf("%s",&cc) ;
    wo=0;
    anz=0;
    for ( i = 0;  i < n;  i ++) {
        j= strcmp(cc,name[ i ]);             /* Vergleich von Strings */
        If ( j ==0) {
            anz++;
            If (wo==0) {
                wo= i +1;
            }
        }
    }
    if ( anz==0) {
        printf("Der Name kam nicht vor!\n\n");
    } else {
        printf("Der Name kam %i-mal vor, zuerst an "\
               "%i. Stelle.\n\n", anz, wo);
    }
    system("Pause");
    return 0;
}
```

Ergebnis:

```
Anzahl der Namen (maximal 100): 3
 1. Name: Dirk
 2. Name: Georg
 3. Name: Meike
zu suchender Name: Georg
Der Name kam 1-mal vor, zuerst an 2. Stelle.
```

★

5.2 Strukturen

Unter einer Struktur wird die Zusammenfassung von Einzeldaten (Komponenten) verschiedenen Typs zu einer Variablen verstanden. Das können z.B. Daten zu einer Person sein, wie Name, Vorname, Alter (oder Geburtsdatum), Telefonnummer(n), Einkommen, Größe, Gewicht und Adresse mit Postleitzahl, Ort, Straße und Hausnummer. Die Definition dieses Typs erfolgt durch den Nutzer dem Problem entsprechend nach folgender Syntax:

Syntax (struct):

```
struct  strukturname {
   typ1  komp_name_1;
   typ2  komp_name_2;
      :
   typn  komp_name_n;
} [variablenname1 , variablenname2 , ...];
```

oder

Syntax (struct):

```
typedef  struct {
   typ1  komp_name_1;
   typ2  komp_name_2;
      :
   typn  komp_name_n;
} strukturname;
```

5.2.1 Definition und Deklaration

Strukturen müssen deklariert und definiert werden, bevor sie im Programm verwendet werden können:

- Deklaration von Strukturen bedeutet das Anlegen einer Strukturbeschreibung.
- Definition von Strukturen bedeutet die Reservierung von Speicherplatz.

Wir wollen ein Datum in der Zusammensetzung Tag (int), Monat (Zeichenkette) und Jahr (int) verwenden. Es bieten sich folgende Möglichkeiten an:

```
struct datumtyp              struct datumtyp              typedef struct
{ int tag;                   { int tag;                   { int tag;
  char monat[9];               char monat[9];               char monat[9];
  int jahr;                    int jahr;                    int jahr;
};                           } termin;                    } datumtyp;
struct datumtyp termin;                                   datumtyp termin;
```

Natürlich kann man auch Strukturen aufbauen, die wiederum strukturierte Komponenten beinhalten. Solch eine Struktur kann man sich beispielsweise vorstellen, um den Personalbestand einer Universität zu verwalten (vgl. auch Abbildung 5.3). Wir verwenden dabei auch die oben definierte Struktur datum:

```
struct adresstyp{
    char strasse[20];
    char plz[5];
    char ort[20];
};

struct personentyp {
  char name[20];
  char vorname[20];
  struct datumtyp geb_datum;
  struct adresstyp anschrift;
  char beruf[20];
  char geh_gruppe[5];
};

struct personentyp studentin, angestellte;
```

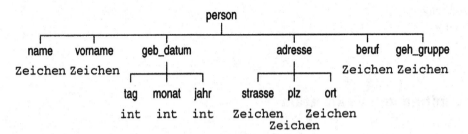

Abbildung 5.3 Darstellung der Struktur person

5.2.2   Zugriff auf Strukturvariablen

Der Zugriff auf Strukturvariablen als Ganzes und die Ausführung von Operationen mit ihnen sind nur begrenzt sinnvoll bzw. möglich. Komplette Strukturzuweisungen jedoch sind erlaubt, wenn die Variablen den selben Typ haben. Wird eine Studentin zur Angestellten, so könnte man zunächst eine Anfangsbelegung mit

```
angestellte = studentin;
```

vornehmen.

Neben der Wertzuweisung bei gleichem Typ kann man sich noch mit & die Adresse und mit **sizeof** die Größe der Strukturvariablen anzeigen lassen:

```
printf("%u%d", &studentin, sizeof(studentin));
```

Alle anderen Operationen kann man nur mit den jeweiligen Komponenten vornehmen, denn sie müssen deren Datentyp entsprechen.

5.2.3   Zugriff auf die Komponenten

Der Zugriff auf die Komponenten erfolgt mit Hilfe des *Punktoperators*:

studentin.name   Greift auf den Namen der Variable Studentin zu.
studentin.geb_datum.jahr Liefert uns das Geburtsjahr der Studentin.

Zuweisungen erfolgen dann entsprechend dem Datentyp der Komponente:

```
strcpy(angestellte.adresse.strasse, "Reuter-Platz");
```

Strukturvariablen werden komponentenweise eingelesen. Genau wie bei Feldern ist jedoch auch eine Anfangsbelegung möglich. Nichtbesetzte Komponenten werden mit 0 initialisiert. Beispiel:

```
struct personentyp angestellte = {"Meier", "Renate", 01, 12, 1975,
                "Reuter-Platz", "39106", "Magdeburg", "Ingenieur", "IIa"};
```

Wollen wir eine Studentenkartei aufbauen, so bietet sich ein Feld mit strukturierten Feldelementen an. Die neu immatrikulierten Studenten an der Universität könnten dann in der Variablen:

```
struct personentyp neue_studenten[1000];
```

verwaltet werden.

5.2.4   Spezielle Strukturtypen

Ergänzend sei angeführt, dass die Sprache C noch 2 spezielle Strukturtypen anbietet. Der Typ **union** enthält ebenfalls Komponenten, wobei diese sich den Speicherplatz teilen. Der Gesamtspeicherplatz entspricht dem der größten Komponente, zum Beispiel:

```
union triple {
  float first;
  short second;
  char third;
} drei; .
```

Die Variable drei belegt auf Grund der float-Komponente maximal 4 Byte. Man muss sich natürlich im Klaren darüber sein, dass die Komponenten in der Anwendung dann möglicherweise ständig überschrieben werden.

Oftmals werden mit einer Variablen nur die Zustände 0 oder 1 ausgedrückt, zum Beispiel: Ein Mitarbeiter spricht Englisch (Zustand 1) oder nicht (Zustand 0). Dieser Sachverhalt könnte mit der fogenden Struktur (Bitfeld) beschrieben werden:

```
struct sprachen {
  unsigned char englisch:1;
  unsigned char russisch:1;
  unsigned char franz:1;
} .
```

Definieren wir eine Strukturvariable mit:

```
struct sprachen mitarbeiter[2000];
```

so können für den Mitarbeiter 400, der Englisch und Russisch spricht, die Sprachkenntnisse festgehalten werden:

```
mitarbeiter[400].englisch=1;
mitarbeiter[400].russisch=1;
mitarbeiter[400].franz =0; .
```

Der benutzte Typ ist ein Bitfeld. Hiermit wird Speicherplatz gespart.

Beispiel 5.5. Während eines technischen Versuches fällt eine Messreihe für den Parameter Temperatur in einer Brennkammer an. Die Messreihe setzt sich aus 100 Messpunkten zusammen, die folgende Struktur aufweisen:

Nummer des Messpunktes:	1-100,
Name des Parameters:	Temperatur,
Messort:	10-1000 cm in Abständen von 10 cm,
Zeitpunkt der Messung:	3-300 min im Abstand von 3 min,
Messwert:	<=1500 °C .

Bestimmen Sie die mittlere Temperatur sowie den Messpunkt mit der minimalen und den mit der maximalen Temperatur!

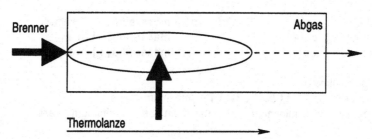

C Programm:

```c
#include <stdio.h>
#include <stdlib.h>                    /* Mittelwert, Minimum, Maximum */
struct mess_typ
{   int    nummer;
    char   parameter[11];
    int    ort, zeit;
    float  wert;
};

int main()
{ const int n=3;                       /* Testlauf mit n=3 */
  struct mess_typ messreihe[n], minimum, maximum;
  int i, mi, ma;
  float mittel;

  printf("\n Einlesen der Daten:\n");          /* einlesen */
  for( i=0; i<n; i++)
  { printf(" Nummer: ");      scanf("%i", &messreihe[i].nummer);
    printf(" Parameter: ");
    scanf("%s", &messreihe[i].parameter);
    printf(" Ort: ");    scanf("%i", &messreihe[i].ort);
    printf(" Zeit: ");   scanf("%i", &messreihe[i].zeit);
    printf(" Wert: ");   scanf("%f", &messreihe[i].wert);
  }

  mi= ma= 0;                           /* Initialisieren */
  mittel= messreihe[0].wert;
  for( i=1; i<n; i++)
  { if( messreihe[i].wert > messreihe[ma].wert) ma=i;
    if( messreihe[i].wert < messreihe[mi].wert) mi=i;
    mittel= mittel + messreihe[i].wert;
  }

  mittel = mittel / n;                 /* Mittelwert */
  minimum= messreihe[mi];              /* Minimum */
  maximum= messreihe[ma];              /* Maximum */

  printf("Nummer\tParameter\tOrt\tZeit\tWert\n");
  for( i=0; i<n; i++)
```

```
      printf("%i\t %s\t %i\t %i\t %f\n" ,  messreihe[i].nummer,
      messreihe[i].parameter ,           messreihe[i].ort ,
      messreihe[i].zeit ,                messreihe[i].wert );

   printf("\n Minimum: \n");
   printf("%i\t %s\t %i\t %i\t %f\n" , minimum.nummer,
   minimum.parameter , minimum.ort , minimum.zeit , minimum.wert );

   printf("\n Maximum: \n");
   printf("%i\t %s\t %i\t %i\t %f\n" ,maximum.nummer,
   maximum.parameter , maximum.ort , maximum.zeit , maximum.wert );

   printf("\n Mittelwert: %f\n\n" , mittel);
   system("PAUSE"); return 0;
}
```

Ergebnis (Ausschnitt):

```
Einlesen der Daten:


   ...


      Nummer   Parameter          Ort      Zeit     Wert
      1        Temperatur         10       3        500.000000
      2        Temperatur         20       6        1000.000000
      3        Temperatur         30       9        1500.000000


      Minimum
      1        Temperatur         10       3        500.000000


      Maximum
      3        Temperatur         30       9        1500.000000

      Mittelwert =    1000.000000
```

5.3   Selbstdefinierte Datentypen

Neben den durch die Sprache vorgegebenen Datentypen können mit Hilfe der
Schlüsselworte **typedef** und **enum** eigene Typen definiert werden. Während jedoch
die Anwendung von **typedef** nur einen neuen Namen für einen bereits festliegen-

den Bezeichner der bekannten Datentypen liefert, kann mit **enum** ein wirklich neuer Datentyp, der Aufzählungstyp, kreiert werden.

Syntax (typedef):

```
typedef datentyp ersatzname_1[, ersatzname_2 ...];
```

Beispiel:

```
typedef struct {
  int  alter;
  char name[12];
  char beruf[10];
  char geschlecht;
} personentyp;
```

```
struct personentyp mitarbeiter[100];
```

Als Aliasname wurde personentyp gewählt, der dann den Typ der Feldelemente in mitarbeiter bestimmt.

Anders verhält es sich mit dem Aufzählungstyp.

Syntax (enum):

```
enum name_des_aufzählungstyps{ name_1, name_2, ... , name_n
                        } aufzählungsvariable;
```

Beispiel:

```
enum erdteile{ europa, amerika, asien, afrika, australien
            } kontinent;
```

Auf die Variable kontinent wird jetzt praktisch über eine Ordnungsnummer zugegriffen, da der Compiler jedem Aufzählungselement, beginnend mit 0, eine Ordnungszahl zuweist. Rechnerintern wird eine solche Aufzählungsvariable wie eine int-Variable behandelt. Sie hat den gleichen Speicherbedarf und es dürfen auch Vergleichs- und arithmetische Operationen durchgeführt werden.

Beispiel 5.6. Selbstdefinierte Datentypen - Aufzählungstyp

C Programm:

```
#include <stdio.h>
int main()
{ enum erdteile{ europa, amerika, asien, afrika, australien
                } kontinent;

  int zahl[5], menschen=0;
  printf("\n sizeof(kontinent)=%i byte\n", sizeof(kontinent) );
  printf("Bevoelkerungszahlen in Mill. Menschen \n");
```

```
for (kontinent=europa; kontinent<=australien; kontinent++)
{
    printf(" fuer den %i. Kontinent: ", kontinent+1);
    scanf ("%i", &zahl[kontinent]);
    menschen += zahl[kontinent];
}
printf("\nDas sind  %i Mill. Menschen!\n\n", menschen);
system("PAUSE"); return 0;
}
```

Ergebnis:

```
sizeof(kontinent)=4 byte
Bevölkerungszahlen in Mill. Menschen
 fuer den 1. Kontinent: 585
 fuer den 2. Kontinent: 405
 fuer den 3. Kontinent: 1738
 fuer den 4. Kontinent: 254
 fuer den 5. Kontinent: 17
Das sind  2999 Mill. Menschen!
```

★

6 Funktionen

6.1 Definition und Deklaration

Problemlösungsprozesse sind durch Kreativität, Individualität und manchmal Intuition geprägt. Es versteht sich, dass komplexere Problemlösungen nicht in einem Stück und nicht mit einem Versuch geschaffen werden. Im Gegenteil, liegt zunächst eine grobe Vorstellung zur Lösung vor, so wird ein Top-down Entwurf, d.h. ein Entwurf vom Groben zum Detail, durchgeführt. Sind andererseits vielleicht schon viele Detaillösungen in Bibliotheken abgelegt, so können sie in einem Bottom-up Verfahren, d.h. vom Einzelnen zum Ganzen, eingebunden werden.

Die Kombination beider Ansätze trifft die Praxis. In der modularen Vorgehensweise spielen Funktionen eine entscheidende Rolle. Sie stellen Lösungen für bestimmte Teilaufgaben in abgeschlossenen Einheiten zur Verfügung, die jederzeit in einem Programm nutzbar sind.

Funktionen können vordefiniert werden und in Bibliotheken liegen, um zu gegebener Zeit in den individuellen Quelltext eingebunden und aufgerufen zu werden (printf , scanf, clrscr, ...). Sie können aber auch in dem individuellen Quellprogamm definiert, deklariert und aufgerufen werden. Viele Sprachen unterscheiden dabei noch zwischen Prozeduren und Funktionen (z. B. Pascal). Die Sprache C kennt nur Funktionen. Es gibt allerdings kein spezielles Wortsymbol für Funktionen mit Ausnahme der main-Funktion. Vielmehr sind sie an den runden Klammern, die in jedem Fall auf den Namen einer Funktion folgen müssen, zu erkennen.

Funktionsdefinition

Eine Funktionsdefinition beinhaltet:

- die Speicherklasse der Funktion,
- den Datentyp des Ergebniswertes der Funktion,
- den Namen der Funktion,
- in runde Klammern eingeschlossen die Parameter, die an die Funktion übergeben werden mit Namen und Datentyp,
- in geschweifte Klammern eingeschlossen:

  – lokale und externe Variablen, die die Funktion nutzt,
  – Deklarationen anderer Funktionen, die aufgerufen werden sollen,
  – Anweisungen, welche die Funktion ausführen soll.

Syntax (Funktionsdefinition):

```
[speicherklasse] [typ] name([d1 n1, ..., dn nn]) /* Funktionskopf */
{
  [Definition lokaler Variablen]              /* Funktionsrumpf */
  [Definition externer Variablen]
  [Deklaration weiterer Funktionen]
  [Anweisungen]
}
```

Die in eckigen Klammern angegebenen Bestandteile sind optional. In der älteren Form der Syntax wurden die Parameter in der Funktion explizit angegeben. Darauf soll aber nicht weiter eingegangen werden. Funktionen dürfen zwar Funktionsdeklarationen, aber keine Funktionsdefinitionen enthalten. Die Speicherklasse der Funktion ist standardmäßig **extern**, d.h. diese Speicherklasse wird immer angenommen, wenn nicht ausdrücklich die Speicherklasse **static** angegeben wurde. Im letzteren Fall gilt die Funktion nur in dem Modul, in dem sie deklariert wurde.

Der Funktionskopf enthält mit der Parameterliste die sogenannte Schnittstelle zur aufrufenden Funktion. Die Parameter versorgen die Funktion mit den Daten, die in der Funktion verarbeitet werden sollen. Funktionen sollten nur mit ihren Parametern und ihren lokalen Variablen arbeiten, weil sonst das Konzept einer modularen Programmierung verletzt und eine eventuell notwendige Fehlersuche erschwert wird.

Das Ergebnis wird mit der **return**-Anweisung typentsprechend zurückgegeben. Für Rückgabewerte sind einfache Datentypen (**char, short, int, float, double, ...**), Strukturen, Unions sowie Zeiger erlaubt. Falls kein Ergebnistyp vereinbart ist, nimmt der Compiler **int** als Datentyp an.

Parameter beschreiben die Übergabe von Daten an die Funktion. In der Funktionsdefinition werden *formale* Parameter als Platzhalter angegeben. Die folgende Funktion z.B. hat den Namen quadrat und gibt das Quadrat des ihr übergebenen Parameterwertes x an die aufrufende Funktion zurück.

```
double quadrat(double x)
{
  return x*x;
}
```

Funktionsaufruf

Beim Aufruf werden den formalen Parametern dann der Reihe nach **aktuelle** Parameter zugeordnet. In der Funktion quadrat ist x ein formaler Parameter. Beim Aufruf der Funktion quadrat in der Anweisung

```
Kreis = PI*quadrat(r);
```

ist die Variable r der aktuelle Parameter. Die Verwendung von Funktionen wird gerade durch den Aufruf mit verschiedenen aktuellen Parametern effektiv. Formale und aktuelle Parameter müssen in Anzahl, Typ und Reihenfolge übereinstimmen. In bestimmten Fällen kann der Typ durch eine automatische Typumwandlung angepasst werden. Auf Funktionen mit variabler Länge der Parameterliste wird hier nicht weiter eingegangen. Werden an die Funktion keine Parameter übergeben, so steht in der Definition das Schlüsselwort void zwischen den runden Klammern oder die Klammern bleiben leer.

```
double funktion1(void)
```

Die return-Anweisung beendet die Funktion und gibt die Steuerung an den aufrufenden Programmteil zurück. Auch die main-Funktion kann einen Ergebniswert an das Betriebssystem zurückgeben. Beim Aufruf einer Funktion sollte dafür gesorgt werden, dass der return-Wert nicht verloren geht. Allerdings ist dies nicht zwingend. Im allgemeinen wird er einer passenden Variablen übergeben, wie im obigen Beispiel an die Variable Kreis. Der Rückgabewert kann auch direkt auf den Bildschirm oder in einen Ausdruck übertragen werden, steht dann aber nicht mehr für eine nochmalige Verwendung zur Verfügung. Funktionen ohne Ergebniswert werden mit void definiert:

```
void funktion2(double x)
```

Funktionsdeklaration

Da Funktionen an verschiedenen Orten des Programms aufgerufen werden können, ist es von Bedeutung, an welcher Stelle die Funktion definiert (beschrieben) werden soll. Soll sie erst nach ihrem ersten Aufruf definiert werden, so muss sie auf jeden Fall noch vorher deklariert (bekanntgemacht) werden. Ansonsten führen die Konvertierungsversuche des Compilers evtl. zu unerwarteten Ergebnissen. Soll ein Programm in Source- und Headerfiles aufgeteilt werden, so gibt man im Headerfile die Deklarationen der Funktionen an. Die Syntax einer Funktions*deklaration* unterscheidet sich vom Funktions*kopf* nur durch das abschließende Semikolon. Eine solche Deklaration wird auch als *Prototyp* der Funktion bezeichnet. Der Prototyp der Funktion quadrat aus dem Beispiel lautet:

```
double quadrat(double x);
```

Beispiel 6.1. Funktion zur Berechnung des Quadrats einer Zahl. Funktion und Konstante π sind lokal.

C-Programm

```c
#include <stdio.h>
int main() {
    const double PI= 3.14159265358979323846;

    double quadrat(double x);        /* Deklaration der Funktion */

    double r, kreis;
    printf("Radius eingeben\n"); scanf("%lf", &r);

    kreis = PI*quadrat(r);            /* Aufruf der Funktion */
    printf ("\nDie Flaeche des Kreises betraegt: %f\n\n", kreis);
    system("Pause");
    return 0;
}

double quadrat(double x) {            /* Definition der Funktion */
    return x*x;
}
```

★

Funktionen können lokal, global, in verschiedenen Modulen und in include-Dateien deklariert werden. Im obigen Beispiel haben wir die Funktion quadrat lokal in main deklariert. Damit ist sie für andere Funktionen nicht verfügbar. Man kann Funktionen aber auch global deklarieren und sie damit allen nachfolgenden Funktionen zur Verfügung stellen, so wie im nächsten Programmbeispiel.

6.2   Parameterübergabe durch *call by value*

Alle innerhalb eines Funktionsblocks definierten Variablen sind lokal. Funktionen können einfache und/oder zusammengesetzte Variablen und/oder Funktionen als Eingabeparameter enthalten. Die Übergabe erfolgt stets als *Wertekopie (call by value)*. Dabei wird von den Parametern eine Kopie angelegt, auf die die Funktion dann lesend und schreibend zugreifen kann. Der Wert des Originals wird dabei nicht verändert. Das ist von Vorteil, wenn die aufrufende Funktion die Änderungen nicht erhalten soll, hat aber auch den Nachteil, dass nur ein Ergebniswert zurückgegeben werden kann, weil dazu nur die return-Anweisung geeignet ist und diese nur einen Wert abliefern kann. In vielen Fällen entspricht dies aber genau den Vorstellungen von einer Funktion (siehe Beispiel Quadrat).

Ist der Parameter jedoch ein Zeiger, so wird zwar auch mit einer Kopie des Zeigers gearbeitet, aber die unter dieser Adresse gespeicherte Variable ist damit als *Referenz (call by reference)* übergeben und Änderungen ihres Wertes stehen der aufrufenden Funktion zur Verfügung.

Bei der Verwendung von einfachen Variablen und/oder Strukturen als Parameter hat man die Wahl der Übergabe als Wertekopie oder als Adresskopie.

Felder und Funktionen als Parameter werden generell als Zeiger (Adressen) übergeben.

Beispiel 6.2. Die Funktion volumen berechnet das Volumen eines Würfels aus dessen Kantenlänge und die Funktion masse berechnet aus Volumen und spezifischer Masse die Masse eines Würfels. Die Berechnungen werden so lange wiederholt, bis eine 0 eingegeben wurde!

C-Programm:

```c
#include <stdio.h>
float volumen( float k);                    /* globale Funktionen */

float masse( float v, float rho);           /* call by value */

int main()                                   /* main */
{  float x, d , v;
   do
   {  printf("\n\nKantenlaenge des Wuerfels (Ende bei 0): ");
      scanf("%f", &x);
      if ( x>0)
      {  printf(" und seine Dichte in g/ccm: ");
         scanf("%f", &d);
         v= volumen(x);
         printf("\n Volumen = %f ccm, Masse = %f g\n",
                                        v, masse(v, d));
      }
   } while ( x!=0);
   return 0;
}
float volumen( float k)            /* Funktionsdefinitionen */
{  return k*k*k;
}

float masse( float v, float rho)
{  return v*rho;
}
```

Ergebnis:

```
Kantenlänge des Würfels in cm: 3
und seine Dichte in g/ccm: 19.3
```

Volumen = 27.000000 ccm, Masse = 521.099979 g

Kantenlänge des Würfels in cm: 0

Beispiel 6.3. Mittels einer Funktion zur Berechnung des Abstandes zweier Punkte in der Ebene wird die Länge eines geschlossenen Polygons ermittelt.

C-Programm:

```c
#include <stdio.h>
#include <math.h>

float sqr( float x)                              /* Quadrat */
{  return x*x;
}
                                    /* Abstand zweier Punkte */
float abstand(float x1, float y1, float x2, float y2)
{  return sqrt(sqr(x1-x2)+ sqr(y1-y2));
}

int main()                                        /* main */
{  const int anz=1000; int i, n;
   float l=0, x[anz], y[anz];

   printf("Anzahl der Punkte: ");  scanf("%d",&n);

   for (i=0; i<n; i++)               /* Koordinaten einlesen */
   {   printf("x%i: ", i); scanf("%f",&x[i]);
       printf("y%i: ", i); scanf("%f",&y[i]);
   }

   for(i=0; i<n-1; i++)    /* Abstände berechnen und summieren */
     l+= abstand( x[i], y[i], x[i+1], y[i+1]);

   l+=abstand( x[n-1],y[n-1], x[0],y[0]); /* Polygon schließen */
   printf("Laenge des geschlossenen Polygonzuges: %f\n", l);
  system("PAUSE");  return 0;
}
```

Ergebnis:

```
Anzahl der Punkte: 4
x0: 1 y0: 1  x1: 2 y1: 1 x2: 2 y2: 2 x3: 1 y3: 2
Laenge des geschlossenen Polygonzuges: 4.000000
```

6.3 Parameterübergabe durch *call by reference*

Bei dieser Art der Übergabe werden nicht die Werte, sondern die Adressen der Datenobjekte, mit denen man arbeiten will, übermittelt. Es wird dann zwar eine Kopie der Adressen angelegt und Änderungen dieser Kopien kann die aufrufende Funktion nicht lesen, die Datenobjekte der aufrufenden Funktion, deren Adressen übergeben wurden, können jedoch direkt schreibend verändert werden und bieten damit die Möglichkeit, zusätzlich zum Rückgabewert Ergebnisse zu übermitteln. Diese Methode kann bei einfachen Datentypen, Feldern, Strukturen, Unions und Funktionen angewendet werden.

6.3.1 Einfache Variablen als Parameter

Wir wollen zunächst die Übergabe der Adressen einfacher Variablen betrachten. Dazu ist es notwendig, einen Vorgriff auf das Kapitel 7 (Zeiger) zu tun. Zum Beispiel wird eine Variable, welche die Adresse einer Int-Variablen a verwaltet, mit

```
Int *a;
```

definiert. Der Stern (*) bedeutet Zeiger und ist so zu verstehen, dass die Zeigervariable a eine Adresse enthält, unter der der Wert einer integer-Variablen (*a) gespeichert wird.

Beispiel 6.4. Variablentausch mittels Funktion und *call by reference*.

C-Programm:

```c
#include <stdio.h>

void tausch( float *a, float *b)   /* a und b enthalten Adressen */
{ float hilf;
  hilf = *a;                       /* hilf bekommt Inhalt von a */
  *a = *b;               /* Inhalt von b überschreibt Inhalt von a */
  *b = hilf;      /* Inhalt von hilf überschreibt Inhalt von b */
}

int main() {
  float zahl1 = 1.1, zahl2 = 999.9;
  printf("Ausgangswerte: %8.2f %8.2f\n", zahl1, zahl2);

                /* Funktionsaufruf mit Übergabe der Adressen: */
  tausch( &zahl1, &zahl2);

  printf("Ergebniswerte: %8.2f %8.2f\n\n", zahl1, zahl2);
  system("Pause"); return 0;
}
```

Ergebnis:

```
Ausgangswerte:      1.10    999.90
Ergebniswerte:    999.90      1.10
```

6.3.2   Felder als Parameter

Felder werden als formale Parameter generell durch Zeiger übergeben. Dafür gibt es zwei alternative Schreibweisen:

```
datentyp *name;
```

oder

```
datentyp name[ ];
```

Beispiel 6.5. Sortieren eines Feldes. Wir wollen ein Feld mit Zufallszahlen des Typs **int** füllen, eine Funktion zum Sortieren des Feldes aufrufen und anschließend das in aufsteigender Reihenfolge sortierte Feld ausgeben. Die Funktion bekommt das Feld als Adresse und die Anzahl der Feldelemente als Wert übergeben.

Algorithmus:

Der Algorithmus besteht in der Suche des jeweils kleinsten Elementes und dem anschließenden Tausch an seine endgültige Position. Dieser Algorithmus arbeitet mit zwei Schleifen. Die äußere durchläuft alle Elemente des zu sortierenden Feldes. In der inneren Schleife wird dann in den folgenden Elementen ein kleineres gesucht. Nach Abschluss der Suche wird das kleinste Element nach „vorn" getauscht. Mit jedem Durchlauf der äußeren Schleife gelangt somit ein Element an seine endgültige Position, nach dem 1. Durchlauf das mit dem Index 0, im 2. Durchlauf das mit dem Index 1, usw. Dieser Algorithmus wird als *Selection-Sort* bezeichnet, da jeweils das kleinste Element *selektiert* und dann an seinen Platz getauscht wird. Der Tausch selbst erfolgt nach dem bekannten Algorithmus. Die Tabelle 6.1verdeutlicht den Sortier-Algorithmus.

C-Programm:

```
#include <stdio.h>
                                    /* Deklaration Funktion ssort: */
void ssort(int arr[], int anzahl);

int main()                                          /* main */
{ const int anz=10; int feld[anz], i;
  printf("Folgende Zufallszahlen sind zu sortieren:\n");
  srand(time(NULL));        /* Zufallsgenerator initialisieren */
```

Tabelle 6.1 Selection-Sort

Feldelement arr[k]	Vergleich mit arr[0] Vergleich		Tausch	Vergleich mit arr[1] Vergleich		Tausch	Vergleich mit arr[2] Vergleich		Tausch
arr[0]	7 7 7 7		1	1 1 1		1	1 1		1
arr[1]	9 9 9 9		9	9 9 9		3	3 3		3
arr[2]	3 3 3 3		3	3 3 3		9	9 9		7
arr[3]	1 1 1 1		7	7 7 7		7	7 7		9
arr[min]	7 7 3 1			9 3 3			9 7		

```
for( i = 0; i< anz; i++)
{ feld[i] = rand() % 1000;       /* Zufallszahlen zuweisen */
    printf("%4d ", feld[i]);
}

                                 /* Aufruf Funktion ssort */
ssort(feld, anz);

printf("\n\nDie Zahlen in sortierter Reihenfolge:\n");
for (i = 0; i < anz; i++) printf("%4d ", feld[i]);

printf("\n"); system("Pause"); return 0;
}


                                 /* Definition Funktion ssort */
void ssort(int arr[], int anzahl)
{                                /* Deklaration Funktion itausch */
  void itausch(int *x, int *y);                   /* lokal */

  int i, k, min;
  for (i = 0; i< anzahl −1; i++)
  { min= i;                      /* finde kleinstes Element */
    for( k= i +1; k< anzahl; k++)
      if ( arr[min]> arr[k])  min= k;
    itausch(&arr[i], &arr[min]); /* Aufruf Funktion itausch */
  }
}

void itausch(int *x, int *y) /* Definition Funktion itausch */
{ int hilf;
  hilf = *x;    *x = *y;   *y = hilf;
}
```

Ergebnis:

```
Folgende Zufallszahlen sind zu sortieren:
 332  200  789  863  507  713  629  627  912  921
```

Die Zahlen in sortierter Reihenfolge:
 200   332   507   627   629   713   789   863   912   921

Dadurch, dass die Ausgabe des Feldes der Zufallszahlen in main erfolgt, kann man erkennen, dass die Übergabe der Adresse des Feldes es der aufgerufenen Funktion ermöglicht, die unter dieser Adresse gespeicherten Daten zu verändern. Das ursprüngliche Feld wurde durch das Sortieren überschrieben. ★

Beispiel 6.6. Zu n Meßwerten t_i und U_i sind die Koeffizienten der Ausgleichsgeraden

$U = a^* t + b$ zu berechnen, wobei $a = \frac{DA}{D}$ und $b = \frac{DB}{D}$ ist, mit

$$DA \;=\; n * \sum_{i=0}^{n} t_i * U_i - \sum_{i=0}^{n} t_i \sum_{i=0}^{n} U_i$$

$$DB \;=\; \sum_{i=0}^{n} t_i^2 * \sum_{i=0}^{n} U_i - \sum_{i=0}^{n} t_i * \sum_{i=0}^{n} t_i * U_i$$

$$D \;=\; \sum_{i=0}^{n} t_i^2 - \sum_{i=0}^{n} t_i * \sum_{i=0}^{n} t_i$$

Die Funktionen zur Berechnung von Summe und Produktsumme können mehrfach eingesetzt werden. Die Felder werden durch ihre Adressen zur Verfügung gestellt. Sie sollen zwar nicht geändert werden, müssen aber dadurch nicht kopiert werden.

C-Programm:

```
#include <stdio.h>                    /* Ausgleichsgerade */

int const mn=9;
float sum( float x[], int n)                        /* Summe */
{ float  s=0; int i;
  for( i=0; i<n; i++) s+=x[i];
  return s;
}

float prosum( float x[], float y[], int n)   /* Skalarprodukt */
{ float ps=0; int i;
  for( i=0; i<n; i++) ps+=x[i]*y[i];
  return ps;
}

int main()                                        /* main */
{ float x[mn], a, b, d;
```

```
float y[9]= {0.1, 1.5, 1.75, 2.8, 4.75, 5.4, 6.6,6.95,8.55};
int i,n; n=mn;
for (i=0; i<n;i++) x[i]=i;

d= n*prosum(x, x, n) - sum(x, n)* sum(x, n);

a= n*prosum(x, y, n) - sum(x, n)* sum(y, n);

b= prosum(x, x, n)*sum(y, n) - sum(x, n)*prosum(x, y, n);

if ( d!=0) {a= a/d;     b= b/d;
         printf("\n\nAusgleichsgerade: y=%f*x + %f", a, b); }
else printf("\n\nd=0\n\n");
getche(); return 0;
}
```

Ergebnis:

```
Ausgleichsgerade: y= 1.040833*x + 0.103333
```

★

Auch mehrdimensionale Felder können als *call by reference* Parameter übergeben werden. Bei der Vereinbarung des entsprechenden Formalparameters müssen außer der ersten Dimension alle weiteren explizit angegeben werden, da diese zur Berechnung der Speicheradresse benötigt werden.

```
void fuellenmatrix(int m[][4][4]);
```

Eine Möglichkeit, mehrdimensionale Felder unbekannter Dimension an Funktionen zu übergeben, bieten Zeiger (vgl. Kapitel 7). Darauf wollen wir aber im Weiteren nicht eingehen.

6.3.3 Strukturen als Parameter

Wie bereits angeführt können Strukturen durch call by value oder durch call by reference übergeben werden. Zur Veranschaulichung hierzu Funktionen zur Ausgabe einer Struktur für eine Buchverwaltung:

```
void writestrukt_r( struct buch *b);   /* Deklaration by reference */
void writestrukt_v( struct buch b);    /* Deklaration by value     */
writestrukt_r( &informatikbuch);       /* Aufruf über Adresse      */
writestrukt_v( informatikbuch);        /* Aufruf über Datenobjekt  */
```

Die Wertekopie kostet insbesondere bei großen Strukturen Zeit und Speicherplatz und verliert somit an Bedeutung. Es können natürlich auch Felder von Strukturen übergeben werden.

Beispiel 6.7. Personendaten – Feld von Strukturen als Parameter. Es werden 3 Funktionen verwendet: eine für das Einlesen der Daten einer Person, eine für die Ausgabe der Daten als Tabelle und eine, welche die leichteste Person ermittelt.

C-Programm:

```c
#include <stdio.h>
#include <conio.h>
typedef struct {
    char name[10];
    int jahr;
    float gewicht;
} person_typ;

person_typ einlesen ( ) {
    person_typ p;
    printf("\n\tneue Person eingeben\n\tName: ");
    scanf("%s",&p.name);
    printf("\n\tGeburtsjahr: ");
    scanf("%d",&p.jahr);
    printf("\n\tGewicht: ");
    scanf("%f",&p.gewicht);
    return p;
}

void ausgeben(person_typ p[], int n) {
    int i;
    for( i=0; i<n; i++)
        printf("\n%-9s,%6d,%8.3f",p[i].name,p[i].jahr,p[i].gewicht);
}

void mini( person_typ p[], int n) {
    person_typ pmin;
    int i;
    pmin= p[0];                          /* Minimum initialisieren */
    for( i=1; i<n; i++)
        if ( pmin.gewicht> p[i].gewicht)
            pmin= p[i];
    printf("\n\nDer leichteste ist: \n");
    printf("\n%-9s,%6d,%8.3f",pmin.name,pmin.jahr,pmin.gewicht);
}

int main () {
    person_typ p[1000], pmin;
    int i, n=3;

    for( i=0; i<n; i++)
        p[i]=einlesen();

    ausgeben( p, n);
```

```
    mini ( p, n);
    getche ();
    return 0;
}
```

Ergebnis:

```
Anton      ,   2000,   10.000
Bodo       ,   1990,   20.000
Susi       ,   1970,   70.000

Der leichteste ist:
Anton      ,   2000,   10.000
```

6.3.4　Funktionen als Parameter

In klassischen Programmiersprachen werden Unterprogramme (Funktionen) in der Regel auf drei verschiedene Arten genutzt:

* durch Aufruf aus einem Hauptprogramm (der main-Funktion) heraus,
* durch Aufruf aus einem Unterprogramm (einer Funktion) heraus,
* durch Aufruf eines Unterprogrammes (einer Funktion) als Parameter eines anderen Unterprogrammes (einer anderen Funktion).

Die ersten beiden Fälle sind bereits bekannt. Die dritte Variante verlangt gewisse Vorkehrungen. Wir haben kennengelernt, dass Funktionen in Ausdrücken oder in Anweisungen Anwendung finden. Nun liegt es nahe, dass Funktionswerte auch als Parameter wiederum in Funktionen eingehen sollen. Dies geht deshalb, weil auch Funktionen eine Adresse haben, unter welcher sie im Speicher untergebracht sind. Mit einer solchen Adresse, die vom Compiler festgelegt wird, sind dann wieder die entsprechenden Operationen möglich.

Syntax (Definition von Funktionszeigern):

```
datentyp (*zeigername) ([d1 n1,d2 n2, ..., dn nn]);
```

Die Angabe datentyp qualifiziert den Rückgabewert der Funktion, die Angaben in den runden Klammern die Parameterliste. Ein Zeiger auf eine Funktion, welche die größere von 2 Zahlen zurückgibt, könnte beispielsweise folgendermaßen definiert werden:

```
Int (*vergleich) (Int zahl1, Int zahl2);
```

Beispiel 6.8. Numerische Integration mittels einer Funktion, welche die zu integrierende Funktion als Parameter übergeben bekommt.

Mathematisches Modell:

1. Numerische Integration mittels Ober- und Untersumme: Indem das Intervall [a,b] in N gleiche Teile mit $h = \frac{b-a}{N}$ zerlegt wird, erhält man die Teilpunkte $x_0 = a, x1, \ldots, x_n = b$. Für diese Teilpunkte berechnet man die Werte der zu integrierenden Funktion.

Die Untersumme $su = h * min(f(x_0), f(x_1)) + \ldots + h * min(f(x_n - 1), f(x_n))$ ist eine untere Schranke und die Obersumme $so = h * max(f(x_0), f(x_1)) + \ldots + h * max(f(x_n - 1), f(x_n))$ eine obere Schranke für den Wert des Integrals. Allerdings wird hier nicht die Effizienz des Verfahrens betrachtet.

2. Berechnet wird die Wahrscheinlichkeit für eine Normalverteilung. Die zu integrierende Funktion ist

$$\phi(x) = \frac{1}{\sigma\sqrt{2\pi}} * e^{-\frac{(x-\mu)^2}{2\sigma^2}}$$

mit dem Erwartungswert $\mu = 5.000000$ und einem mittleren quadratischen Fehler $\sigma = 1.000000$ im Intervall a=3 bis b=7.

C-Programm:

```c
#include <stdio.h>
#include <math.h>
#define PI 3.14159265358979323846

double   mue=5.0, sigma=1.0;          /* globale Variablen für p */

double p(double x);                   /* p = zu integrierende Funktion */

                                      /* integrierende Funktion: */
void integral( double a, double b, int N, double(*)(double),
                                   double*us, double*os );

int main()                                           /* main */
{ double a, b, us, os;
  int i, N;
  printf("Berechnet wird die Wahrscheinlichkeit fuer eine "\
  "Normalverteilung\n mit   mue = %lf", mue); //scanf("%lf",&mue);
  printf(" und sigma = %lf", sigma);          //scanf("%lf",&sigma);
  printf("\nmittels Numerischer Integration");
  printf(" durch Annaeherung mit Unter- und Obersumme \n");
  printf("im Intervall [a; b] mit N Unterteilungen:\n");
  printf("     a = ");        scanf("%lf", &a);
  printf("     b = ");        scanf("%lf", &b);
  printf("     N = ");        scanf("%d", &N);
```

```
   integral(a, b, N, p, &us, &os );
                        /* p übergibt die Adresse der Funktion p */


   printf("%lf <= P <= %lf", us, os);
   getche(); return 0;
}


double p(double x)                   /* zu integrierende Funktion */
{ const double sqrt2pi = sqrt(2 * PI);
  x= x- mue;
  return 1/(sigma*sqrt2pi)*exp(-(x*x/(2*sigma*sigma)));
}
                        /* Zeiger auf die zu integrierende Funktion: */
void integral( double a, double b, int N, double(*p)(double),
                                     double*us, double*os )
{  double yl, yr, min, max, h;      int i;
   *us= *os= 0;
   h = (b - a) /(double)N;
   for(i = 1; i <= N; i++)
   { yl = p(a + (double)(i - 1) * h);
     yr = p(a + (double)i * h);
     if (yl < yr) { min = yl; max = yr; }
     else         { max = yl; min = yr; }
     *us += min;
     *os += max;
   }
   *us *= h;
   *os *= h;
}
```

Ergebnis:

```
Berechnet wird die Wahrscheinlichkeit fuer eine Normalverteilung
mit mue = 5.000000 und sigma = 1.000000
mittels Numerischer Integration durch Annaeherung mit
Unter- und Obersumme im Intervall [a; b] mit N Unterteilungen:
    a = 3
    b = 7
    N = 10000
0.954362 <= P <= 0.954638
```

★

6.4   Rekursive Funktionen

Eine weitere Anwendung von Funktionen besteht im Selbstaufruf. Man spricht in diesem Fall von einem *rekursiven Funktionsaufruf*. Der Algorithmus einer rekursiven Nutzung einer Funktion muss neben dem Funktionsaufruf auch eine Abbruchbedingung für die Rekursion besitzen. Wir betrachten das Standardbeispiel: die rekursive Berechnung der Fakultät einer Zahl.

Beispiel 6.9. Rekursive Fakultätsberechnung

C-Programm:

```c
#include <stdio.h>
double fakureku( int zahl);
int main()
{  int x;
   do
   {  printf("\nFakultaetsberechnung fuer (Ende bei 0): ");
      scanf("%d", &x);
      printf("\n %d! = %.0lf\n", x, fakureku( x));
   }while( x!=0);
   system("Pause"); return 0;
}
double fakureku( int zahl)
{  double ergeb;
   if ( zahl>1) ergeb= fakureku( zahl − 1)*zahl;
   else ergeb= 1;
   return ergeb;
}
```

In Abbildung 6.1 ist dargestellt, wie die Berechnung vor sich geht. Die Zwischenergebnisse werden im Rekursionsspeicher gehalten.

```
fakul(5) = 5*fakul(4)          = 120    ▲
              = 4*fakul(3)     =  24    │ Auflösung
 Rekursive       = 3*fakul(2)  =   6    │ der
    Aufrufe         = 2*fakul(1) =  2   │ Rekursion
                       = 1       =   1  │
```

Abbildung 6.1 Rekursive Berechnung der Fakultät

Eine rekursive Funktion fordert meist mehr Speicherplatz und auf Grund der vielen Funktionsaufrufe auch mehr Rechenzeit als eine iterative. Es gibt jedoch Probleme, bei denen die rekursive Lösung übersichtlicher als die iterative ist.

Beispiel 6.10. Iterative Fakultätsberechnung

C-Programm:

```
#include <stdio.h>
double fakul( int zahl);
int main()
{  int x;
   do
   {  printf("\nFakultaetsberechnung fuer (Ende bei 0): ");
      scanf("%d", &x);
      printf("\n  %d! = %.0lf\n", x, fakul(x));
   }while( x!=0);
   system("Pause"); return 0;
}
double fakul( int zahl)
{  double ergeb= 1; double i;
   for( i=1; i<=zahl; i++) ergeb= ergeb* i;
   return ergeb;
}
```

Ergebnis:

```
    Fakultaetsberechnung fuer (Ende bei 0): 9

      9! = 362880

    Fakultaetsberechnung fuer (Ende bei 0): 10

      10! = 3628800
    Fakultaetsberechnung fuer (Ende bei 0): 0

      0! = 1
```

★

Beispiel 6.11. Es ist ein Programm zu schreiben, das die FIBONACCI-Zahlen bis zu einer bestimmten oberen Schranke ausschreibt.

Algorithmus:

Eine Zahl der FIBONACCI-Folge ergibt sich aus der Summe ihrer beiden Vorgänger: 1 1 2 3 5 8 13 21 …

C-Programm (mit Rekursion):

```
#include <stdio.h>
int fiborek(int);
int main()
{  long grenze, wert, n;
```

```
    printf("Schranke eingeben: ");
    scanf("%li", &grenze);
    wert = 1;
    n = 0;
    do
    {   wert = fiborek(n++);
        printf("%li\t", wert);
    }while( wert < grenze );
    printf("\n");   system("Pause");return 0;
}
int fiborek(int n)
{   int ergebnis;
    if(n < 2) ergebnis = 1;
    else        ergebnis = fiborek(n-2) + fiborek(n-1);
    return ergebnis;
}
```

C-Programm (ohne Rekursion):

```
#include <stdio.h>
int fibohne( int );
int main()
{   long grenze;
    printf("Schranke eingeben: ");   scanf("%ld", &grenze);
    fibohne(grenze);
    printf("\n"); system("Pause");return 0;
}
int fibohne( int grenze)
{   long fibo, wert1 = 1, wert2 = 1;
    printf("1\t1\t");                          /* Startzahlen */
    do
    {   fibo = wert1 + wert2;
        printf("%ld\t", fibo);
        wert1 = wert2;
        wert2 = fibo;
    }while( fibo < grenze );
}
```

Ergebnis:

```
Schranke eingeben: 10000
1        1        2        3        5        8        13       21
34       55       89       144      233      377      610      987
1597     2584     4181     6765     10946
```

7 Zeiger

In der Programmiersprache C kann man direkt auf den Speicherplatz einer Variablen zugreifen. Das Mittel dazu sind *Zeiger*, englisch *Pointer*. Zeiger enthalten die Anfangsadressen von Variablen, man sagt sie verweisen oder zeigen auf die Variablen (vgl. Abbildung 7.1).

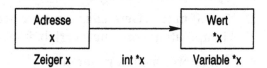

Abbildung 7.1
Skizze zum Zeigerkonzept

In C kann man durch Zeiger:

- direkt mit Adressen rechnen,
- Funktionen mit mehreren Ergebnisparametern organisieren (call by reference),
- dynamische Datenstrukturen aufbauen,
- mehrdimensionale Felder unbekannter Dimension als Parameter übergeben.

7.1 Definition und Operationen

Zeiger können auf Datenobjekte beliebigen Typs verweisen. Die Syntax einer Zeigervariablen lautet wie folgt:

```
typ_des_datenobjektes * name_der_zeigervariablen;
|<--- Zeigertyp   --->||<--- Zeigername  --->|
```

Beispiele:

```
int i=3;
int *zi; char *zc; short* zs; float * zf;
```

Die Leerzeichen haben dabei keine Bedeutung. Sehen wir uns die erste Deklaration an. Sie besagt, dass die Variable zi eine Adresse aufnehmen kann, hinter welcher sich ein int-Datenobjekt *zi (Inhalt von zi) befindet. Eine Anweisung

```
zi = &i;
```

weist beispielsweise der Zeigervariablen zi die Adresse der Variablen i zu.

```
Skizze der Speicherungen zu obigem Beispiel:
Namen    : Variable i   Zeiger zi   Zeiger zc   ...
Adressen: 240FF5C       240FF58     240FF54     ...
Inhalte : 3             240FF5C     ...         ...
```

Die Anweisung:

```
printf(" %d %X ", *zi, zi);
```

gibt eine ganze Dezimalzahl für den Wert des Datenobjektes *zi und eine ganze hexadezimale Zahl für den Zeiger zi aus und liefert damit die gleiche Ausgabe wie

```
printf(" %d %X ", i, & i);
```

Bei Operationen mit Zeigern ist grundsätzlich zu unterscheiden zwischen:

1. Zugriff mittels Dereferenzierungsoperator * und Zeiger auf Datenobjekte,
2. Manipulation von Zeigervariablen über die sogenannte Zeigerarithmetik.

Zur Zeigerarithmethik gehören:

- Addition einer Konstanten n: Bewirkt die Erhöhung der Adresse um das n-fache der dem Typ des Datenobjektes entsprechenden Anzahl Bytes (zs = zs+n;).
- Inkrementierung: Zeigt die gleiche Wirkung wie Addition von 1 (zs++;).
- Subtraktion einer Konstanten n: Verringert den Zeiger um das n-fache der dem Typ entsprechenden Anzahl von Speichereinheiten (zs = zs−n;).
- Dekrementierung: Bewirkt das Gegenteil der Inkrementierung (zs−−;).
- Vergleich: Zeiger können miteinander verglichen werden (==, !=, < und >) .
- Zuweisung der Konstante NULL: Bewirkt ein Zeigen ins Leere (zs = NULL;).

7.2   Anwendungen von Zeigern

7.2.1   Zeiger auf Felder bzw. Feldelemente

Die Verbindung von Zeigern und Feldern beinhaltet verschiedene Aspekte. Zum Einen können Zeiger auf den Feldanfang (und damit das erste Element) oder auch auf andere Feldelemente gesetzt werden, zum Anderen kann man Zeiger auch zu Zeigerfeldern zusammenfassen (siehe hierzu das Beispiel Zeigerfeld im Abschnitt 7.2.2) und zum Weiteren werden in C Feldnamen ohne Index als Zeiger auf das erste Feldelement interpretiert, wie im folgenden Beispiel bei den Funktionsaufrufen.

Machmal ist es angebracht, Felder mittels Zeigern zu durchlaufen, wie im folgenden Beispiel in den Funktionsdefinitionen gezeigt wird.

Beispiel 7.1. Zu berechnen ist das Skalarprodukt zweier Vektoren, Zugriff über Zeiger.

C-Programm:

```c
#include <stdio.h>
                /* Skalarprodukt von Vektoren, Zugriff über Zeiger */

void einlesen( float* zeiger, int n)
{ int i;
  for(i=0; i<n; i++)
  { scanf("%f", zeiger);                        /* einlesen */
    zeiger++;                                   /* nächste Adresse */
  }
}

float skalarprodukt( float *zeigera, float *zeigerb, int n)
{ int i; float s=0;
  for(i=0; i<n; i++)                    /* Skalarprodukt berechnen */
  {   s += *zeigera * *zeigerb ;
      zeigera++; zeigerb++;                    /* nächste Adresse */
  }
  return s;
}

int main()
{ const int n=3;
  int i;
  float s;
  float vektora[n], vektorb[n];   /* Deklaration der Vektoren */

  einlesen( vektora, n);                     /* einlesen Vektor a */
  printf("\n");
  einlesen( vektorb, n);                     /* einlesen Vektor b */

  s= skalarprodukt( vektora, vektorb, n);

  printf("\n\n Das Skalarprodukt = %f\n\n", s);

  system("PAUSE"); return 0;
}
```

Ergebnis:

```
    1            4
    2            5
    3            6
    Das Skalarprodukt = 32.000000
```

★

7.2.2   Zeiger auf Zeichenketten

Zeichenketten sind Felder, die Zeichen als Elemente enthalten. Wir wissen bereits, dass wir auf eine Zeichenkette elementweise z.B. mit zk[3] oder als Ganzes mit zk zugreifen können. Im letzten Fall beinhaltet zk einen Zeiger auf das Datenobjekt zk[ ]. Diesen Umstand kann man nutzen, um beispielsweise durch Zuweisung von Zeigern dem Datenobjekt pzk3=zk2 einen neuen Inhalt zu geben, ohne mit der Funktion strcpy das ganze Objekt zu kopieren.

Beispiel 7.2. Verarbeitung von Zeichenketten. In Abbildung 7.2 sind die Operationen verdeutlicht.

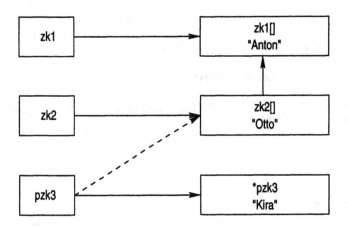

Abbildung 7.2 Zeiger und Zeichenketten

C-Programm:

```
#include <stdio.h>
#include <string.h>
int main()
{ int i;
  char zk1[6]= "Anton"; char zk2[5]= "Otto"; char *pzk3= "Kira";

  printf("zk1: %s ab %d\n", zk1,  zk1);
  printf("zk2: %s  ab %d\n", zk2,  zk2);
  printf("pzk3: %s  ab %d\n\n", pzk3, &pzk3);

  strcpy(zk1, zk2);          /* Kopieren, zk1 wird überschrieben */
  pzk3 = zk2;                /* pzk3 erhält Adresse von zk2 */

  printf("zk1: %s ab %d (kopiert)\n", zk1,  zk1);
  printf("zk2: %s ab %d\n", zk2,  zk2);
  printf("pzk3: ab %d zeigt auf %d mit %s\n", &pzk3, pzk3, pzk3);
  printf("(pzk3 mit der Adresse von zk2!)\n\n");
```

```
   for(i=0; *pzk3!=0; i++) { printf("%c\t", *pzk3); pzk3++; }
   system("Pause"); return 0;
}
```

Ergebnis:

```
zk1: Otto ab 0240FF40 (kopiert)
zk2: Otto ab 0240FF30
pzk3: ab 0240FF30 zeigt auf 0240FF30 mit Otto
Zeichenkette 3 mit der Adresse von zk2!
O       t       t       o
```

★

Auch zweidimensionale **char**-Felder können alternativ über eine Vereinbarung als Matrix mit konstanter Zeilenlänge oder eine Vereinbarung als Zeigervektor behandelt werden. Die Verwendung eines Zeigerfeldes lässt sich zum Beispiel beim Sortieren von Strings nutzen, um die Strings nicht umspeichern zu müssen:

Beispiel 7.3. Ein Feld von n Zeichenketten zu je 80 Zeichen wird über ein Feld von n Zeigern sortiert mittels einer Funktion, die das Zeigerfeld und die Anzahl der Zeiger übergeben bekommt.

C-Programm:

```
#include <stdio.h>

void b_sort( char *zeiger[], int m)
{ char *hilf; int i, k;              /* Bubblesort mit Zeigerfeld */
   i=k=0;
   do { if(*zeiger[i] > *zeiger[i+1])
           { hilf=zeiger[i];
             zeiger[i]=zeiger[i+1];
             zeiger[i+1]=hilf;
             k++; i=0;
           }
        else { i++; k=0; }
      }while(k>0 || i < m-1);
}

int main()                                        /* main */
{ const int m= 6;   int i;
   char feld[m][80];                              /* Matrix */
   char *zeiger[m];                               /* Zeigerfeld */

   for( i=0; i<m; i++)
   { scanf("%s", feld[i]);                        /* Strings einlesen */
     zeiger[i] = feld[i];                         /* Zeigerfeld initialisieren */
```

```
}
/* Zeiger nach den Strings , auf die sie zeigen, sortieren: */
b_sort( zeiger , m);
                                            /* Strings ausgeben */
for( i =0; i < m; i ++) printf(" %s ", zeiger[ i ]);
printf("\n\n"); system("PAUSE"); return 0;
}
```

Ergebnis:

```
Kira
Bodo
Anton
Tanja
Peter
Susi


Anton  Bodo  Kira  Peter  Susi  Tanja
```

Dieses Konzept ist nicht nur bei langen Zeichenketten, sondern auch bei großen Strukturen vorteilhaft. Wenn zum Beispiel Studentendaten nach verschiedenen Komponenten (Name, Matrikelnummer) sortiert werden sollen, braucht man nur für jede Sortierung ein eigenes Zeigerfeld und muss nicht immer die gesamten Daten umspeichern.   ★

7.2.3   Dynamische Felder

Im Allgemeinen steht heute ausreichend Speicherplatz zur Verfügung. Jedoch bei großen mehrdimensionalen Feldern kann der Speicherplatzbedarf durchaus von Bedeutung sein. Außerdem stört bei der Deklaration von Feldern oft, dass die Größe des Feldes von vornherein durch Angabe der Anzahl der Feldelemente festgelegt werden muss. Nicht immer ist die schon vorher absehbar, so dass eine Anforderung von Speicherplatz erst während der Laufzeit wünschenswert wäre. Es sollten sogenannte *dynamische Felder* aufbaubar sein.

Zur Arbeit mit dynamischen Feldern werden (in stdlib.h) einige Bibliotheksfunktionen zur Verfügung gestellt, die wir jetzt betrachten wollen.

Mittels der Funktion malloc kann Speicher auf dem *Heap (Halde)* reserviert werden.

Syntax (malloc):

```
zeiger = malloc(groesse_in_bytes);
```

zeiger ist eine Zeigervariable, welche die Anfangsadresse des Blockes angibt, der durch malloc reserviert wird. Zum Beispiel:

```
double *darray;
darray = malloc(400);                    /* reserviert 400 Bytes */
                     /* darray enthält die Anfangsadresse des Blockes */
```

Wenn der gewünschte Speicherplatz nicht frei ist, wird NULL zurückgegeben.

Da die Speicherplatzbeanspruchung durch die Datentypen compilerabhängig variieren kann, ist es angebracht, den Speicherplatzbedarf abzufragen. Wollen wir beispielsweise 100 Feldelemente unterbringen, so schreiben wir:

```
darray = malloc(100*sizeof(double));
```

Bei bekannter Elementeanzahl und Objektgröße kann die calloc-Funktion genutzt werden.

Syntax (calloc):

```
calloc(anzahl, groesse);
```

Die Anweisungen

```
double *darray;
darray = (double*)calloc(50, sizeof(double));
```

reservieren einen Block mit 50*8=400 Bytes. Die explizite Typangabe (double*) für den Zeiger vermeidet Irritationen bei unterschiedlicher Verarbeitung der Adressen durch die verschiedenen Compiler.

Weiterhin stehen die Funktionen realloc zur Veränderung der Größe des Speicherblockes (vgl. Beispiel Stückliste in Abschnitt 7.2.4) sowie free zur Freigabe der belegten Speicherplätze zur Verfügung.

Syntax (realloc und free):

```
realloc(zeiger, groesse);
free(zeiger);
```

Beispiel 7.4. Dynamisches Feld zur Speicherung von einfachen Messwerten. Die Anzahl der Messwerte wird im Programm abgefragt und dann ein entsprechendes Feld bereitgestellt. Die Messwerte werden eingelesen und es wird der höchste Wert bestimmt. Schließlich wird der Speicherplatz wieder freigegeben.

C-Programm:

```
#include <stdio.h>
int main()
{/* Zeiger auf den Anfang, das Maximum, die aktuelle Position */
   float *root, *max, *feld;
   int k, i, pos;
   do{ printf("\n Wieviele Werte? "); scanf("%i", &k);
```

```
    printf("\n Das sind %i  Byte.\n", k*sizeof(float));

                                        /* Speicherplatz nach Maß: */
    root= (float *)malloc( k*sizeof(float));

   }while(root==NULL);

 feld= max= root;                              /* Initialisieren */

 for(i=1; i<=k; i++)
 {    printf("%i. Wert: ", i);
      scanf("%f", feld);                          /* einlesen */
      if(i==1) max= feld;              /* Maximum initialisieren */
      if( *feld > *max) max= feld;           /* Maximum suchen */
      feld++;                                /* nächste Adresse */
 }
 printf("\n\n  hoechster Messwert: %.2f", *max);

 free(root);                          /* Speicherplatz freigeben */

 printf("    "); system("PAUSE");  return 0;
}
```

Ergebnis:

```
Wieviel Werte? 4
Das sind 16 Byte.
1. Wert: 4
2. Wert: 3
3. Wert: 1
4. Wert: 7.7
hoechster Meßwert: 7.70
```

★

7.2.4   Zeiger auf Strukturen

Auch auf Strukturen kann man mit Zeigern zugreifen. Deklariert man beispielsweise

```
struct article {
  char name[20];
  int num;
};
```

so kann man mit

```
struct article *zx, x;
```

zwei Variablen anlegen, wobei der Zeiger zx auf die Variable *zx verweist. Setzt
man zx = &x, so sind die Werte von x und *zx identisch. Für den Zugriff auf die Komponenten der Struktur gibt es zwei alternative Schreibweisen:

```
(*zeiger).strukturkomponente
(*zx).name
```

oder

```
zeiger –>strukturkomponente
zx–>name
```

Genauso wie mit einfachen Variablen können auch mit Strukturen dynamische
Felder aufgebaut werden. Im folgenden Beispiel wird der während der Laufzeit
angeforderte Speicherplatz auch noch dynamisch jeweils vor dem Einlesen des
nächsten Objektes erweitert.

Beispiel 7.5. Stückliste für die Montage von Produkten. Es werden jeweils die Bezeichnung, die Nummer und die Anzahl der benötigten Bauteile erfasst und in
ein dynamisch erweitertes Feld gespeichert. Nach Abschluss der Eingabe wird das
Feld ausgegeben und der Speicherplatz wieder frei gegeben.

C-Programm mit dynamisch erweitertem Feld:

```c
#include <stdio.h>

struct teil_typ
{  char name[21];        /* Bauteilbezeichnung */
   long num;             /* Bauteilnummer */
   int  anz;             /* Bedarf */
};

void header();                           /* Kopfzeile bei der Ausgabe */

struct teil_typ * einlesen();            /* Funktion einlesen */
                            /* liefert Adresse des dynamischen Feldes */

void Tabelle(struct teil_typ *);         /* Funktion Tabelle */

int main() /*————————————————————— main */
{  struct teil_typ *zlist;
   zlist = einlesen();       /* Feld wird dynamisch erweitert */
   Tabelle( zlist);
   free(zlist);              /* Allokierten Speicher freigeben */
   system("Pause"); return 0;
}      /*—————————————————————— Ende main */

struct teil_typ * einlesen()/* auf dynamisch erweitertes Feld */
{  struct teil_typ *zlist, *backup;
```

```
int i , TeilSize;
printf("Bauteilliste erstellen:\n\n");
i = 1;                        /* Speicherbedarf für ein Bauteil: */
TeilSize = sizeof( struct teil_typ);
do
{  backup = zlist;            /* Blockadresse sichern: */
                             /* Speicher für i Teile anfordern: */
   zlist = (struct teil_typ *) realloc( zlist , i*TeilSize);
   if(zlist == NULL)
   {  printf("\n\nNicht genügend Speicherplatz verfügbar.");
      break;
   }                          /* Datensatz einlesen */
   printf("%d. Bauteil\n", i);
   printf("Bezeichnung (Ende mit \"0\"): ");
   scanf("%s", zlist[i].name);
   if(strcmp(zlist[i].name, "0"))         /* Name != 0 */
   {  printf("Nummer: ");
      scanf("%ld", &zlist[i].num);
      printf("Bedarf: ");
      scanf("%ld", &zlist[i].anz);
      getchar();
      i++;                    /* Anzahl der Teile erhöhen */
   }
}while( strcmp(zlist[i].name,"0") || zlist==0);
if( zlist==0) zlist = backup;
return zlist;                 /* liefert Adresse des Speicherbereichs */
}


void Tabelle( struct teil_typ * t)
{  int i=1;
   header();                  /* Kopfzeile ausgeben */
   while( strcmp(t[i].name, "0"))
   {  printf("%d\t%-20s\t\t%ld\t%i\n", i, t[i].name, t[i].num, t[i].anz);
      i++;
   }
}


void header()
{  int j;
   printf("\nNr.\tArtikelbezeichnung\tArtikelnummer\tBedarf\n");
   for(j = 0 ; j < 60 ; j++) printf("_");
   printf("\n");
}
```

Ergebnis:

Nr.	Artikelbezeichnung	Artikelnummer	Bedarf
1	Zentraleinheit	111833	1
2	Monitor	24711	2

| 3 | Tastatur | 333133 | 1 |
| 4 | Drucker | 39167 | 3 |

In diesem Programm wird das Feld jeweils um eine Struktur erweitert. Es enthält damit nur bereits vorgestellte Konstruktionen der Programmiersprache C.

Interessant ist dagegen auch der Aspekt der elementweisen Bereitstellung von Speicherplatz für eine anzulegende verkettete Liste. Dabei wird der Speicherplatz nicht zusammenhängend in seinem vollen Umfang angefordert, sondern zunächst nur ein Zeiger auf eine dynamisch aufzubauende (verkettete) Liste vereinbart. ★

7.2.5   Einfach verkettete Liste

Das im vorigen Abschnitt vorgestellte Beispiel kann man hinsichtlich der Speicherplatznutzung noch optimieren. Durch den Abruf von Speicherplatz zur Laufzeit ist in dem Programm für das Feld *zlist ein zusammenhängender Block entstanden, wobei ein Element auf das nächste unmittelbar folgt.

Nun muss dieser zusammenhängende Speicherplatz nicht immer verfügbar sein, so dass irgendwann die Adresse NULL zurückgegeben wird und das Programm beendet werden müsste. Eine Alternative wäre die Möglichkeit des „Zusammensuchens" von Speicherplatz auf der Halde, wobei die Elemente dann verstreut liegen können. Dafür müssen jedoch Vorkehrungen getroffen werden, um die semantische Zusammengehörigkeit der Daten nicht zu verlieren. Ein geeignetes Modell dafür sind verkettete *Listen*.

Eine solche Liste hat einen Kopf, der nur die Adresse auf das erste Element enthält, und eine Endemarkierung, indem der Zeiger des letzten Elementes auf NULL zeigt. Wie sieht nun eine solche Datenstruktur aus, die diese Informationen trägt? Die gegebene Struktur wird erweitert um einen Zeiger auf das nächste Element. Wir deklarieren zum Beispiel:

```
struct elementtyp
{ Int    nr;
  float wert;
  struct elementtyp *next; /* Zeiger auf das nächste Element */
};
```

Nun benötigen wir Variablen, um die Listenstruktur aufbauen zu können. Dazu gehören ein Listenanfang (wurzel oder kopf), ein aktuelles Listenelement (lauf) und eventuell ein Verweis auf das vorhergehende oder das nächste Listenelement (last oder next), zum Beispiel:

```
struct elementtyp *kopf, *lauf, *last;
```

In Abbildung 7.3 ist das Schema einer einfach verketteten Liste dargestellt.

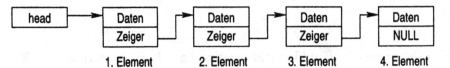

Abbildung 7.3 Schema einer einfach verketteten Liste

Bei einer rückwärtsverketteten Liste merkt man sich die Adresse des zuletzt eingegebenen Elements (kopf). Dieses verweist auf das vorherige (last) und so weiter zurück bis zum ersten. Das zuerst eingegebene Element bildet das Ende der Liste und verweist auf NULL. Um eine solche rückwärtsverkettete Liste aufzubauen, könnte man folgendes Konstrukt benutzen:

```
kopf=NULL;                                    /* Ende= Anfang= NULL */
for ( i =1; i <= n;  i++)                      /* Speicherplatz anfordern */
{ lauf = (struct elementtyp*) malloc ( sizeof( struct elementtyp ));

  lauf->nr = i ;                              /* Werte zuweisen */
  scanf("%f" , &(lauf->wert ));

  lauf->last = kopf;        /* Zeiger auf das vorherige Element */
  kopf= lauf;               /* Zeiger auf den Anfang der Liste */
}
```

Bei einer vorwärtsverketteten Liste merkt man sich die Adresse des zuerst eingegebenen Elements (wurzel). Dieses zeigt auf das nächste (next) und so weiter bis zum letzten (last). Das zuletzt eingegebene Element zeigt auf NULL.

Beispiel 7.6. Messwerte werden zusammen mit ihrer laufenden Nummer in eine lineare Liste gespeichert. Das Maximum wird ermittelt und mit der laufenden Nummer ausgegeben unter Beachtung der Tatsache, dass es mehrfach auftreten kann.

C-Programm:

```
#include <stdio.h>
main()                      /* vorwärtsverkettete lineare Liste */
{
    struct elementtyp
    { int    nr;
      float wert;
      struct elementtyp *next;/*Zeiger auf das nächste Element*/
    };
    struct elementtyp *wurzel, *lauf, *last;
    float maxi;
    int i, n, nn;
    printf("Anzahl= "); scanf("%d", &n);
    maxi= 0;      nn= 1;                        /* Initialisieren */
```

```
  wurzel = NULL;

   for ( i =1; i <=n; i ++)              /* Speicherplatz vom HEAP: */
   {  lauf =(struct elementtyp *)malloc(sizeof(struct elementtyp));
      if ( lauf == NULL) exit(1);

      scanf("%f" , &(lauf ->wert ));                      /* einlesen */
      lauf ->nr= nn;
      nn++;
      if (lauf ->wert > maxi) maxi=lauf ->wert; /* Maximum suchen */

      if (wurzel==NULL) wurzel=lauf ;          /* 1. Adresse merken */
      else last ->next= lauf ;         /* neue Adresse eintragen */
      lauf ->next= NULL;               /* NULL=Ende der Liste */
      last=lauf ;                      /* letzte Adresse merken */
   }
                               /* Anzeigen der Maximalwerte: */
   printf ("\nMaximum= %f\n\n" , maxi);
   lauf=wurzel ;                   /* Zeiger auf den Anfang setzen */
   while ( lauf != NULL)           /* solange Ende nicht erreicht */
   {  if ( lauf ->wert == maxi)
             printf ("Nr= %d Wert= %f \n" , lauf ->nr , lauf ->wert );
      lauf= lauf ->next ;           /* Zeiger auf das nächste Element */
   }
   system ("Pause" ); return 0;
}
```

Ergebnis:

```
Anzahl: 3
33
22
33
Maximum: 33.000000
Nr= 1 Wert= 33.000
Nr= 3 Wert= 33.000
```

★

7.2.6   Hinweise auf weitere Anwendungen

Doppelt verkettete Liste, Ring

Für das Bearbeiten von Listen ist es oftmals angebracht, dass jedes Datenobjekt seinen „Nachfolger" **und** auch seinen „Vorgänger" kennt. Dies verlangt doppelt verkettete Listen (Abbildung 7.4) oder auch Ringe, wenn noch die Verbindung zwischen dem letzten und dem ersten Objekt hergestellt wird.

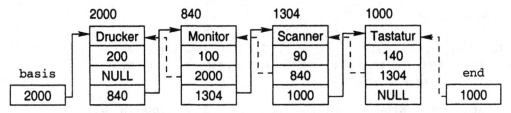

1. Listenelement 2. Listenelement 3. Listenelement 4. Listenelement

Abbildung 7.4 Doppelt verkettete Liste

Um eine solche Struktur aufzubauen, muss die Typedefinition von listenelement um einen Zeiger erweitert werden:

```
typedef struct article2 {
  char name[21];
  long num;
  struct article2 *pre;   /* Verweis auf Vorgänger */
  struct article2 *next;  /* Verweis auf Nachfolger */
} listenelement;
```

Zum Aufbau einer doppelt verketteten Liste benötigt man einen Anfangszeiger, einen Zeiger für ein neu einzufügendes Listenelement, einen Zeiger auf das zuletzt einsortierte Listenelement und ein Listenende. Für das Anlegen und Bearbeiten von doppelt verketteten Listen werden spezielle Algorithmen genutzt (vgl.[Wil 95, S. 584 ff.].

Weitere Strukturen unter Nutzung der Zeigertechnik sind:

Baumstrukturen: Sie werden mit ähnlichen Strukturen aufgebaut wie die verketteten Listen, die Strukturen enthalten aber z. B. Zeiger auf die Objekte links und rechts.

Zeiger auf Zeiger: Genauso wie Zeiger auf beliebige Datenobjekte verweisen können, ist natürlich der Verweis auf einen Speicherplatz möglich, der wiederum nur eine Adresse auf ein Datenobjekt verwaltet, z.B.:

```
int a=20;        /* Integer-Variable              */
int za=&a;       /* Zeigervariable, mit Adresse von a */
int **zza=&za;   /* Zeigervariable, mit Adresse von za */
```

Mit solchen Konstrukten können z.B. dynamische Zeigerfelder aufgebaut werden.

Dateizeiger: Wesentliches Element der Arbeit mit Dateien ist der Zeiger auf den Dateisteuerblock. Weiteres dazu im nächsten Kapitel.

8 Dateien

In Programmen werden Daten verarbeitet, ausgewertet und z.B. als Text, Grafik oder Bild dargestellt. Meistens sollen diese Daten über einen gewissen Zeitraum permanent aufbewahrt bleiben, um sie dann zu gegebener Zeit wieder- oder weiterzuverwenden. So führt ein Unternehmen z.B. eine Kartei seiner Angestellten, Kunden oder Lieferanten. Oder es werden irgendwelche Dokumente der Fertigungsvorbereitung (Zeichnungen, Stücklisten, Arbeitspläne, ...) aufgehoben. Diese Informationen werden auf bestimmten Speichermedien (Festplatte, Diskette, CD, Magnetband, ...) als Dateien gespeichert. Die Verwaltung dieser Dateien erfolgt über Betriebssystemroutinen, um sie dann den entsprechenden Anwendungen zur Verfügung zu stellen. Das Zusammenspiel zwischen Speichermedium und Anwendung (Programm) soll Gegenstand dieses Kapitels sein.

In C ist eine Datei eine kontinuierliche Folge von Zeichen oder Bytes, wobei jedes Zeichen mit 0 beginnend und n-1 endend eine Positionsnummer bekommt. Man bezeichnet eine Datei auch als Datenstrom (byte stream). Obwohl dieser Datenstrom grundsätzlich eine unstrukturierte Abfolge von Bytes enthält, bleibt es dem Anwendungsprogrammierer überlassen, „seine" Dateistruktur und „sein" Dateiformat zu entwickeln. In der Programmiersprache C kann man auf zwei Ebenen mit Dateien operieren:

Untere Ebene (low level): Auf dieser Ebene werden die sogenannten elementaren Dateizugriffe organisiert. Hierbei wird unmittelbar auf die entsprechenden Routinen (system calls) für Dateioperationen des Betriebssystems zugegriffen. Diese sind nicht Bestandteil des ANSI-Standards.

Obere Ebene (high level): Die Dateiarbeit auf dieser Ebene wird mit komplexeren Funktionen realisiert, die in der Standard-Bibliothek (`stdio.h`) verwaltet werden. Man nennt diese Dateioperationen „nicht elementar".

Wir betrachten nur die Dateioperationen der oberen Ebene.

Wird es notwendig, aus einem Programm heraus Daten von einem permanenten Speicher abzurufen oder dort hineinzuschreiben, so geschieht das nicht direkt zwischen dem vom Programm belegten Teil des Arbeitsspeichers und der Platte (oder Diskette oder CD), sondern immer über einen Pufferbereich im Arbeitsspeicher. Dieser Puffer nimmt eine größere Menge von Daten auf, damit nicht jedes Daten-

objekt separat zwischengespeichert werden muss. Für dieses Wechselspiel ist ein
strukturierter Typ FILE festgelegt:

```
typedef struct {
  char *buffer;    /* Zeiger für die Adresse des Dateipuffers */
  char *ptr;       /* Zeiger auf das nächste Zeichen im Puffer */
  int cnt;         /* Anzahl der Zeichen im Puffer             */
  int flags;       /* Bits mit Angaben zum Dateistatus         */
  int fd;          /* Deskriptor (Kennzahl der Datei)          */
} FILE;
```

In der Datei stdio.h ist ein Feld aus solchen FILE-Strukturen deklariert. Im An-
wendungsprogramm ist quasi zur Aufnahme einer logischen Verbindung zur Bibliothek ein Zeiger auf eine Strukturvariable vom Typ FILE zu deklarieren und zu
verwenden:

```
FILE *fz;    /* Zeiger auf FILE-Strukturvariable */
```

Wird nun eine Datei zur Bearbeitung geöffnet, so sucht die dafür zuständige Funktion einen Platz in dem oben erwähnten Feld. Die Anfangsadresse wird dem Zeiger fz mitgeteilt. Alle Zugriffe erfolgen nun über diesen Zeiger. In Abbildung 8.1
ist der Zugriff auf eine Datei schematisch dargestellt (nach [Wil 95, S. 741]).

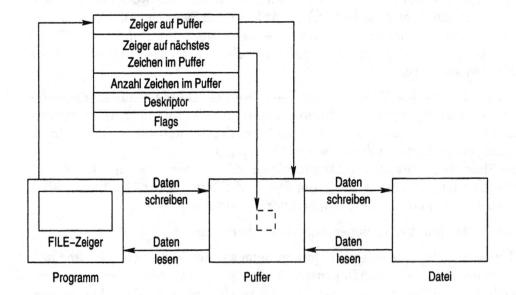

Abbildung 8.1 High-level-Zugriff auf eine Datei

8.1 Öffnen und Schließen von Dateien

Mit der Funktion fopen verschafft man sich Zugang zur gewünschten Datei. Diese Funktion hat den Prototyp:

Syntax (fopen):

```
FILE *fopen(char *dateiname, char *zugriffsmodus);
```

Dabei ist dateiname ein Zeiger auf eine Zeichenkette mit dem Namen der betreffenden Datei und zugriffsmodus ein Zeiger auf eine Zeichenkette, die angibt, welche Operationen nach dem Öffnen mit der Datei ausgeführt werden sollen. Als Ergebnis liefert fopen einen Zeiger auf eine Variable des Datentyps FILE. Die möglichen Zugriffsmodi sind in Tabelle 8.1 zusammengefasst. Diese Zugriffsmodi können noch um das Zeichen b für Binärdatei bzw. t für Textdatei erweitert werden. Der Grund liegt darin, dass die unterschiedlichen Betriebssysteme (z.B. UNIX oder DOS) auf der physischen Ebene (der Speicherebene) unterschiedliche Dateidarstellungen zulassen (Text- und Binärdateien). So kann der Inhalt einer Variablen zum Beispiel als ziffernweise geschriebene Zahl gespeichert werden oder als die Bytefolge, die diese Variable repräsentiert.

Tabelle 8.1 Zugriffsmodi für fopen

Zugriffsmodus	Ziel der Operation
„r"	Öffnen zum Lesen, fopen==NULL wenn Datei nicht vorhanden
„w"	Öffnen zum Schreiben, Datei wird erzeugt, bereits existierende Datei wird überschrieben und geht damit verloren
„a"	Anfügen am Dateiende, wenn Datei nicht vorhanden, wird sie erzeugt
„r+"	Öffnen zum Lesen und Schreiben, fopen==NULL, wenn Datei nicht vorhanden
„w+"	Öffnen zum Schreiben und Lesen, Datei wird erzeugt, bereits existierende Datei wird überschrieben
„a+"	Öffnen zum Lesen und Anfügen, noch nicht existierende Datei wird erzeugt

Eine Datei mit Namen Kunde.dat, die im aktuellen Verzeichnis liegt, kann mit folgenden Anweisungen zum Lesen geöffnet werden:

```
FILE *datei;                    /* FILE-Zeiger definieren */
datei=fopen("Kunde.dat", "r");  /* Datei öffnen          */
```

Kann diese Datei nicht gefunden oder aus einem anderen Grunde nicht geöffnet werden, so wird NULL zurückgegeben. Dies kann im Programm beispielsweise genutzt werden, um eine Nachricht auszugeben:

```
If ( datei==NULL)
  printf("Fehler: Datei konnte nicht geöffnet werden!");
```

Das Schließen von Dateien ist aus zwei Gründen notwendig:

1. Die Daten des Dateipuffers werden restlos in die betreffende Datei übertragen.
2. Es wird die Verbindung zur Datei gelöst, indem der zugehörige FILE-Zeiger freigegeben wird.

Die Bibliotheksfunktion zum Schließen hat den Prototyp:

Syntax (fclose):

```
Int fclose(FILE *dateizeiger);
```

und besitzt somit als Parameter einen Zeiger auf den Datentyp FILE. Der Funktionsaufruf:

```
fclose(fz);
```

schließt die Datei, auf welche fz zeigt. Die Funktion fcloseall schließt alle im Programm geöffneten Dateien:

Syntax (fcloseall):

```
Int fcloseall();
```

Beispiel 8.1. Funktion zum Öffnen einer Datei mit Schutz vor ungewolltem Überschreiben.

C-Programm

```
#include <stdio.h>
#include <conio.h>

FILE * open()      /* Funktion zum Öffnen mit Überschreibschutz */
{ char name[20], antwort; FILE *f;
  do
  { antwort='j'; printf("\n Name der Datei: ");
    scanf("%s", &name);
    f = fopen(name, "r");                    /* zum Lesen öffnen */
    If (f==NULL)                             /* existiert noch nicht */
    { f = fopen(name, "w");                  /* zum Schreiben öffnen */
      if(f!=NULL) printf(" Neue Datei %s geoeffnet.\n",name);
      else printf("\n Datei %s konnte weder zum Lesen noch "\
                   "zum Schreiben geoeffnet werden", name);
    }
    else
    { fclose(f);    /* zum Lesen geöffnete Datei schließen */
      printf("\n Datei existiert bereits! Ueberschreiben?"\
```

```
                                                    " (j/n): ");
        scanf("%c", &antwort); scanf("%c", &antwort);
        If (antwort=='j')
        {  f = fopen(name, "w");
           If(f!=0)
           printf("%s zum Ueberschreiben geoeffnet.\n", name);
           else (" Datei konnte nicht geoeffnet werden! ");
        }
        else printf("\n Bitte anderen Namen! ");
      };
   }while (antwort!='j');
   return f;
};


main()
{  FILE *f;   f= open();

   If ( f!= NULL){ fprintf(f, "%s", "Dies ist ein Test");
                 fclose(f);
              }
   else printf("\n Datei konnte nicht geoeffnet werden!");
   printf("\n Ahoi! \n");   getche(); return 0;
}
```

Ergebnis

```
        Name der Datei: a
        Datei existiert bereits! Ueberschreiben? (j/n): n
        Bitte anderen Namen!
        Name der Datei: a
        Datei existiert bereits! Ueberschreiben? (j/n): j
        a zum Ueberschreiben geoeffnet.
```

★

8.2   Lese- und Schreiboperationen mit Dateien

Das Lesen und Schreiben auf oder in Dateien wird analog zur Eingabe über Tastatur bzw. zur Ausgabe über Drucker durch Funktionen unterstützt. Auf die Stelle der Datei, an welcher gerade gelesen oder geschrieben wird, zeigt ein spezieller Positionszeiger (seek pointer). Er enthält die gegenwärtige Position des Lese-/Schreibkopfes (vgl. Abbildung 8.2). Bei jeder Operation verändert sich die Position des seekpointers. Wir werden später kennenlernen, dass man durch Positionieren dieses Zeigers nicht nur sequentiell, sondern auch direkt auf eine bestimmte Stelle der Datei zugreifen kann.

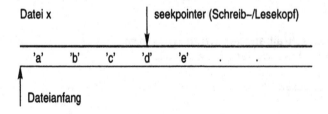

Abbildung 8.2 Darstellung von seekpointer

8.2.1 Formatiertes Lesen und Schreiben von Textdateien

Im allgemeinen haben die vom Nutzer angelegten Daten schon eine bestimmte Struktur. Nehmen wir einmal an, wir wollen eine Kundendatei anlegen. Für die Speicherung der Kundendaten wird eine Struktur verwendet.

```
struct kunden_typ k[100];
```

Mit den Funktionen fprintf und fscanf können formatierte Dateien geschrieben und gelesen werden. Die Prototypen lauten:

Syntax (fprintf und fscanf):

```
int fprintf(FILE *dateizeiger, char *formatstring, arg1, ...);
int fscanf(FILE *dateizeiger, char *formatstring, arg1, ...);
```

Die Funktion rewind stellt den Positionszeiger immer an den Anfang der Datei und lässt es zu, danach den Zugriffsmodus zu ändern. Der Prototyp lautet:

Syntax (rewind):

```
int rewind(FILE *dateizeiger);
```

Das Öffnen der Datei, das Schreiben der Datensätze in die Datei und das Lesen der Datensätze aus der Datei zeigt folgendes Beispiel:

Beispiel 8.2. Formatiertes Schreiben und Lesen von Kundendaten mit den Funktionen fprintf () und fscanf ().

C-Programm

```
#include <stdio.h>          /* Formatiertes Lesen + Schreiben */
struct kunden_typ
{ long nr;                  /* Kundennummer    */
  char name[31];           /* Name des Kunden */
```

```
    long plz;            /* Postleitzahl     */
    char ort[31];        /* Wohnort          */
    float umsatz;        /* Umsatz           */
};
void f_schreiben( char dateiname[], int n );

void f_lesen( char dateiname[]);

int main()                                          /* main */
{  struct kunden_typ k;  int i, n=2; FILE *fz;
   char dateiname[]= "kunden.dat";

   f_schreiben( dateiname, n);        printf("\n\n");
   f_lesen( dateiname);               printf("\n\n");

   system("PAUSE"); return 0;
} /*————————————————————————————*/

void f_schreiben( char dateiname[], int n )       /* schreiben */
{  int i;
   struct kunden_typ k;
   FILE *fz;
   fz = fopen( dateiname, "a+");        /* Datei wird erweitert */
   if(fz == NULL)
       printf("\nDatei konnte nicht geoeffnet werden!");
   else
   {  for (i=1; i<=n; i++)              /* von der Tastatur lesen */
      {  printf("\n Kundennummer: "); scanf("%ld", &k.nr);
         printf(" Name: ");            scanf("%s",  k.name);
         printf(" PLZ: ");             scanf("%ld", &k.plz);
         printf(" Ort: ");             scanf("%s",  k.ort);
         printf(" Umsatz: ");          scanf("%f",  &k.umsatz);
         fprintf( fz, "%ld %s %ld %s %f ", k.nr, k.name, k.plz,
             k.ort, k.umsatz);         /* in die Datei schreiben */
      }
      fclose( fz);
   } /* else */
}
void f_lesen( char dateiname[])            /* aus der Datei lesen */
{  struct kunden_typ k;
   FILE *fz;
   fz= fopen( dateiname, "r");
   while(fscanf(fz, "%ld %s %ld %s %f ",
                &k.nr, k.name, &k.plz, k.ort, &k.umsatz) != EOF)
      printf("\n%8ld %-10s %8ld %-10s %12.2f", k.nr, k.name,
                                     k.plz, k.ort, k.umsatz);
   fclose(fz);
}
```

Ergebnis

```
(Auszug)
        1 Anton          11111 A-Stadt          1111.11
        2 Bodo           22222 B-Dorf            222.22
```

Man kann schlussfolgern, dass fscanf(stdin , ...) und scanf() sowie fprintf (stdout , ...) und printf () äquivalent sind.

Zeichenweises Lesen und Schreiben

Mit den Funktionen fputc und fgetc kann man einzelne Zeichen in eine Datei schreiben bzw. aus ihr lesen:

Syntax (fputc):

```
int fputc(int zeichen , FILE *dateizeiger );
```

Diese Ausgabefunktion überträgt ein Zeichen in die durch den Zeiger dateizeiger gekennzeichnete Datei. Dabei wird der Datentyp int vorher in **unsigned char** umgewandelt, z.B. schreibt:

```
putc('A' , fz );
```

das Zeichen A in die mit fz verknüpfte Datei. Als Rückgabewert liefert fputc das geschriebene Zeichen, im Falle eines Fehlers liefert sie EOF (end of file). Das Lesen aus einer Datei erfolgt mit der Funktion fgetc:

Syntax (fgetc):

```
int fgetc (FILE *dateizeiger );
```

Diese Eingabefunktion holt ein Zeichen aus der Datei. Der Rückgabewert EOF zeigt das Dateiende oder einen Fehler an, z.B. kann mit der Schleife

```
c=fgetc(fz );
while(c != EOF) {  putchar(c);   c=fgetc(fz ); }
```

der ganze Dateiinhalt ausgegeben werden.

Nun weiß man bei einem Abbruch der Schleife nicht unbedingt den Grund, ob ein Fehler beim Lesen aufgetreten ist, oder ob einfach das Ende der Datei erreicht wurde. Dazu wird die Funktion feof genutzt:

Syntax (feof):

```
int feof (FILE *dateizeiger );
```

Diese Funktion prüft EOF ab und liefert den Rückgabewert verschieden von 0 bei erfolgreichem Erreichen des Dateiendes anderenfalls 0 beim Auftreten eines Fehlers. In einem Programm kann demnach die nachfolgende Anweisungsfolge Klarheit über den Zugriff auf eine Datei schaffen:

```
c=fgetc(fz);
while(c != EOF) {   /* Dateiinhalt ausgeben */
  putchar(c);
  if(feof(fz)) printf("Dateiende\n");
  else         printf("Fehler beim Dateizugriff\n");
  c=fgetc(fz);
}
```

Beispiel 8.3. Zeichenweises Schreiben und Lesen eines beliebigen Textes mit fputc() und fgetc().

C-Programm

```
#include <stdio.h>
#define END 64             /* das Zeichen @ in Dezimalcode */

void z_lesen( char filename[]);

void z_schreiben( char filename[]);

int main()
{ FILE *fz;  int c;
  char filename[20];

  printf("Dateiname (mit Pfad): ");
  gets(filename);

  z_schreiben(filename);
  z_lesen(filename);

  system("Pause");  return 0;
} /*————————————————————————*/

void z_lesen( char filename[])
{ char c;  FILE *fz;
  fz = fopen(filename, "r");
  if( fz!=NULL)
  {  c = fgetc(fz);       /* 1. Zeichen aus Datei lesen */
     while(c != EOF)
     {  putchar(c);
        c = fgetc(fz);    /* Zeichen aus Datei lesen */
     }
     fclose(fz);
  }else printf(" Datei konnte nicht geoeffnet werden!");
```

```
}

void z_schreiben( char filename [])
{  char c;  FILE*fz;
   fz = fopen(filename , "w");
   if ( fz==NULL)
      printf("\nDatei konnte nicht geoeffnet werden! " );
   else
   {  printf("Eingabetext (Ende mit <@> + <enter>):\n");
      c = getchar();                 /* 1. Zeichen lesen */
      while(c != END)
      {  fputc(c, fz);       /* Zeichen in Datei schreiben */
         c = getchar();
      }
      getchar();                     /* Return lesen */
      fclose(fz);
   }
}
```

Ergebnis

```
Eingabetext (Ende mit <@> + <enter>):
Alles wird gut!@
Alles wird gut!
```

★

Stringweises Lesen und Schreiben

Analog zu den Funktionen gets zum Einlesen über Tastatur und puts zur Ausgabe
auf dem Bildschirm kann man mit fgets eine Zeichenkette aus einer Datei lesen. Die
Funktion hat folgenden Prototyp:

Syntax (fgets):

```
char* fgets(char *pufferzeiger , int anzahl , FILE *dateizeiger);
```

Als Parameter erwartet die Funktion einen Zeiger auf die Puffervariable, die Anzahl der zu lesenden Zeichen und den Dateizeiger. In allen Fällen schließt fgets die
eingelesene Zeichenkette mit \0 ab. Die Wirkung des Programmausschnittes

```
FILE *fz;
char zeichenkette[81];

fz = fopen("versuch.doc", "r");
fgets(zeichenkette, 81, fz);
```

ist das Einlesen von maximal 80 Zeichen aus einer Datei mit Namen versuch.
doc in die Variable zeichenkette einschließlich dem abschließenden Nullzeichen.

Mit fputs wird eine Zeichenkette in eine Datei geschrieben. Der Prototyp lautet:

Syntax (fputs):

```
Int fputs(char *pufferzeiger, FILE *dateizeiger);
```

Um eine Zeichenkette an die Datei versuch.doc anzuhängen kann folgender Code verwendet werden:

```
FILE *fz;
char zeichenkette[ ] = "Das ist ein Beispiel.";
fz = fopen("versuch.doc", "a");
fputs(zeichenkette, fz);
```

8.2.2 Blockweises Lesen und Schreiben von Binärdateien

Die bisher beschriebenen Dateien können ohne Schwierigkeiten mit einem Texteditor bearbeitet werden, da sie als Textdatei angelegt wurden. Nun kann man die Variablen aber auch direkt als Folge der Bits abspeichern, die den entsprechenden Datentyp abbilden. Diese Art der Darstellung nennt man Binärdatei. Bei der Arbeit mit Binärdateien ist zu beachten, dass die Zugriffsmodi um ein b ergänzt werden, z.B. „rb" für das Öffnen einer Binärdatei zum Lesen. Es gibt zwei Hauptfunktionen für Binärdateien: fwrite zum Schreiben und fread zum Lesen. Der Prototyp von fwrite ist:

Syntax (fwrite):

```
Int fwrite(adresse, groesse, anzahl, fhd);
```

Dabei ist adresse die Adresse der zu speichernden Variablen oder eines Feldes, groesse ist die Größe der Variablen oder eines Feldelementes in Byte, anzahl ist die Anzahl der Feldelemente, im Falle einer Variablen gleich 1, und fhd ist ein Zeiger auf die FILE-Struktur. Die Funktion fwrite gibt die Anzahl der komplett geschriebenen Elemente zurück. Der Aufruf von fread besitzt eine ähnliche Syntax:

Syntax (fread):

```
Int fread(adresse, groesse, anzahl, fhd);
```

Zur Bestimmung der Bytezahl benutzen wir die Funktion **sizeof**.

Beim blockweisen Schreiben und Lesen darf man zum Beispiel Strukturen als Ganzes (Block) behandeln ohne jede Komponente formatieren zu müssen. Ein Beispiel hierzu folgt im nächsten Abschnitt.

Direktzugriff

Der bisherige Zugriff auf Dateien war sequentiell. Das bedeutet, man bewegt sich beim Lesen oder Schreiben immer von oben nach unten. Wünschenswert ist es jedoch zum Beispiel, wenn man sehr viele Datenobjekte hat, an ein ganz bestimmtes heranzukommen, ohne erst alle vorhergehenden lesen zu müssen. Dazu muss erst einmal der Schreib-/Lesekopf auf die richtige Position gebracht werden. Anschließend erfolgt der Zugriff. Diese Art der Bearbeitung nennt man Direktzugriff (random access) oder auch wahlfreien Zugriff.

Die Funktion fseek setzt den Dateipositionszeiger an die gewünschte Stelle. Der Prototyp lautet:

Syntax (fseek):

```
int fseek(FILE *dateizeiger, long offset, int basis);
```

Der Parameter offset beinhaltet dabei die Anzahl der Bytes, um welche der Positionszeiger relativ zu basis verschoben werden soll. Die möglichen Werte für Basis sind in Tabelle 8.2 zusammengefasst. Ist fseek erfolgreich durchgeführt, gibt die Funktion den Wert 0 zurück ansonsten einen Wert ungleich 0. Mit der Funktion ftell kann die aktuelle Position nach einem Zugriff bestimmt werden. Der Prototyp lautet:

Syntax (ftell):

```
int ftell(FILE *dateizeiger)
```

Tabelle 8.2 Konstanten für basis-Parameter der fseek-Funktion

Wert von basis	symbolische Konstante	Bedeutung
0	seek_set	Dateianfang
1	seek_cur	Aktuelle Position in der Datei
2	seek_end	Dateiende

Beispiel 8.4. Es wird eine Datei von Angestellten mit Namen und dazugehörigem Einkommen erzeugt und folgende Änderung realisiert: wenn Herr Meier weniger als 4000 € Gehalt bekommt, so wird es um 200 € erhöht!

C-Programm

```c
#include <stdio.h>

struct an_typ
{ char name[20];
  float gehalt;
};
```

```
void b_lesen ( char datei []);

void b_schreiben ( char datei []);

void b_aendern ( char datei []);

main ()
{   struct an_typ p;
    FILE  *b;
    char datei []="block_b.dat";

    b_schreiben ( datei );        b_lesen ( datei );
    b_aendern ( datei );          b_lesen ( datei );

    printf("    "); system ("Pause"); return 0;
} /*───────────────────────────────────────────*/

void b_lesen ( char datei [])
{   struct an_typ p;
    FILE *b;          b= fopen(datei , "rb");
    if (b!=NULL)
    {   printf("\n");

        while( fread( &p, sizeof(p), 1 , b)== 1)            /* lesen */

        printf("\n%10s: %8.2f", p.name, p.gehalt);
        fclose(b);
    }
}
void b_schreiben ( char datei [])
{   struct an_typ p;
    FILE *b;          b= fopen(datei , "ab");
    if (b!=NULL)
    {   printf("\n neuer Name: "); scanf("%s", &p.name);
        printf("\n Gehalt: ");      scanf("%f", &p.gehalt);

        fwrite( &p, sizeof(p), 1 , b);                    /* schreiben */

    } fclose(b);
}
void b_aendern ( char datei [])
{   struct an_typ p;          /* Anwenden von ftell und fseek */
    int k, sb=0;
    FILE  *b;          b= fopen( datei , "r+b");

    while( fread( &p, sizeof(p), 1 , b)== 1)            /* lesen */
    {
        k= strcmp( p.name, "Meier");                   /* Meier suchen */
```

```
If ( k == 0 && p.gehalt <4000 )
{  p.gehalt += 500;                        /* Gehalt ändern */

   fseek( b, sb, 0);                       /* 1 Satz zurück */
   fwrite( &p, sizeof(p), 1, b);           /* überschreiben */
   fseek(b, ftell(b), 0);       /* bereit zum Weiterlesen */
}
sb=ftell(b);                               /* Position merken */
}  fclose(b);
}
```

Ergebnis

```
neuer Name: Müller
Gehalt: 2000
Schulze: 1000.00
  Meier: 1000.00
 Müller: 2000.00

Schulze: 1000.00
  Meier: 1500.00
 Müller: 2000.00
```

★

8.3   Standardgerätedateien und vordefinierte FILE-Zeiger

Analog zur Ein- und Ausgabe der Daten von permanenten Speichern über das
Dateikonzept wird mit der Ein- bzw. Ausgabe von Daten über andere „Geräte"
verfahren. Zu Beginn eines C-Programmes werden bis zu 5 Gerätedateien geöffnet, die in der Bibliothek stdio.h mit einem FILE-Zeiger verbunden sind (vgl.
Tabelle 8.3).[1]

Mit Hilfe dieser Gerätezeiger kann man nun Ein- und Ausgaben umleiten. Wollen wir beispielsweise einen über die Tastatur eingegebenen Datenstrom auf den
Drucker umleiten, so könnte dies über folgende Schleife erfolgen:

```
while((c=fgetc(stdin)) != EOF)
  fputc(c, stdprn);
```

---

[1]stdaux und stdprn gehören nicht zum ANSI-Standard und stehen nicht unter allen Compilern (auch
nicht dem gcc) zur Verfügung.

Tabelle 8.3 In stdio.h definierte FILE-Zeiger und deren Bedeutung

Zeigerkonstante	Bedeutung	Standardeinstellung
stdin	Standardeingabe	meist Tastatur
stdout	Standardausgabe	meist Bildschirm
stderr	Standardfehlerausgabe	meist auch über Bildschirm
stdaux	Standardzusatz	Zusatzgeräte, wie Plotter, Tablett
stdprn	Standarddruck	Drucker

Beispiel 8.5. Umleiten einer Dateiausgabe auf den Drucker [Wil 95, S. 758]. Das Programm druckt eine Datei, deren Name als Kommandoparameter übergeben wird.

C-Programm

```c
#include <stdio.h>
#include <stdlib.h>

int main(int argc, char **argv) {
  FILE *fz;
  int c;

  if(argc != 2) {    /* Nur ein Parameter erlaubt */
    printf("\nSyntax: printfl dateiname\n");
    exit(1);
  }

  fz = fopen(argv[1], "r");
  if(fz == NULL) {
    printf("\nDatei %s konnte nicht geöffnet werden.", argv[1]);
    exit(2);
  }

  c = fgetc(fz);
  while(c != EOF) { /* Datei drucken */
    fputc(c, stdprn);
    c = fgetc(fz);
  }
  return 0;
}
```

★

9 Objektorientierte Programmierung mit C++

Kleinere Programme erstellt ein Programmierer durch die simple Aneinanderreihung von Befehlen, die der Computer dann in genau dieser Reihenfolge ausführt. Diese Herangehensweise ist allerdings bei kaum einem praktischen Problem sinnvoll, da bei Sequenzen von hundert und mehr Anweisungen eine übersichtliche Gestaltung der Quelltexte kaum noch möglich ist. Betrachtet man die Komplexität moderner Softwaresysteme, die leicht mehrere Millionen Codezeilen besitzen, wird schnell klar, dass Konzepte für eine Strukturierung und Modularisierung erforderlich sind. Ein solches, die Funktion, ist aus Abschnitt 6 bereits bekannt. C und andere Programmiersprachen bieten weiterhin die Möglichkeit, den Quellcode in mehrere Dateien aufzuteilen und auf diese Weise Module zu bilden. Idealerweise hat jede Funktion eine genau abgegrenzte Aufgabe und eine exakt definierte Schnittstelle (Parameter und Rückgabewert). Damit ist die Nutzung der selben Funktion an verschiedenen Stellen im Programm möglich, ohne dass deren genaue Realisierung bekannt ist. Diese Aufteilung des Programms in Funktionen und Module ist eine Grundlage der *strukturierten Programmierung*, die die Softwareentwicklung in den vergangenen Jahrzehnten geprägt hat und dies auch weiterhin tun wird.

9.1 Probleme strukturierter Programmierung

Mit zunehmender Komplexität der Programme stößt aber auch die strukturierte Programmierung an ihre Grenzen. Eines der grundlegenden Problem ist die Fokussierung auf Funktionen, während die zu bearbeitenden Daten nur eine zweitrangige Rolle spielen, obwohl sie eigentlich der Grund sind, warum Programme überhaupt existieren. Damit der Zugriff auf die Daten eines Bestellsystems gewährleistet ist, sind die zugehörigen Variablen meist global definiert. Programmiersprachen wie C, Pascal etc. bieten zwar auch die Möglichkeit zur Definition lokaler Variablen. Dies ist für viele Daten allerdings nicht praktikabel, insbesondere dann, wenn sie an vielen Stellen im Programm verwendet werden. Solche globalen Variablen haben jedoch den Nachteil, dass alle Funktionen darauf zugreifen können. Damit steigt wiederum die Wahrscheinlichkeit, dass die Integrität der Daten durch eine fehlerhafte Funktion gefährdet wird.

Ein weiteres Problem strukturierter Programmierung zeigt sich, wenn die Datenstrukturen geändert werden. In diesem Fall ist es häufig notwendig, eine Anpassung *aller* Funktionen vorzunehmen, die diese Datenstruktur verwenden. Schließlich sind auch alle Funktionen eines Programms global, d.h. sie können immer und überall aufgerufen werden. In einer graphischen Benutzeroberfläche existiert beispielsweise die Funktion darstellen, die alle Elemente der GUI zeichnet. Diese ruft wiederum Funktionen zum Zeichnen der einzelnen Elemente auf. Eine andere Funktion, die die Oberfläche anzeigen will, hat dann Zugriff auf die darstellen-Funktion, aber auch auf jede einzelne. Die Modularisierung über mehrere Quelldateien kann dieses Problem nur bedingt beheben. Es wird daher ein Konzept benötigt, welches es gestattet, Daten und Funktionen vor Funktionen zu „verstecken", die keinen Zugriff auf diese benötigen.

Eine Lösung dieser Probleme bietet der objektorientierte Ansatz, der in diesem Kapitel anhand der Programmiersprache C++ [Str 98b] genauer betrachtet werden soll. Die Sprache wurde 1980 von BJARNE STROUSTRUP in den AT&T Labratories entwickelt. Sie basiert auf C und erweitert diese zum Einen um bestimmte objektorientierte Konzepte, verbessert zum Anderen aber auch einige der bekannten C-Konstrukte. Einige weitere Vertreter der Familie objektorientierter Sprachen sind Smalltalk, Java und Turbo-Pascal. Im Unterschied zu Sprachen wie Java und Smalltalk, die ausschließlich dem objektorientierten Paradigma folgen, ist es in C++ möglich herkömmliche, strukturierte Programme zu erstellen, d.h. die objektorientierten Erweiterungen können ignoriert werden.

9.2 Der objektorientierte Ansatz

Die Grundidee des objektorientierten Ansatzes ist die Kombination von Daten und Funktionen[1], die die Daten bearbeiten. Dies wird als *Kapselung* bezeichnet. Das grundlegende Konzept des Ansatzes ist das *Objekt*. Objekte können dabei eine physische Existenz besitzen, z.B. ein konkretes Auto, oder auch nicht, z.B. eine Adresse. Jedes Objekt besitzt eine Reihe von Eigenschaften, z.B. hat ein Auto eine Höchstgeschwindigkeit und ein Gewicht, die *Attribute* genannt werden.

Objekte mit gleichen oder ähnlichen Attributen werden zu *Klassen* zusammengefasst. Alle Objekte einer solchen Klasse bezeichnet man auch als *Instanzen*. Mittels der Klassen ist es dem Programmierer möglich eigene Datentypen zu deklarieren.

---

[1]Im Kontext von objektorientierten Programmiersprachen werden diese Funktionen häufig auch als *Methoden* bezeichnet.

Alle objektorientierten Programmiersprachen bieten die Möglichkeit, den Zugriff auf die Attribute und die Methoden auf unterschiedliche Art einzuschränken. Damit ist es beispielsweise möglich, den direkten Zugriff auf die Werte zu unterbinden. Dies wird als *information hiding* bezeichnet. Für den Zugriff auf die Daten muss der Programmierer dann eine Schnittstelle in Form von Methoden vorsehen.

Eine weitere wesentliche Eigenschaft des objektorientierten Ansatzes ist die Wiederverwendung und Erweiterung von Definitionen durch *Vererbung*. Damit ist es möglich, eine Klasse zu deklarieren, die alle Eigenschaften und Funktionalitäten einer anderen übernimmt und ggf. neue hinzufügt. Von der neu erstellten Klasse können wiederum andere abgeleitet werden, die wiederum alle Eigenschaften der übergeordneten Klassen erben. So lassen sich beliebige Hierarchien aufbauen.

Beispiel 9.1. In Abb. 9.1 ist eine Vererbungshierarchie für geometrische Objekte dargestellt[2]. Zusätzlich wurde die dahinter stehende Idee skizziert. Die Grundlage bildet das geometrische Objekt (GeomObjekt). Jedes geometrische Objekt besitzt einen Punkt mit einer x- und einer y-Koordinate als Instanzvariablen und zwei Elementfunktionen zum Zeichnen und Verschieben des Objektes. Dieser Punkt kann für sich ein geometrisches Objekt sein oder kann als Basis für andere Objekte dienen. Wird zu einem Punkt beispielsweise eine weitere Instanzvariable, die Seitenlänge d, hinzugefügt, erhalten wir ein Quadrat, durch das Hinzufügen von Breite b und Höhe a ein Rechteck. Von diesen können, ohne das Hinzufügen weiterer Informationen die Klassen Kreis und Ellipse abgeleitet werden.

Für jede der Klassen wird eine eigene Elementfunktion für das Zeichnen benötigt. Das Verschieben funktioniert aber jeweils auf die selbe Art und Weise. Zunächst wird der Punkt auf die neue Position verschoben. Dann wird das Objekt neu gezeichnet, also etwa folgendermaßen:

```
void GeomObjekt::verschieben(double dx, double dy) {
    x += dx;
    y += dy;
    zeichnen();
}
```

In der im Beispiel gezeigten Hierarchie besitzt jede Klasse genau eine übergeordnete Klasse. Dies wird als *Einfachvererbung* bezeichnet. Einige Programmiersprachen, unter ihnen C++, erlauben auch mehrere Oberklassen, was dementsprechend als *Mehrfachvererbung* bezeichnet wird.

---

[2]Als Notation wurden die Klassendiagramme der Unified Modelling Language (UML)[Boo 99] verwendet.

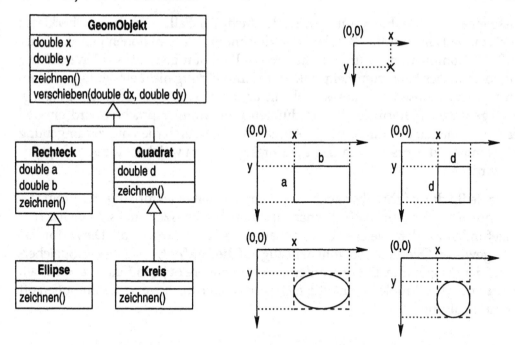

Abbildung 9.1 Beispiel für eine Vererbungshierarchie von geometrischen Objekten

Betrachten wir das Beispiel noch etwas genauer. Zunächst kann festgestellt werden, dass jede Klasse eine eigene Funktion zeichnen besitzt. Andererseits gibt es nur eine Funktion verschieben, nämlich die der Klasse GeomObjekt. Jedes von einer der Klassen erzeugte Objekt führt somit genau diese aus, wenn es verschoben werden soll. Die Funktion selbst ruft wiederum zeichnen auf. Da verschieben aber lediglich in der Klasse GeomObjekt deklariert ist, könnte man zu dem Schluss kommen, dass auch die Funktion zeichnen dieser Klasse aufgerufen würde. Nach dem Verschieben würde also beispielsweise statt eines Rechtecks ein Punkt gezeichnet. Dies wäre sicherlich nicht im Sinne des Programmierers. Eine weitere Problematik, die auffällt, sind die identischen Namen der Funktionen. Durch die Vererbung besitzen die von GeomObjekt abgeleiteten Klassen bereits eine zeichnen Funktion. Zusätzlich deklariert sie aber eine weitere gleichnamige. In üblichen prozeduralen Sprachen würde dies zu einem Fehler führen, da ein Bezeichner nicht doppelt verwendet werden darf. In objektorientierten Programmiersprachen werden diese Probleme durch die Konzepte des Polymorphismus und der späten Bindung gelöst.

Unter *Polymorphismus* (Vielgestaltigkeit) versteht man die Möglichkeit, die selbe Elementfunktion innerhalb der Klassenhierarchie mehrfach zu verwenden. Dem Programmierer wird somit ermöglicht, unterschiedliche Implementierungen zu realisieren, z.B. das Zeichnen eines Kreises oder eines Rechtecks. Implementiert eine Klasse eine Methode nicht selbst, dann schaut der Compiler, ob es in der Ober-

klasse eine passende Funktion gibt. Ist das nicht der Fall, wird deren Oberklasse
geprüft usw. Damit ist das Problem der gleichnamigen Funktionen gelöst. Woher
weiß der Compiler aber nun, welche zeichnen Funktion genutzt werden soll? Die
Antwort ist: Dies kann zum Zeitpunkt der Kompilierung nicht eindeutig entschieden werden. Gelöst wird dieses Problem über das Konzept der *späten Bindung*.
Im Gegensatz zu „normalen" prozeduralen Programmiersprachen wird ein Teil
der Funktionalität des Linkers (vgl. Abschnitt 3.1.2) durch die Laufzeitumgebung
übernommen, d.h. erst zur Laufzeit wird festgelegt, zu welcher Adresse gesprun-
gen wird.

Die späte Bindung führt aber auch zu einem Nachteil objektorientierter Programmiersprachen. Vor dem Aufruf einer Funktion zur Laufzeit muss zunächst her-
ausgefunden werden, welcher Code genau ausgeführt werden soll. Dies erfordert
einen gewissen Overhead, sowohl in Bezug auf die Laufzeit, als auch den Speicherbedarf der Programme. Daher werden C++ und andere objektorientierte Sprachen
bei zeitkritischen Problemen häufig nicht verwendet, auch wenn die Einbußen oft
nur minimal sind.

9.3   Ein- und Ausgabe in C++

Bevor wir uns der Realisierung objektorientierter Konzepte in C++ zuwenden, soll
zunächst kurz auf die Ein- und Ausgabe eingegangen werden, da sich diese erheblich von C unterscheidet.

Die Ein- und Ausgabe von Daten ist kein integraler Bestandteil der Sprache C++.
Für diese Zwecke wird aber die iostream-Bibliothek bereitgestellt. Die Grundlage
für Ein- und Ausgaben in C++ bilden *Streams* und die Operatoren << für die Ausgabe und >> für die Eingabe. Im Allgemeinen ist ein Stream ein Datenstrom, der
entweder Daten von einer Quelle liefert oder Daten zu einem Ziel sendet. Je nach
Medium wird zwischen unterschiedlichen Streams unterschieden, z.B. solche für
das Lesen oder Schreiben von Dateien, die Ausgabe auf dem Bildschirm oder die
Eingabe von der Tastatur. Streams haben, verglichen mit den „konventionellen"
Funktionen wie printf verschiedene Vorteile. Zum Einen sind Quelle und Ziel in
gewisser Weise transparent, d.h. für die eigentlichen Lese- und Schreiboperationen ist es beispielsweise nicht relevant, ob der Stream Daten von einer Datei oder
der Tastatur liefert. Ein weiterer Vorteil ist die Vereinfachung der Formatierung.
Während bei Verwendung der C-Funktionen wie printf bei *jeder* Ausgabe die For-
matanweisung (z.B. %f) angegeben werden muss, „wissen" Objekte in C++ selbst,
wie sie sich formatieren. Dies ist möglich, da für jede Klasse die Ein- und Ausgabe-

operatoren neu definiert werden können[3]. Innerhalb dieser Definition wird dann implementiert, wie die Ausgabe der Daten des Objekts erfolgen soll. Ein Programmierer, der die Klasse anschließend verwendet, braucht sich dann nicht mehr um die Formatierung zu kümmern.

Nach dieser allgemeinen Einführung kommen wir nun zu einigen vordefinierten Streams aus der Bibliothek iostream. Sie dienen der Eingabe von der Tastatur und der Ausgabe auf den Bildschirm. Die Eingabe von der Tastatur (Standardeingabe) ist mit dem vordefinierten Objekt iostream cin, die Ausgabe auf dem Bildschirm (Standardausgabe) ist mit dem vordefinierten Objekt iostream cout verbunden. Weiterhin soll noch das Objekt iostream cerr erwähnt werden, welches einen Stream für Fehlermeldungen bereitstellt. Gewöhnlich ist auch dieser mit der Standardausgabe, d.h. dem Bildschirm verbunden.

Die Ausgabe eines Wertes an cout oder cerr erfolgt mit Hilfe des Ausgabeoperators <<. Dabei ist es durch mehrfache Anwendung des Operators möglich, mehrere Ausgaben in einer Anweisung zu realisieren, z.B. erzeugt die Anweisung:

```
cout << "7 + 3 = " << 7 + 3 << "\n";
```

folgende Ausgabe auf dem Bildschirm:

```
7 + 3 = 10
```

Die selbe Ausgabe lässt sich auch mit folgender Anweisung erzeugen:

```
cout << "7 + 3 = ";
cout << 7 + 3;
cout << "\n";
```

Die Zeichenfolge \n stellt das Zeichen für einen Zeilenvorschub (newline) dar. Bei der Ausgabe spielt das Zeilenvorschubzeichen die selbe Rolle, wie bei der Sprache C. Anstelle des Zeilenvorschubzeichens kann man auch den standardmäßig definierten Operator endl verwenden, endl fügt einen Zeilenvorschub in den Ausgabestrom ein und gibt den Pufferinhalt sofort aus. Statt

```
cout << "\n";
```

schreibt man dann

```
cout << endl;
```

Die Ausgabe auf den Fehler-Stream erfolgt in der gleichen Weise. Auch das Einlesen erfolgt in dieser Art und Weise, nur dass der Eingabeoperator >> verwendet wird. Das folgende Beispiel demonstriert abschließend die Anwendung der drei vorgestellten Streams.

---

[3]Im Gegensatz zu anderen objektorientierten Sprachen wie etwa Java ist es in C++ möglich, die Arbeitsweise einiger Operatoren zu ändern. Dies wird in Abschnitt 9.4.7 noch etwas genauer betrachtet.

Beispiel 9.2. Das folgende Programm liest zunächst zwei Zahlen von der Standardeingabe cin ein. Anschließend soll entweder eine Fehlermeldung auf cerr oder der Quotient auf cout ausgegeben werden.

```
#include <iostream>
using namespace std;

int main() {
    double a, b;

    cout << "a = ";
    cin >> a;
    cout << "b = ";
    cin >> b;

    if (b == 0) {
        cerr << "\nFehler: Division durch 0 versucht.\n";
    } else {
        cout << "\n" << a << "/" << b << "=" << a / b << "\n";
    }
}
```

Anmerkung: Bei der Verwendung neuerer C++-Compiler gilt es zu beachten, dass die #include Anweisung lediglich den Namen der Bibliothek, nicht aber die Dateiendung enthält (#include <iostream> statt #include <iostream.h>). Weiterhin wurde C++ um die Möglichkeit erweitert, Namensräume zu definieren. Diese sind vorrangig für große Projekte von Bedeutung. Für unsere Beispiele genügt es zu wissen, dass immer der Namensraum std verwendet wird. Die Festlegung erfolgt über die Anweisung using namespace std.   ★

Abschließend sei noch bemerkt, dass C++ über die Bibliothek iomanip eine Reihe von Funktionen für die Formatierung bereitstellt. Darauf soll hier aber nicht weiter eingegangen werden.

9.4   Objektorientierte Konzepte in C++

9.4.1   Klassen

Mit Hilfe der Klassen kann sich der Programmierer in C++ seine eigenen Datentypen definieren. Eine Klasse in C++ besteht grundsätzlich aus drei Teilen:

1. Jede Klasse hat zunächst einen Namen.

2. Die Klasse beinhaltet eine Menge von *Instanzvariablen*[4], mit denen die Daten der Objekte dargestellt werden. Diese können beliebige Typen haben, d.h. sowohl einfache Typen als auch Klassen.

3. Eine Klasse beinhaltet eine Reihe von *Elementfunktionen*[5]. Diese stellen die möglichen Operationen dar, die auf Objekten dieser Klasse ausgeführt werden können.

Die Definition von Elementfunktionen und Instanzvariablen innerhalb einer Klassendefinition muss nicht zwangsläufig getrennt erfolgen.

Bei der Beschreibung der objektorientierten Konzepte wurde bereits auf das „information hiding" hingewiesen, d.h. die Möglichkeit Daten und Funktionen vor anderen zu „verstecken". C++ stellt zu diesem Zweck drei *Zugriffsebenen* bereit, die durch die *Modifizierer* **public**, **private** und **protected** gekennzeichnet werden. Instanzvariablen und Elementfunktionen, die auf diesen Zugriffsebenen definiert werden, haben folgende Eigenschaften:

private: Auf Elemente, die als **private** deklariert wurden, können ausschließlich Elementfunktionen dieser Klasse zugreifen. Funktionen außerhalb der Klasse, d.h. globale Funktionen oder Elementfunktionen anderer Klassen haben keinen Zugriff. Dies schließt auch Elementfunktionen abgeleiteter Klassen ein. Wird ein Element nicht explizit einer anderen Zugriffsebene zugewiesen, ist es automatisch **private**.

public: Auf Elemente, die als **public** definiert wurden, kann von allen anderen globalen und Elementfunktionen zugegriffen werden.

protected: Wird keine Vererbung verwendet, so verhalten sich als **protected** definierte Elemente wie **private** Elemente, d.h. es kann nur durch Elementefunktionen der Klasse, nicht aber durch globale Funktionen auf sie zugegriffen werden. Ein Unterschied ergibt sich, wenn Vererbung verwendet wird, da dann die Elementfunktionen der abgeleiteten Klassen ebenfalls Zugriff auf die **protected** Elemente haben.

Es lässt sich keine generelle Regel angeben, welches Element einer Klasse mit welcher Zugriffsebene versehen werden sollte. Allerdings ist es im Sinne der Kapselung und des information hiding sinnvoll, alle Instanzvariablen als **private** oder **protected** zu definieren und passende Elementfunktionen für den Zugriff auf die Werte zu implementieren. Damit wird die Gefahr einer versehentlichen Änderung der Werte eines Objekts verringert.

Nach dieser generellen Einführung kommen wir nun zur Deklaration von Klassen in C++. Die grundlegende Syntax lautet:

---

[4]Der Begriff der Instanzvariable wird in C++ und anderen objektorientierten Programmiersprachen als Synonym für Attribut verwendet.

[5]Der Begriff der Elementfunktion wird in C++ und anderen objektorientierten Programmiersprachen als Synonym für Methode verwendet.

Syntax (class):

```
class typname {
  // Deklaration von privaten Elementen
  public:
    // Deklaration von Instanzvariablen und
    // Elementfunktionen, ohne Zugriffsbeschränkung
  private:
    // Deklaration weiterer Instanzvariablen und
    // Elementfunktionen, auf die nur innerhalb dieser
    // Klasse zugegriffen werden kann.
  protected:
    // Deklaration von Instanzvariablen und
    // Elementfunktionen, auf die nur innerhalb dieser
    // Klasse und davon abgeleiteten Klassen zugegriffen
    // werden kann.
};
```

Der Kopf der Klassenbezeichnung besteht aus dem Schlüsselwort **class** und aus dem Namen der Klasse, der nach den bekannten Regeln für Bezeichner gebildet wird. Der Körper der Klasse befindet sich zwischen den geschweiften Klammern. Er ist in die drei Zugriffsebenen gegliedert. Jede Zugriffsebene kann dabei auch mehrfach auftreten. Der Übersichtlichkeit halber sollte man dies aber vermeiden. Die Deklaration der Klasse endet mit einem Semikolon. Innerhalb der Zugriffsebenen werden die Komponenten in der von C bereits bekannten Weise deklariert.

Für die Definition der Elementfunktionen gibt es zwei Möglichkeiten. Zum einen können sie innerhalb des Klassenkörpers definiert werden. Derartige Funktionen werden *Inline-Funktionen* genannt. Im zweiten Fall werden in der Klassendeklaration lediglich die Köpfe der Funktion angegeben. Die eigentliche Implementierung der Funktion erfolgt aber außerhalb der Klasse. Die *Vordeklaration* informiert das Programm lediglich darüber, dass diese Elementfunktionen existieren und die Definitionen an einer anderen Stelle im Programm stehen. Dies kann entweder nachfolgend in derselben Datei oder in einer eigenen Datei geschehen.

Die Definition einer Elementfunktion außerhalb des Klassenvereinbarung hat die folgende Syntax:

Syntax (Elementfunktion):

```
typ_zurueck klassen_name::funktions_name(parameterliste) {
  // Körper der Funktion
}
```

Die einzelnen Komponenten haben dabei folgende Bedeutung:

typ_zurueck: Typ des Rückgabewertes der Funktion
klassen_name: Name der Klasse, zu der die Funktion gehört

methoden_name: Name der Funktion
parameterliste: Liste der formalen Parameter in der Funktion

Bei dieser Definition gibt es eine Besonderheit. Man muss den *Bezugsoperator* (scope operator) „::" verwenden, um zu zeigen, dass die entsprechende Elementfunktion zur gegebenen Klasse gehört. Der Zugriff auf Instanzvariablen und Elementfunktionen von außerhalb der Klasse erfolgt über den Variablennamen, gefolgt vom .-Operator und dem Namen der Variablen oder einem Funktionsaufruf, wie er aus C bekannt ist. Dies ist natürlich nur für Elemente möglich, die im **public**-Bereich definiert sind.

Beispiel 9.3. Die Definition der Klasse GeomObjekt aus Abbildung 9.1 erfolgt beispielsweise folgendermaßen:

```
class GeomObjekt {
  private:
    double x, y;
  public:
    void verschieben(double dx, double dy) {
      x += dx;
      y += dy;
      zeichnen();
    }
    virtual void zeichnen();
    void setzeX(double newX) { x = newX; }
    double leseX() { return x; }
    void setzeY(double newY) { y = newY; }
    double leseY() { return y; }
};

void GeomObjekt::zeichnen() {
  // Hier kommen die Anweisungen zum Zeichen
  // eines Punktes an die Position (x,y).
}
```

Zur Erläuterung: Die Datenelemente der Klasse wurden privat definiert, damit von außen nicht direkt auf sie zugegriffen werden kann. Für die Änderung der Werte stehen die vier Funktionen setzeX, leseX, setzeY und leseY zur Verfügung. Der Vorteil dieser Vorgehensweise mag in diesem Beispiel nicht ersichtlich werden, da doch ein relativ großer Overhead erforderlich ist, ohne dass dies auf den ersten Blick einen größeren Nutzen bringt. Stellt man sich jedoch ein Szenario vor, in dem es verschiedene Möglichkeiten gibt, die Daten zu formatieren, erkennt man die Vorteile recht schnell. Im Beispiel beinhalten die Variablen die kartesischen Koordinaten. Soll die Klasse zusätzlich auch Polarkoordinaten unterstützen, ist es nicht erforderlich die Datenstruktur zu ändern. Es genügt, weitere setze und lese Funktionen hinzuzufügen, die vor dem Setzen bzw. Zurückgeben der Werte eine

Konvertierung vornehmen. Für einen Programmierer, der die Klasse verwendet, ist die Art der Datenspeicherung somit völlig transparent.

Die Definition der Elementfunktion zeichnen als **virtual** ist notwendig, um Polymorphismus in C++ realisieren zu können. Wir werden die Bedeutung im Abschnitt 9.4.3 noch etwas genauer betrachten.   ★

9.4.2   Instanzierung

Mit dem **class** Konstrukt steht ein Mittel zur Definition neuer Datentypen zur Verfügung. Um tatsächlich Daten speichern zu können, müssen jedoch konkrete Objekte (Instanzen) erzeugt werden. Dies wird als *Instanzierung* bezeichnet. In C++ wird dies durch das Anlegen von Variablen realisiert. Es gibt dabei keinen Unterschied zur Deklaration von Variablen der elementaren Datentypen. Als Typ der Variablen wird der Name der Klasse angegeben. Anschließend kann auf alle public Elemente mittels des .-Operators zugegriffen werden kann, z.B.

```
GeomObjekt p1, p2;
p1.setzeX(10);
p1.setzeY(20);
p1.zeichnen();
p1.verschieben(10, -5);
cout "P(" << p1.leseX() << "; " << p1.leseY() << ")\n";
```

Die Variablen p1 und p2 repräsentieren konkrete Instanzen der Klasse GeomObjekt. Weiterhin gibt es auch für die Klassen die Möglichkeit des dynamischen Erzeugens von Objekten mittels des **new** Operators.

9.4.3   Vererbung

Einfachvererbung

In C++ ist die Vererbung in Form einer Klassenableitung implementiert. Bei der einfachen Vererbung erbt die abgeleitete Klasse von genau einer Oberklasse. Jede beliebige Klasse kann auch Oberklasse für eine andere sein. Die Unterklasse kann in ihrem Körper zum Einen eigene Komponenten (Instanzvariablen und Elementfunktionen) deklarieren, zum Anderen aber auch Elementfunktionen der Oberklasse modifizieren (überladen). Die Deklaration einer Unterklasse unterscheidet sich nur in der Angabe der Oberklasse von der im vorherigen Abschnitt angegeben Deklaration einer Klasse:

Syntax (Einfachvererbung):

```
class NameUnterklasse : zugriffsart NameOberklasse {
```

```
    // Körper der Unterklasse
};
```

Die zusätzlichen Komponenten haben dabei folgende Bedeutung:

zugriffsart: ist eines der Schlüsselwörter **public** oder **private**. Es bestimmt die Zugriffsart auf die vererbten Komponenten. Mit der Angabe **public** werden die Elemente der Oberklasse mit den dort angegebenen Modifizierern übernommen, d.h. **public** Elemente bleiben **public**. Selbiges gilt für **protected** Elemente. Auf **private** Elemente kann ohnehin nicht mehr zugegriffen werden. Wird als Zugriffsart hingegen **private** angegeben, ändert sich der Status aller Elemente der Klasse zu **private**. Dies hat zur Folge, dass bei Objekten der abgeleiteten Klasse nicht mehr von außen auf die geerbten Elemente zugegriffen werden kann, wohl aber auf neu definierte. Weiterhin sind diese auch in weiteren abgeleiteten Klassen nicht mehr sichtbar. Wird keine Zugriffsart angegeben, wird **public** angenommen.

NameOberklasse: ist der Name der Klasse, von der diese Klasse abgeleitet werden soll.

Beispiel 9.4. Die Ableitung der Klasse Quadrat aus Abbildung 9.1 erfolgt beispielsweise folgendermaßen:

```
class Quadrat : GeomObjekt {
  private:
    double d;
  public:
    virtual void zeichnen();
    void setzeD(double newD) { d = newD; }
    double leseD() { return d; }
};

void Quadrat::zeichnen() {
  // Hier kommen die Anweisungen zum Zeichen
  // eines Quadrats.
}

int main() {
    GeomObjekt *o1 = new GeomObjekt();
  GeomObjekt *o2 = new Quadrat();

    o1->zeichnen();
    o2->zeichnen();
}
```

Zur Erläuterung: Die Klasse Quadrat erbt alle **public** Elemente von GeomObjekt. Diese bleiben auch weiterhin **public**, da keine Zugriffsart angegeben wurde (Standardwert ist **public**). Dann werden eine weitere Instanzvariable und entsprechende Elementfunktionen für den Zugriff hinzugefügt. Schließlich wird die Elementfunktion zeichnen überschrieben, da ja ein Quadrat und kein Punkt gezeichnet werden soll. Es sei abschließend noch darauf hingewiesen, dass die in dieser Klasse definierten Elementfunktionen keinen direkten Zugriff auf die Instanzvariablen mit den x- und y-Koordinaten haben, da diese in GeomObjekt als private deklariert wurden. Benötigt beispielsweise die zeichnen Funktion diese Informationen, müssen setzeX, leseX etc. genutzt werden. Hätten wir x und y als protected deklariert, wäre dies nicht notwendig.   ★

Abschließend noch einige Anmerkungen zur virtuellen Funktion zeichnen. Bei der Einführung des Polymorphismus wurde erwähnt, dass erst zur Laufzeit entschieden werden kann, welche Implementierung der Elementfunktion zeichnen aufzurufen ist. Um dies zu realisieren, ist es notwendig, dass bei der Compilierung zusätzlicher Code eingefügt wird, der diese Entscheidung trifft. C++ erzeugt diesen nur für Elementfunktionen, die als virtual gekennzeichnet sind. Alle übrigen Funktionen werden wie „normale" Funktionen in C behandelt. Da im vorherigen Beispiel die Funktion zeichnen als virtual definiert ist, wird für das Objekt o1 die Funktion der Klasse GeomObjekt und für o2 die aus Quadrat aufgerufen. Wäre zeichnen nicht virtuell, würde in beiden Fällen die von GeomObjekt ausgeführt, was nicht korrekt wäre.

Mehrfachvererbung

Häufig soll eine abgeleitete Klasse die Elemente von mehr als einer Oberklasse erben. Dies lässt sich mit dem Konzept der einfachen Vererbung nicht realisieren. C++ bietet im Unterschied zu vielen anderen objektorientierten Sprachen die Möglichkeit, mehrere Oberklassen anzugeben. Die Syntax lautet dann:

Syntax (Mehrfachvererbung):
```
class NameUnterklasse : zugriffsart NameOberklasse1,
                        zugriffsart NameOberklasse2, ... {
  // Körper der Unterklasse
};
```

Anstatt nur eine Oberklasse anzugeben, werden durch Komma getrennt alle Klassen aufgelistet, deren Eigenschaften die neue Klasse erben soll. Dabei kann jeder Klasse ein eigener Modifizierer zugewiesen werden.

Die Mehrfachvererbung birgt mehrere Probleme. Zum Einen kann eine Klassenhierarchie schnell unübersichtlich werden. Im Falle der einfachen Vererbung bilden die Klassen einen Baum, der für gewöhnlich besser zu überschauen ist als die Neztstruktur, die bei der Mehrfachvererbung entsteht. Weiterhin kann es bei der Mehrfachvererbung vorkommen, dass ein Bezeichner, z.B. der Name einer Elementfunktion, in mehreren Oberklassen auftritt. In diesem Fall muss beim Aufruf zusätzlich zum Namen der Funktion auch der Klassenname mit angegeben werden. Es erfordert also einige Vorsicht, wenn Mehrfachvererbung genutzt wird. Man sollte daher möglichst versuchen, mit einfacher Vererbung auszukommen. Häufig genügt es, die Klassenhierarchie anders zu strukturieren oder eine der Klasse nicht über Vererbung, sondern als Instanzvariable einzubinden. An dieser Stelle soll darauf nicht weiter eingegangen werden.

9.4.4 Konstruktoren

Aus C ist bereits bekannt, dass Variablen durch ihre Deklarierung keinen Standardwert zugewiesen bekommen. Dies gilt ebenso für Objekte einer Klasse. Nach der Instanzierung besitzen die Instanzvariablen einen undefinierten Wert. Für gewöhnlich ist dies nicht wünschenswert. C++ bietet daher die Möglichkeit, Objekte bei der Instanzierung auch sofort mit bestimmten Anfangswerten zu initialisieren. Die einfachste Variante ist die Initialisierung durch Zuweisung einer durch Kommata getrennten Liste von Werten in Klammern:

```
GeomObjekt p1 = (10, 20);
```

Die Werte der Liste werden der Reihe nach den Instanzvariablen zugewiesen. Dies funktioniert allerdings nur, wenn diese als public definiert sind. Im Falle der Klasse GeomObjekt aus Abschnitt 9.4.1 würde der Versuch einer solchen Initialisierung zu einem Fehler führen.

Objektorientierte Sprachen wie C++ stellen daher für die automatische Initialisierung von Objekten eine spezielle Funktion, den *Konstruktor* bereit. Dieser wird jedesmal implizit aufgerufen, wenn eine neue Instanz erzeugt wird. Unabhängig davon, ob es sich um eine statisch definierte, eine mit new dynamisch erzeugte oder eine beim Aufruf einer Funktion als lokale Variable angelegte Instanz handelt. Da der Konstruktur, abgesehen von einigen wenigen Einschränkungen, eine ganz normale Funktion darstellt, können mit seiner Hilfe auch umfangreiche Initialisierungen vorgenommen werden. Es ist beispielsweise möglich, die Instanzvariablen mit Werten aus einer Datei zu initialisieren oder die Werte von der Tastatur einzulesen.

Konstruktoren besitzen, verglichen mit „normalen" Funktionen, einige Besonderheiten:

- Der Name des Konstruktors einer Klasse ist nicht frei wählbar, sondern entspricht immer dem Namen der Klasse.
- Weiterhin gibt der Konstruktur implizit immer ein Objekt seiner Klasse zurück und besitzt daher keinen expliziten Rückgabetyp.
- Wenn für eine Klasse kein Konstruktor angegeben wurde, existiert immer ein leerer Konstruktor.

- Konstruktoren können nur **public** oder **protected** sein. Da ein Konstruktor immer von außerhalb der Klasse aufgerufen wird, könnte auf einen als **private** deklarierten nicht zugegriffen werden.

- Konstruktoren werden nicht vererbt, d.h. beispielsweise, dass ein in der Klasse GeomObjekt definierter Konstruktor in der Klasse Quadrat nicht automatisch zur Verfügung steht, auch wenn dieser als **public** deklariert ist. Es gibt jedoch die Möglichkeit, einen Konstruktor der Oberklasse aus einem Konstruktor der Unterklasse aufzurufen.

Der Konstruktor hat folgende Syntax:

Syntax (Konstruktor):

```
klassen_name(parameterliste) {
  Anweisungen;
}
```

falls die Implementierung inline erfolgt, bzw.:

Syntax (Konstruktor):

```
...
klassen_name(parameterliste);
...

klassen_name::klassen_name(parameterliste) {
  Anweisungen;
}
```

wenn die Implementierung extern erfolgt. Dabei ist klassen_name der Name der Klasse und parameterliste die Bezeichnung der formalen Parameter.

Eine Sonderstellung hat der Konstruktor mit einer leeren Parameterliste. Dieser wird als *leerer Konstruktor* bezeichnet und ist immer dann implizit vorhanden, wenn kein anderer Konstruktor angegeben wurde, also beispielsweise auch bei den zuvor definierten Klassen GeomObjekt und Quadrat. Seine Aufgabe ist die interne Initialisierung der Instanz (Dies bezieht sich auf interne Datenstrukturen für die Verwaltung der Instanzen und nicht auf die Instanzvariablen selbst!). Im Beispiel in Abschnitt 9.4.2 werden somit durch die Anweisung

```
GeomObjekt p1, p2;
```

die leeren Konstruktoren der Klasse GeomObjekt aufgerufen. Folgendes Beispiel demonstriert die Verwendung von Konstruktoren anhand der Klasse GeomObjekt.

Beispiel 9.5. Die Klasse GeomObjekt soll um einen leeren Konstruktor erweitert werden, der die Koordinaten auf 0 setzt. Ein weiterer Konstruktor soll die Initialisierung durch die Übergabe von zwei Werten ermöglichen. Dies geschieht durch folgende Ergänzungen.

```
class GeomObjekt {
  ...
  public:
    GeomObjekt();
    GeomObjekt(double newX, double newY);
  ...
};

GeomObjekt::GeomObjekt() {
  x = 0;
  y = 0;
}

GeomObjekt::GeomObjekt(double newX, double newY) {
  x = newX;
  y = newY;
}
...
int main() {
  GeomObjekt p1;                            // Ein Punkt bei (0,0)
  GeomObjekt p2(10, 20);                    // Ein Punkt bei (10,20)
  GeomObjekt * p3 = new GeomObjekt(15, -10); // Eine Referenz (Zeiger)
                                            // auf einen Punkt bei (15, -10)
}
```

★

9.4.5 Destruktoren

C++ unterstützt einen den Konstruktoren entsprechenden Mechanismus zum automatischen „Aufräumen" von Instanzen. Eine spezielle, vom Benutzer definierte Methode, als *Destruktor* bezeichnet, wird jedes Mal aufgerufen, wenn ein Objekt den Bezugsrahmen verlässt oder der Operator **delete** auf einen Zeiger angewendet wird. Ähnlich dem Konstruktor stellt auch der Destruktor im Wesentlichen eine gewöhnliche Elementfunktion dar, die jedoch wiederum einige Besonderheiten aufweist:

- Der Name des Destruktors ist wiederum nicht frei wählbar, sondern besteht aus einer Tilde ~ gefolgt vom Namen der Klasse.
- Ein Destruktor besitzt grundsätzlich keine Parameter. Daraus folgt implizit, dass jede Klasse maximal einen Destruktor besitzen kann.
- Der Destruktor liefert ebenfalls keinen Wert zurück und hat somit auch keinen Rückgabetyp.
- Für jede Klasse, für die kein Destruktor implementiert wurde, existiert implizit ein Standarddestruktor.

Die Hauptanwendung ist die Freigabe des während der Lebenszeit des Objektes dynamisch allokierten Speichers. Beinhaltet ein Objekt beispielsweise nur Referenzen auf andere Objekte, z.B. in Form von Zeigern, so wird dieser Speicher in C++ bei der Entfernung einer Instanz nicht automatisch freigegeben. Dies muss durch den Programmierer mittels **delete** im Destruktor realisiert werden.

Der Destruktor spielt daher in C++ eine relativ bedeutende Rolle. Es existieren jedoch auch Sprachen, z.B. Java, in denen ein Destruktor-Konzept zwar existiert, aber für den Programmierer kaum eine Rolle spielt, da dessen wichtigste Aufgabe, das „Aufräumen" des Speichers (Löschen von Referenzen), automatisch erfolgt.

9.4.6   Der implizite Zeiger this

Jede Elementfunktion einer Instanz hat über den **this** Zeiger die Möglichkeit, eine Referenz auf die Instanz selbst zu erhalten. Dieser Zeiger ist immer implizit vorhanden und muss nicht definiert werden. Mittels des –> Operators kann dann auf die Elemente des Objekts zugegriffen werden. Eine andere Anwendung ist die Rückgabe einer Referenz auf das Objekt aus einer Elementfunktion. Das folgende Beispiel demonstriert den Zugriff auf die Instanzvariablen der GeomObjekt Klasse:

```
void GeomObjekt::setzePunkt(double newX, double newY) {
  this->x = newX;
  this->y = newY;
}

GeomObjekt GeomObjekt::getPunkt() {
  return *this;
}
...

int main() {
  GeomObjekt p1(10, 20), p2;    // Zwei Punkte an (10,20) und (0,0)
  p2 = p1.getPunkt();
}
```

In getPunkt muss der Zeiger **this** dereferenziert werden, da als Ergebnis ein Objekt der Klasse GeomObjekt und kein Zeiger darauf zurückgegeben werden soll.

9.4.7   Überladen von Operatoren

C++ bietet eine Funktionalität, die sich in kaum einer anderen Sprache findet. Dies ist die Möglichkeit, bestimmten Operatoren für eine Klasse neue Funktionalitäten zuzuweisen. Dadurch lässt sich die Lesbarkeit von Programmen häufig steigern. Überladen werden können fast alle in C++ bereits definierten Operatoren, z.B. arithmetische Operatoren, Vergleichs- und Zuweisungsoperatoren usw. Für die Addition zweier Objekte, z.B. komplexer Zahlen, kann man dann beispielsweise statt eines kryptischen Funktionsaufrufs wie

```
z3 = z1.add(z2)
```

einfach

```
z3 = z1 + z2
```

schreiben. Normalerweise funktioniert dies nur mit den atomaren Datentypen wie **double** und **int** und würde bei anderen Typen zu einem Fehler führen. Das Konzept des Überladens von Operatoren lässt es aber zu diese Operatoren auch für beliebige Klassen zu definieren. Für das Überladen stellt C++ das **operator** Schlüsselwort bereit. Die Syntax ähnelt der Definition einer Funktion:

Syntax (class):

```
typ_zurueck operator der_operator ( parameterliste ) {
   Anweisungen
}
```

Dabei ist der_operator der zu überladende Operator, also beispielsweise +, – oder <<. Die Parameterliste unterliegt im Gegensatz zur Definition von Funktionen einigen Einschränkungen. So ist die Anzahl der Parameter je nach Operator beschränkt. Weiterhin sei erwähnt, dass es lediglich möglich ist, existierende Operatoren zu überladen. Eine Definition neuer Operatoren ist nicht möglich. Auf eine weiterführende Betrachtung soll hier verzichtet werden. Das folgende Beispiel demonstriert das Überladen abschließend anhand der Addition für die GeomObjekt Klasse.

Beispiel 9.6. Die Addition + soll für die GeomObjekt Klasse derart definiert werden, dass jeweils die beiden Komponenten addiert und als neuer Punkt zurückgeliefert werden.

```
class GeomObjekt {
   ...
   public:
      GeomObjekt operator + ( GeomObjekt );
};

GeomObjekt GeomObjekt::operator + ( GeomObjekt p2 ) {
   GeomObjekt p;
   p.setzeX(this->x + p2.leseX());
   p.setzeY(this->y + p2.leseY());
   return p;
}

int main() {
```

```
    GeomObjekt p1(10, 15), p2(-5, 5), p3;
    p3 = p1 + p2;
}
```

Der **this** Operator wurde lediglich verwendet, um deutlich zu machen, dass ein Wert vom Objekt selbst und der andere vom Parameter stammt.   ★

Zum Abschluss soll noch auf eine Gefahr des Überladens von Operatoren hingewiesen werden. Prinzipiell ist es möglich die Operatoren beliebige Anweisungen ausführen zu lassen. Beispielsweise ist es durchaus möglich, den Inkrement-Operator ++ so umzudefinieren, dass dieser die Inhalte der Instanzvariablen des Objektes ausgibt oder etwas von der Tastatur einliest. Solche Definitionen sollten in einem „guten" Programm nicht vorkommen, da sie die Verständlichkeit stark reduzieren. Die Semantik eines überladenen Operators sollte immer der des Originals entsprechen, d.h. beispielsweise, dass der Operator + immer eine Addition ausführen sollte.

9.5 Abschließendes Beispiel

Beispiel 9.7. Es soll ein Programm vorgestellt werden, das wiederum eine Hierarchie von zweidimensionalen geometrischen Objekten definiert. Im Beispiel verwenden wir dabei erneut die Hierarchie aus Abbildung 9.1. Für jedes geometrische Objekt sollen die Fläche und der Umfang berechnet werden können. Die Formeln sind in Tabelle 9.1 zusammengefasst. Weiterhin soll jedes der Objekte je eine Funktion einlesen und ausgeben besitzen, die alle Daten des jeweiligen Objekts von der Tastatur einliest bzw. auf dem Bildschirm ausgibt. Schließlich soll der Anwender im Hauptprogramm in der Lage sein, eine beliebige Anzahl (max. 10) frei wählbarer Objekte einzugeben. Das Programm soll dann als Ergebnis die Informationen der Objekte inklusive der Flächen und Umfänge sowie die Gesamtfläche und den durchschnittlichen Umfang ausgeben.

Tabelle 9.1 Formeln für die Berechnung von Fläche und Umfang

Objekt	Fläche (A)	Umfang (U)	
Punkt	$A = 0$	$U = 0$	
Quadrat	$A = d^2$	$U = 4 * d$	d Seitenlänge
Rechteck	$A = a * b$	$U = 2(a + b)$	a, b Seitenlängen
Kreis	$A = \frac{\pi}{4} d^2$	$U = \pi d$	d Durchmesser
Ellipse	$A = \pi a b$	$U \approx \frac{3}{2}(a + b) - \sqrt{ab}$	a, b Halbachsen

C-Programm:

```cpp
#include <iostream>     // Ein-/Ausgabe
#include <string>       // Zeichenkettenverarbeitung
#include <math.h>       // Mathematische Konstanten und Funktionen

using namespace std;

const int MAX = 10;         // max. Anzahl von Objekten

class GeomObjekt {          // Basisklasse (repräsentiert einen Punkt)
    protected:
        double x, y;
    public:
        GeomObjekt() {
            x = 0.0;
            y = 0.0;
        }
        GeomObjekt(double xKoord, double yKoord) {
            x = xKoord;
            y = xKoord;
        }
        virtual string getTyp() { return "Punkt"; };
        virtual double umfang() { return 0.0; }
        virtual double flaeche() { return 0.0; }
        virtual void einlesen();
        void ausgeben();
        virtual void ausgebenInfo();
};

class Quadrat : public GeomObjekt {
    protected:
        double d;
    public:
        Quadrat() : GeomObjekt() { d = 0.0; };
        Quadrat(double xKoord, double yKoord, double seite) :
            GeomObjekt(xKoord, yKoord) {
            d = seite;
        }
        virtual double umfang() {
            return 4.0 * d;
        }
        virtual double flaeche() {
            return d * d;
        }
        virtual string getTyp() { return "Quadrat"; };
        virtual void einlesen();
        virtual void ausgebenInfo();
};
```

```cpp
class Kreis : public Quadrat {
    public:
        Kreis() : Quadrat() { };
        Kreis(double xKoord, double yKoord, double seite) :
            Quadrat(xKoord, yKoord, seite) {
        }
        virtual double umfang() {
            return M_PI * d;
        };
        virtual double flaeche() {
            return M_PI_4 * Quadrat::flaeche();
        };
        virtual string getTyp() { return "Kreis"; };
};


class Rechteck : public GeomObjekt {
    protected:
        double a, b;
    public:
        Rechteck() : GeomObjekt() {
            a = 0.0;
            b = 0.0;
        }
        Rechteck(double xKoord, double yKoord, double seiteA, double seiteB) :
            GeomObjekt(xKoord, yKoord) {
            a = seiteA;
            b = seiteB;
        }
        virtual double umfang() {
            return 2.0 * (a + b);
        }
        virtual double flaeche() {
            return a * b;
        }
        virtual string getTyp() { return "Rechteck"; };
        virtual void einlesen();
        virtual void ausgebenInfo();
};


class Ellipse : public Rechteck {
    public:
        Ellipse() : Rechteck() { };
        Ellipse(double xKoord, double yKoord, double seiteA, double seiteB) :
            Rechteck(xKoord, yKoord, seiteA, seiteB) {
        }
        virtual double umfang() {
            return 3.0 / 2.0 * (a + b); - sqrt(a * b);
        };
        virtual double flaeche() {
```

```
                return M_PI * Rechteck::flaeche();
        };
        virtual string getTyp() { return "Ellipse"; };
};

void GeomObjekt::einlesen() {
    cout << getTyp() << endl;
    cout << "  x = ";
    cin >> x;
    cout << "  y = ";
    cin >> y;
}

void Quadrat::einlesen() {
    GeomObjekt::einlesen();      // Die Koordinate des Punktes einlesen
    cout << "  d = ";            // Zusätzlich die Seitenlänge bzw.
    cin >> d;                    // den Durchmesser einlesen.
}

void Rechteck::einlesen() {
    GeomObjekt::einlesen();      // Die Koordinate des Punktes einlesen
    cout << "  a = ";            // Zusätzlich die Seitenlängen bzw.
    cin >> a;                    // Achsen der Ellipse einlesen.
    cout << "  b = ";
    cin >> b;
}

void GeomObjekt::ausgeben() {
    ausgebenInfo();              // Ausgabe der Informationen
    cout << endl;
    cout << "    U = " << umfang() << endl;
    cout << "    A = " << flaeche() << endl;
}

void GeomObjekt::ausgebenInfo() {
    cout << getTyp() << ": P(" << x << ", " << y << ")";
}

void Quadrat::ausgebenInfo() {
    GeomObjekt::ausgebenInfo();
    cout << "  d = " << d;
}

void Rechteck::ausgebenInfo() {
    GeomObjekt::ausgebenInfo();
    cout << "  a = " << a << "  b = " << b;
}

Int main() {
```

```cpp
int anzahl;
char typ;
double sumA, avgU;
GeomObjekt* objekte[MAX];

cout << "Anzahl der Objekte: ";
cin >> anzahl;
while ((anzahl < 0) && (anzahl > MAX)) {
    cout << "Ungültige Anzahl! Maximal " << MAX
         << " Elemente erlaubt." << endl;
    cout << "Anzahl der Objekte: ";
    cin >> anzahl;
}

cout << endl << endl;
cout << "Eingabe der Objekte" << endl;
cout << "_____" << endl << endl;
cout << "P: Punkt" << endl;
cout << "Q: Quadrat" << endl;
cout << "R: Rechteck" << endl;
cout << "K: Kreis" << endl;
cout << "E: Ellipse" << endl << endl;

for (int i=0; i < anzahl; i++) {
    cout << i + 1 << ". Objekt ist ein: ";
    cin >> typ;

    switch (typ) {
        case 'P':
        case 'p':
            objekte[i] = new GeomObjekt();
            break;
        case 'Q':
        case 'q':
            objekte[i] = new Quadrat();
            break;
        case 'R':
        case 'r':
            objekte[i] = new Rechteck();
            break;
        case 'K':
        case 'k':
            objekte[i] = new Kreis();
            break;
        case 'E':
        case 'e':
            objekte[i] = new Ellipse();
            break;
        default:
```

```
            i --;              // Die Eingabe war falsch, daher ein
            continue;          // weiterer Durchlauf mit selbem Index.
        }
        objekte[i]->einlesen();
    }

    cout << endl << endl;
    cout << "Folgende Objekte wurden eingegeben: " << endl;
    cout << "————————————————————————" << endl << endl;
    sumA = 0.0;
    avgU = 0.0;
    for (int i=0; i < anzahl; i++) {
        cout << i + 1 << ". Objekt ist ein ";
        objekte[i]->ausgeben();
        sumA += objekte[i]->flaeche();
        avgU += objekte[i]->umfang();
        cout << endl;
    }
    avgU /= anzahl;
    cout << "Die Gesamtfläche beträgt          : " << sumA << endl;
    cout << "Der durchschnittliche Umfang beträgt: " << avgU << endl;
}
```

Ergebnis:

```
Anzahl der Objekte: 3


Eingabe der Objekte
-------------------

P: Punkt
Q: Quadrat
R: Rechteck
K: Kreis
E: Ellipse

1. Objekt ist ein: q
Quadrat
  x = 10.55
  y = 15.88
  d = 10
2. Objekt ist ein: k
Kreis
  x = 88.55
  y = 64.54
  d = 10
3. Objekt ist ein: p
```

```
Punkt
  x = 44.58
  y = 0.4


Folgende Objekte wurden eingegeben:
-----------------------------------

1. Objekt ist ein Quadrat: P(10.55, 15.88)  d = 10
   U = 40
   A = 100

2. Objekt ist ein Kreis: P(88.55, 64.54)  d = 10
   U = 31.4159
   A = 78.5398

3. Objekt ist ein Punkt: P(44.58, 0.4)
   U = 0
   A = 0

Die Gesamtfläche beträgt            : 178.54
Der durchschnittliche Umfang beträgt: 23.8053
```

Zur Erläuterung: In Tabelle 9.2 sind die Aufgaben der einzelnen Elementfunktionen zusammengefasst. Die Klasse GeomObjekt bildet die Basis für die Hierarchie. Alle anderen Klassen erben deren Eigenschaften. Da bis auf ausgeben alle Funktionen in den Unterklassen überladen werden, ist deren Deklaration als **virtual** erforderlich. Im Programm wird häufig ein Aufruf der Form Klassenname::Funktionsname() verwendet. Damit ist es möglich, die selbe Funktion einer Eltern-Klasse aufzurufen und somit eine erneute Implementierung identischer Funktionalitäten zu umgehen. Das Einlesen der Daten für ein Quadrat erfolgt beispielsweise, indem zunächst mittels GeomObjekt::einlesen() die Daten für den Punkt (x- und y-Koordinate) erfasst werden. Anschließend wird über eine zusätzliche Anweisung noch die Seitenlänge eingelesen. Das gleiche Vorgehen wird auch bei den Funktionen für die Ausgabe verwendet.

Auch bei Konstruktoren ist es sinnvoll, die der Eltern-Klasse aufzurufen, um den Code für die Initialisierung wiederverwenden zu können. Ein solcher Aufruf unterscheidet sich jedoch geringfügig von dem einer Funktion. Auf den Namen des Konstruktors folgt, durch Doppelpunkt getrennt, der aufzurufende Konstruktor. Durch die Definition Quadrat() : GeomObjekt() { d = 0.0; }; wird zunächst der leere Konstruktor von GeomObjekt aufgerufen. Dieser setzt die x- und y-Koordinate auf 0. Anschließend werden alle weiteren Anweisungen ausgeführt, d.h. in diesem Fall, dass d ebenfalls auf 0 gesetzt wird.

Tabelle 9.2 Funktionen des Geometrie-Beispiels

Funktion	Aufgabe
getTyp	Gibt einen String mit dem Typ des Objektes zurück. Dieser wird für die Ausgabe benötigt.
umfang	Berechnet den Umfang des Objektes und gibt diesen als **double** zurück.
flaeche	Berechnet die Fläche des Objektes und gibt diese als **double** zurück.
einlesen	Ermöglicht die Eingabe der Daten des Objekts über die Tastatur.
ausgeben	Gibt alle Informationen des Objekts aus.
ausgebenInfo	Gibt die Werte in den Instanzvariablen formatiert aus.

Im Hauptprogramm wird ein Feld vom Typ GeomObjekt. definiert, das maximal MAX Zeiger auf Objekte diesen Typs aufnehmen kann. Da Quadrat, Kreis etc. von GeomObjekt abgeleitet sind, können auch deren Instanzen im Feld gespeichert werden. Die Polymorphie gewährleistet den Aufruf der korrekten Funktion, solange diese als virtual deklariert ist. Die weitere Funktionsweise des Programms unterscheidet sich, abgesehen von der streambasierten Ausgabe, nicht von einem „normalen" C-Programm und sollte sich daher ohne weitere Erläuterungen erschließen lassen. ★

9.6   Zusammenfassung und Ausblick

Durch die Möglichkeit, Daten und Operationen zusammenzufassen, bieten C++ und andere objektorientierte Sprachen die Möglichkeit, die Übersichtlichkeit und Wiederverwendbarkeit von Funktionalitäten zu verbessern. Durch die Kapselung und das information hiding besteht weiterhin die Möglichkeit, Daten in einem gewissen Umfang vor ungewollten Änderungen zu schützen.

Die Sprache C++ bietet neben den beschriebenen Erweiterungen von C um objektorientierte Konzepte auch andere davon unabhängige Neuerungen. Deren Einführung würde den Rahmen des Buches jedoch sprengen. Der interessierte Leser sei auf entsprechende Fachliteratur verwiesen, z.B. [Str 98b, Wil 99]. Für den Einstieg in C++ oder den Umstieg von C bieten sich weiterhin die Beiträge von BJARNE STROUSTRUP [Str 99, Str 98a] an.

10   Grundlagen der Computergrafik

10.1   Einführung

Computergrafik umfasst die Erzeugung und Manipulation grafischer Bilder mit Hilfe eines Computers. Numerische Daten durch Bilder zu interpretieren hat dazu beigetragen, Information klarer und verständlicher zu präsentieren. Große Datenmengen sind z.B. in Tortendiagrammen, Balkendiagrammen und Kurven darstellbar. Dabei folgt man der Erfahrung von KONFUZIUS (551-478 v.Chr.): „Ein Bild sagt mehr als tausend Worte!"

Für die Ausführung anspruchsvoller Grafikanwendungen werden neben der entsprechenden Speicherkapazität auch eine hohe Rechenleistung und Übertragungsbandbreite gefordert. Für die Darstellung eines einzigen Bildes auf einem Bildschirm mit einer Auflösung von 1600 × 1200 Pixeln im Echtfarbenmodus (3 Byte je Bildpunkt) wird ein sogenanntes Pixmap angelegt, das 1600 × 1200 × 3 Byte ≈ 5,5 MByte Speicherplatz im Bildwiederholspeicher benötigt. Soll dieses Bild animiert werden, muss es mindesten 25× in der Sekunde vom Prozessor neu berechnet werden. Über den Bus werden dann ca. 138 MByte/s an Daten in den Bildwiederholspeicher transferiert. Bis 1980 waren Grafikmöglichkeiten noch stark begrenzt, erst die PC- und Workstation-Welt hat zum Aufschwung in der Grafiknutzung geführt. Die Ursache sind immer billigere und schnellere Schaltkreise und Prozessoren. So haben sich innerhalb der letzten fünf Jahre Grafikkarten mit speziellen *Application Specific Integrated Circuits* (ASIC) zur 3D-Beschleunigung auch im Konsumenten-Bereich durchgesetzt.

In der Computergrafik spielt die Ausgabe des Bildes auf dem Bildschirm eine entscheidende Rolle. Meistens bedient man sich dabei der Rastertechnik. Das bedeutet, dass der Bildschirm mit einem Gitternetz überzogen wird, wobei jeder Schnittpunkt als Punkt darstellbar ist und einzeln angesteuert werden kann. Man nennt ein solches Element ein *Pixel* (von Picture Element abgeleitet). Die Qualität der erzeugten Bilder hängt vom Grad der Auflösung des Bildschirmes ab. Ab 1024 × 768 Pixeln empfindet man angenehme Bilder, jedoch ist damit eine hohe Videofrequenz verbunden, d.h., schnelle Bildwiederholspeicher und Ansteuerung sind notwendig.

Schwerpunkte der Grafikarbeit sind die Schaffung von Grundfunktionen für die Darstellung grafischer Objekte (Punkte, Linien, Füllfunktionen, ...) sowie Funktionen zur Manipulation dieser Objekte in der Ebene oder im Raum (Verschieben, Zoomen, Drehen). Wie oben gezeigt, müssen dazu sehr große Datenmengen sehr schnell verarbeitet werden. Um dies zu erreichen, müssen sorgfältig implementierte und besonders effiziente Algorithmen eingesetzt werden. Die Ausführung derartiger Grundfunktionen erfolgt deshalb zunehmend durch leistungsfähige Grafikprozessoren. Diese implementieren die Funktionen in Hardware und können somit die CPU von aufwendigen Berechnungen für die Grafik entlasten. Für den Zugriff auf die Hardwarefunktionen werden von den Herstellern entsprechende Treiber und Bibliotheken bereitgestellt. Standards, die solche Funktionen definieren, sind u.a. ActiveX, OpenGL und Quicktime.

Im Folgenden werden zunächst einige Anwendungsgebiete der Computergrafik vorgestellt. Daran anschließend erfolgt die Vorstellung einiger grundlegender Algorithmen der Computergrafik sowie eine Einführung in OpenGL.

10.2 Anwendungsgebiete

Fast alle Anwendungen auf PC und Workstation treten dem Nutzer mit einer *grafischen Benutzeroberfläche* (GUI) entgegen. Sie erleichtert die Einarbeitung und Bedienung der Programme und hat so erst der großen Mehrheit der heutigen Nutzer den Zugang zu Computern ermöglicht. Ohne sie wäre der PC nie zu einem Alltagsgegenstand geworden.

Unter *Computer Aided Design* (CAD) versteht man den Einsatz interaktiver Grafik für den Entwurf von Komponenten und Systemen für die verschiedensten Produkte (Maschinen, Schiffe, Flugzeuge, elektronische Schaltung aber auch Bauten jeglicher Art). Im Mittelpunkt steht dabei die Darstellung geometrischer Modelle in zwei- und dreidimensionaler Form oder oftmals auch nur die Erstellung von Zeichnungen (Abbildung 10.1). Die grafische Darstellung der Ergebnisse von Simulationen technischer und physikalischer Prozesse erleichtert erheblich die Auswertung für den Entwurfsprozess (Abbildung 10.2). Eine neue Qualität wird bei der virtuellen Produktentwicklung erreicht. Hierbei werden auf der Basis eines 3D-Modells die kompletten Fertigungsunterlagen in einer digitalen Form, z.B. Arbeitspläne, Stücklisten, Zeichnungen usw., abgebildet. Natürlich benötigt man für die Überprüfung der Entwurfsergebnisse, z.B. der Gestalt und der Funktionen, eine grafische Präsentation.

Eine weitverbreitete Anwendung der Computergrafik ist die zwei- oder dreidimensionale Darstellung von Graphen mathematischer, physikalischer und ökono-

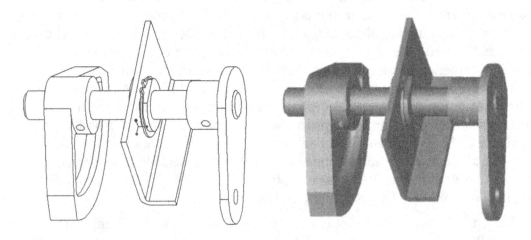

Abbildung 10.1 CAD-Darstellung

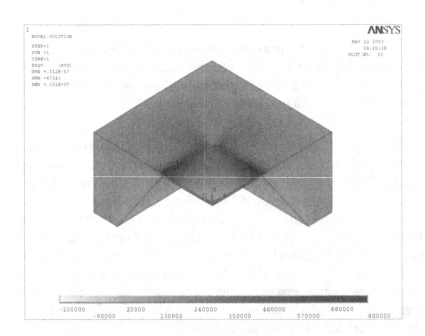

Abbildung 10.2 Simulation der mechanischen Spannungen an einem Drucksensor

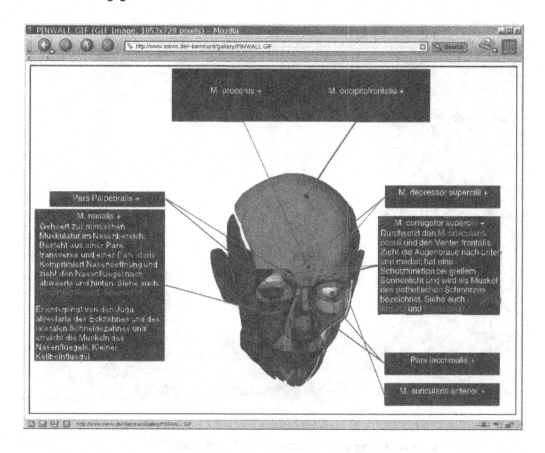

Abbildung 10.3 Interaktives, medizinisches Lehrmaterial

mischer Funktionen, Histogrammen, Balken- und Tortendiagrammen, Zeitplänen, Produktionstabellen, usw. Diese kompakte *Darstellung von Daten* erleichtert die Erklärung komplexer Zusammenhänge und die Entscheidungsfindung.

Mittels Computergrafik können aus Messdaten sowohl exakte, als auch schematisierte *Darstellungen von Naturphänomenen* erstellt werden. Beispiele für eine solche computergestützte Visualisierung sind Wetterkarten, geografische Karten und Reliefkarten.

Die Computergrafik hat auch viele Bereiche der *Medizin* erobert. Am bekanntesten sind die Anwendungen in der Diagnose (z.B. Computertomografie). Aber auch die Herstellung interaktiver grafischer Lernhilfen (Abbildung 10.3) in der Medizin erfahren einen großen Aufschwung.

Unter dem Schlagwort *Multimedia* versteht man die Verbindung von Text, Ton, Video und Grafik. So wird die Computergrafik zum integralen Bestandteil vieler

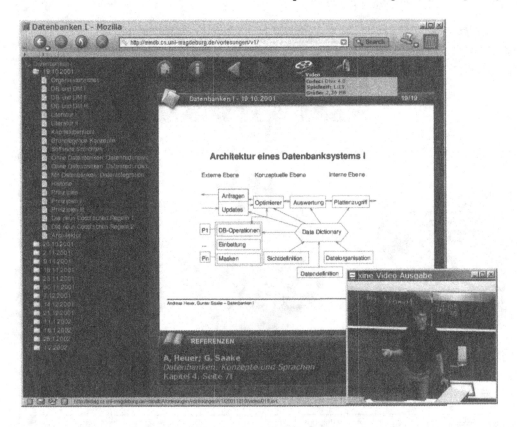

Abbildung 10.4 Anwendung von Multimedia im Word Wide Web

moderner Computeranwendungen. Das beste Beispiel aus der jüngeren Zeit ist das WWW (World Wide Web) mit seinem unerschöpflichen Angebot an Informationen (Abbildung 10.4).

Schließlich sollen auch die Anwendungen für Filme und Spiele nicht unerwähnt bleiben. Die Fortschritte in der Computergrafik ermöglichen es beispielsweise realistische Filmszenen zu erstellen, die mit herkömmlicher Technik nicht oder nur mit einem sehr hohen Kostenaufwand realisierbar wären.

10.3   Zeichnen elementarer Figuren

Zur Ausgabe auf einen Rasterbildschirm müssen die Punkte, die das Bild ausmachen, im Bildpuffer definiert werden. Dazu sind Punkt-Ausgabe-Algorithmen notwendig. Der Bildschirm entspricht dem auf den Kopf gestellten 1. Quadranten

des uns bekannten Koordinatensystems (Abbildung 10.5). Zeichnet man über den
Bildschirm hinaus, bricht das Programm ab oder es entsteht der „Wraparound"-
Effekt (Abbildung 10.6).

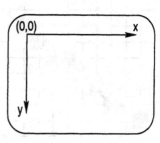

Abbildung 10.5
Bildschirmkoordinatensystem

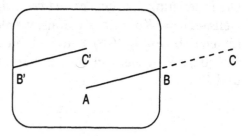

Abbildung 10.6
Überzeichnen eines Bildschirms

10.3.1 Punkte

Das grundlegende Element, das bei der Darstellung von grafischen Figuren in der
Computergrafik verwendet wird, ist das Pixel. Ein Pixel ist ein Rasterpunkt, der
durch zwei Integer-Werte gekennzeichnet ist. Optional kann ein weiterer Parameter für die Farbzuweisung angegeben werden. Aus der maximalen Anzahl von
Pixeln für Länge und Breite ergibt sich ein Pixelverhältnis, das bei der Präsentation berücksichtigt werden muss. Sonst kann es bespielsweise dazu kommen, dass
ein Quadrat als Rechteck dargestellt wird. Die Umrechnung auf das vorliegende
Verhältnis wird bereits durch die Grafiksoftware selbst vorgenommen.

Alle Grafikfunktionen lassen sich auf das Setzen von Pixeln durch eine plotPoint(x, y)
Funktion zurückführen. Dabei wird nur ein Pixel aktiviert.

10.3.2 Linien

Linien entstehen, wenn eine dichte Folge von benachbarten Pixeln erzeugt wird
(vgl. Abbildung 10.7). Die Exaktheit der Linie hängt dabei sehr stark von der Bild-
schirmauflösung ab. Da Pixel nur ganzzahlig angesprochen werden können, hat
deren Berechnung nur für Int-Werte einen Sinn. Außerdem sind float-Operationen

sehr langsam. In der Grafik ist es aber unbedingt notwendig, schnelle Operationen zu programmieren.

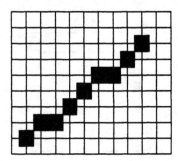

Abbildung 10.7
Linie als Folge von Punkten

Die Erzeugung *horizontaler und vertikaler Linien* zeichnet sich dadurch aus, dass jeweils eine der Koordinaten konstant bleibt, y bei vertikalen und x bei horizontalen Linien (Abbildung 10.8). Um die Linie zu erzeugen, genügt dann eine einfache **for**-Schleife, die jeweils von der Anfangs- zur Endkoordinate zählt (Abbildungen 10.9 und 10.10).

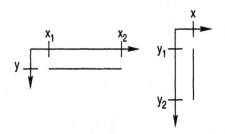

Abbildung 10.8
Erzeugung horizontaler und vertikaler Linien

hline(x_1, x_2, y)
Für $x := x_1$ bis x_2
plotPoint(x, y)

Abbildung 10.9
Struktogramm zum Zeichnen einer horizontalen Linie

vline(x, y_1, y_2)
Für $y := y_1$ bis y_2
plotPoint(x, y)

Abbildung 10.10
Struktogramm zum Zeichnen einer vertikalen Linie

Diagonale Linien mit einem Anstieg von 45° können, wie horizontale und vertikale Linien, durch eine einfache **for**-Schleife erzeugt werden. Der Unterschied besteht darin, dass bei jedem Schleifendurchlauf sowohl die x-, als auch die y-Koordinate um 1 erhöht werden (Abbildung 10.11).

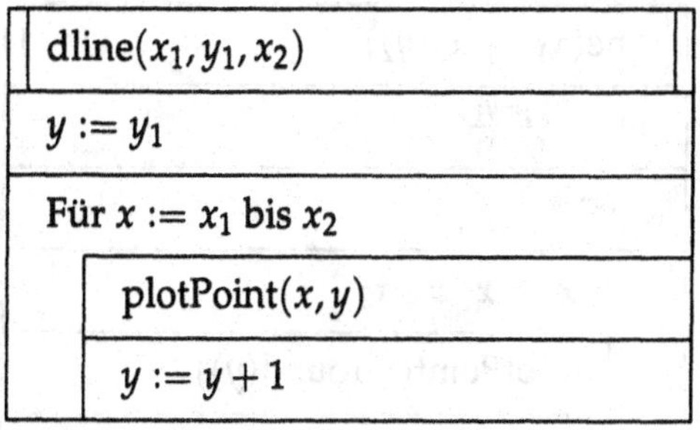

dline(x_1, y_1, x_2)	
$y := y_1$	
Für $x := x_1$ bis x_2	
	plotPoint(x, y)
	$y := y + 1$

Abbildung 10.11
Struktogramm zum Zeichnen einer diago-
nalen Linie mit einem Anstieg von 45°

Beliebige Linienanstiege sind problematischer, da jeweils die richtigen Pixel, die die
Linie annähernd abbilden, dargestellt werden müssen. Im Folgenden sollen zwei
Algorithmen zur Darstellung beliebiger Linien vorgestellt werden.

Die Berechnung nach der *direkten Methode* basiert auf der aus der Geometrie bekannten Geradengleichung $y = m \cdot x + b$. Da dieser Algorithmus die Koordinaten
zunächst als **float**-Werte berechnet und erst vor der Darstellung in einen **int** konver-
tiert, ist die Berechnung verhältnismäßig langsam (Abbildung 10.12).

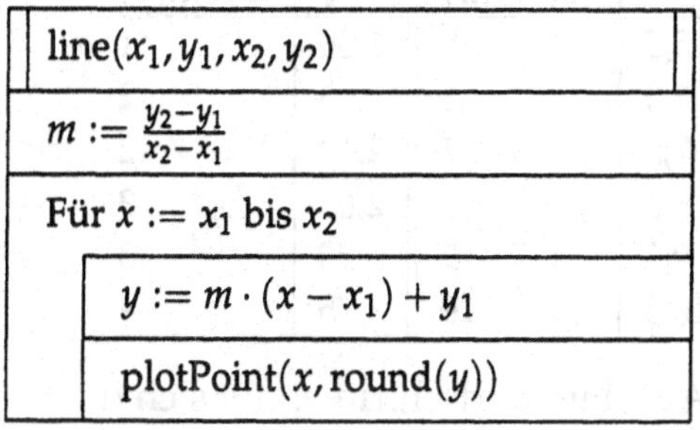

line(x_1, y_1, x_2, y_2)	
$m := \frac{y_2 - y_1}{x_2 - x_1}$	
Für $x := x_1$ bis x_2	
	$y := m \cdot (x - x_1) + y_1$
	plotPoint$(x, \text{round}(y))$

Abbildung 10.12
Struktogramm zum Zeichnen einer Linie mit beliebigem Anstieg unter Verwendung der direkten Methode

Der *Differential Digital Analyser* (DDA) liefert gute Linien. Für $|m| < 1$ und $x_1 < x_2$
erzeugen wir die Linie, indem der x-Wert um jeweils eine Einheit bis zum Erreichen von x_2 erhöht wird. Die Punkte werden durch folgende Zuweisungen berechnet (am Anfang gilt $x := x_1$ und $y = y_1$):

$$x := x + 1$$
$$y := y + m$$

Der auf diesen Formeln basierende Algorithmus ist zeitsparender, hat aber weiterhin den Nachteil, dass Operationen mit reellen Zahlen durchzuführen sind (Abbildung 10.13).

Beide Algorithmen zeichnen unterbrochene Linien für Anstiege $|m| > 1$. Die y-
Koordinate muss dabei jeweils imkrementiert und daraus die x-Koordinate berechnet werden.

line(x_1, y_1, x_2, y_2)
$m := \frac{y_2 - y_1}{x_2 - x_1}$
$y := y_1$
Für $x := x_1$ bis x_2

> | plotPoint$(x, \text{round}(y))$ |
> | --- |
> | $y := y + m$ |

Abbildung 10.13
Struktogramm zum Zeichnen einer Linie mit beliebigem Anstieg unter Nutzung eines DDA

Beispiel 10.1. Zeichnen einer Linie mit $x_1 = 5,3$, $x_2 = 10,4$, $y_1 = 1,0$ und $y_2 = 3,8$. Für m ergibt sich:

$$m = \frac{3,8 - 1,0}{10,4 - 5,3} = 0,55 < 1,0$$

Damit ergeben sich folgende Werte für x und y:

x	round(x)	y	round(y)
5,3	5	1,00	1
6,3	6	1,55	2
7,3	7	2,10	2
8,3	8	2,65	3
9,3	9	3,20	3
10,3	10	3,75	4

Auf dem Bildschirm ergibt sich damit die Linie in Abbildung 10.14.

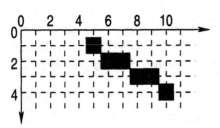

Abbildung 10.14
Zeichnen einer Geraden mit $x_1 = 5,3$, $x_2 = 10,4$, $y_1 = 1,0$ und $y_2 = 3,8$

★

10.3.3 Kreise

Eine erste Möglichkeit zum Zeichnen von Kreisen ergibt sich aus der *Nutzung der grundlegenden Kreisgleichung*:

$$r^2 = (x - x_m)^2 + (y - y_m)^2$$

Daraus wird:

$$y = y_m \pm \sqrt{r^2 - (x - x_m)^2} \quad \text{mit} \quad x_m - r < x < x_m + r$$

Zur Darstellung auf dem Bildschirm ist abschließend wiederum eine Wandlung in ganzzahlige Werte notwendig. Dieses Verfahren ist einfach umzusetzen, aber auf Grund der komplexen Operationen, u.a. das häufige Quadrieren und Wurzelziehen, sehr rechenintensiv und daher langsam.

Auch die *Parameterdarstellung der Kreisgleichung* kann zum inkrementellen Zeichnen genutzt werden:

$$x = x_m + r \cdot \cos \alpha \quad \text{und} \quad y = y_m + r \cdot \sin \alpha \quad \text{mit} \quad 0 \le \alpha \le 2\pi$$

In Mittelpunktlage ergibt sich:

$$x_1 = r \cdot \cos \alpha \quad \text{und} \quad x_2 = r \cdot \cos(\alpha + \delta)$$
$$y_1 = r \cdot \sin \alpha \quad \text{und} \quad y_2 = r \cdot \sin(\alpha + \delta)$$

Aus den Additionstheoremen folgt:

$$x_2 = x_1 \cdot \cos(\delta - y_1) \cdot \sin \delta \quad \text{und} \quad y_2 = y_1 \cdot \cos(\delta + x_1) \cdot \sin \delta$$

Mit $y_1 = 0$ und $x_1 = r$ sind für δ die Winkelfunktionen nur einmal zu berechnen und anschließend aufzuaddieren. Unter Ausnutzung von Symmetrieaspekten ist nur $\frac{1}{8}$ des Vollkreises zu berechnen (Abbildung 10.15).

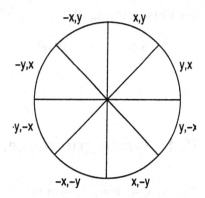

Abbildung 10.15
Symmetriedarstellung am Kreis

Die *Näherung eines Kreises durch ein Polygon (Vieleck)* wird auch häufig angewendet (Abbildung 10.16). Die Anzahl der Sehnen muss so groß sein, dass der Kreis erkennbar ist. Die Anzahl der Ecken sollte deshalb proportional dem Umfang sein.

Obwohl die vorgestellten Verfahren schon elegant sind, hat J. E. BRESENHAM ein noch schnelleres Verfahren entwickelt. Es basiert auf der direkten Pixelberechnung und benutzt die Kreissymmetrie. Der *Bresenham-Algorithmus* nutzt Integerberechnungen, so dass gegenüber den anderen Verfahren die Geschwindigkeit höher ist.

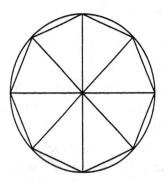

Abbildung 10.16
Approximation eines Kreises durch einen Polygonzug

Die Werte werden für $x = 0$ bis $x = \sqrt{\frac{r}{2}}$ berechnet. Dies entspricht $\frac{1}{8}$ des Kreises. Der Vollkreis ergibt sich durch dreimaliges Spiegeln. Wenn $P(0, r)$ der Anfangspunkt ist und x um jeweils ein Pixel zunimmt, dann bleibt y gleich oder vermindert sich um ein Pixel. Wenn $P(x_i, y_i)$ ein Pixel auf dem Kreis darstellt, dann ist das nächste Pixel entweder $P(x_{i+1}, y_i)$ (A) oder $P(x_{i+1}, y_{i-1})$ (B) (Abbildung 10.17). Der Algorithmus muss nun entscheiden, ob A oder B verwendet werden. Ein Punkt liegt auf dem Kreis, wenn $d = 0$ gilt.

$$
\begin{aligned}
d_A &= \sqrt{(x_i + 1)^2 + y_i^2} - r \\
d_B &= \sqrt{(x_i + 1)^2 + (y_i - 1)^2} - r \\
S &= d_A + d_B
\end{aligned}
$$

Die Entscheidung für Pixel A oder B wird anhand von S getroffen:

$$
\begin{aligned}
S &> 0 \quad \leadsto \quad \text{Pixel B} \\
S &< 0 \quad \leadsto \quad \text{Pixel A}
\end{aligned}
$$

10.4 Grafikgrundlagen

Für viele Anwendungen in der Praxis ist das bisher benutzte Koordinatensystem zu beschränkt. Dazu kommt, dass die Darstellungsfläche und das Auflösungsvermögen des Bildschirms nicht ausreichen. Der Benutzer muss ein eigenes Koordinatensystem auswählen und das Bild oder einen Ausschnitt des maßstäblich veränderten Bildes an jeder beliebigen Stelle des Bildschirms anzeigen lassen können. Hinzu kommen die verschiedenen Ansichten, z.B.:

- räumlich,
- Rissdarstellungen,

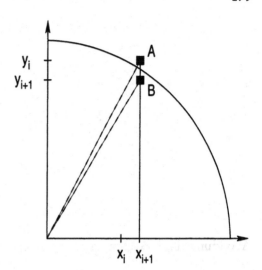

Abbildung 10.17
Bresenham-Algorithmus für Kreise

- innen/außen,
- Details (z.B. Verzahnung eines Getriebes).

Koordinatensysteme und Transformationen sind die wichtigsten Mittel zur flexiblen grafischen Arbeit. Auf dem Bildschirm ist das Koordinatensystem durch die Hardware vorgegeben. Um diese Beschränkung zu überwinden, arbeitet man normalerweise in einem *Weltkoordinatensystem*, das alle Werte zulässt und betriebssystemunabhängig ist. Durch die Definition eines *Bildschirmfensters* (Viewports) wird eine Ansicht auf das Bildschirmkoordinatensystem abgebildet. Durch Vergrößern, Verkleinern, Verschieben, Drehen und Verzerren sind die Bildschirmfenster beliebig auf das Objekt anwendbar (Abbildung 10.18). Damit können bequeme und informative Darstellungen erzeugt werden, ohne das Originalobjekt zu verändern. Verschiedene Fenster und Darstellungsbereiche ermöglichen eine Bildschirmanzeige mit mehreren Bildern (Abbildung 10.19).

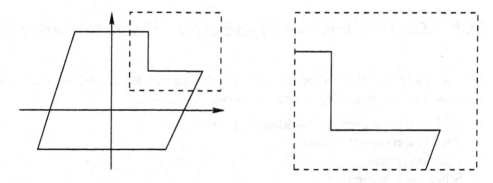

Abbildung 10.18 Darstellung des Fensters mit Objektausschnitt ≙ Viewport

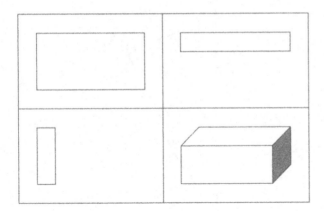

Abbildung 10.19 Zeichnung mit verschiedenen Ansichten

Bei professionellen Lösungen wird mit einem *normalisierten Gerätekoordinatensystem* gearbeitet. Die Koordinaten bewegen sich in beiden Richtungen zwischen 0 und 1, so dass die Grafikprogramme von der Auflösung des Bildschirms und der zugehörigen Grafikkarte unabhängig werden. Das Betriebssystem hat einen Gerätetreiber, der die Normalkoordinaten in die konkreten Bildschirmkoordinaten umwandelt.

In der Vergangenheit wurden mehrere Standards für Grafiksysteme entwickelt, z.B. das *Graphic Kernel System* (GKS) oder OpenGL (Abschnitt 10.6). Neben der Behandlung von Koordinaten sind folgende Probleme bei der grafischen Programmierung zu beachten:

* Clipping für Punkte, Geraden, Kreise, Polygone,
* Texte in Grafik.

10.5 Zweidimensionale, geometrische Transformationen

Geometrische Transformationen helfen bei der Konstruktion und Modifikation eines Objektes. Folgende Operationen werden behandelt:

* Skalierung (Vergrößern, Verkleinern),
* Translation (Verschiebung),
* Rotation (Drehung),
* Scherung (Verzerrung),
* Spiegelung,
* Bewegung (Animation).

Basis für alle Operationen sind die Matrizenmultiplikation:

$$\vec{v}' = \vec{v} \cdot \mathbf{M}$$

und die *Einheitsmatrix*

$$\mathbf{E} = \begin{pmatrix} 1 & 0 & 0 \\ 0 & 1 & 0 \\ 0 & 0 & 1 \end{pmatrix}$$

Für die Berechnungen werden homogene Koordinaten verwendet. Der Vektor einer homogenen Koordinate enthält jeweils ein Element mehr, als die Anzahl der Dimensionen des entsprechenden Punktes, d.h. drei Elemente für einen Punkt im 2-dimensionalen Raum und vier Elemente für einen Punkt im 3-dimensionalen Raum. Das zusätzliche Element besitzt immer den Wert 1. Die homogene Koordinate des Punktes $P(x, y)$ ist beispielsweise $P(x, y, 1)$. Durch dieses Vorgehen lassen sich die Berechnungen vereinfachen (vgl. [Fol 99]).

Unter *Translation* versteht man eine geradlinige Verschiebung des Objekts bzw. seiner Definitionspunkte. Das Translationsergebnis wird nach folgender Gleichung berechnet:

$$\left\{ x' \ y' \ 1 \right\} = \left\{ x \ y \ 1 \right\} \cdot \begin{pmatrix} 1 & 0 & 0 \\ 0 & 1 & 0 \\ H & V & 1 \end{pmatrix}$$

Wobei H und V die Beträge sind, um die in horizontaler und vertikaler Richtung verschoben werden soll.

Eine *Rotation* ist die Drehung eines Objektes um einen bestimmten Punkt. Sie wird üblicherweise durch den Rotationswinkel und das Rotationszentrum festgelegt. Liegt das Rotationszentrum nicht im Koordinatenursprung, dann muss vor und nach der eigentlichen Rotation jeweils eine Translation durchgeführt werden. Die Rotation des Punktes $P(x, y)$ um den Winkel μ geschieht nach folgender Formel:

$$\left\{ x' \ y' \ 1 \right\} = \left\{ x \ y \ 1 \right\} \cdot \begin{pmatrix} \cos\mu & \sin\mu & 0 \\ -\sin\mu & \cos\mu & 0 \\ 0 & 0 & 1 \end{pmatrix}$$

Skalierung ist die Veränderung des Maßstabes eines Objektes um bestimmte Skalierungsfaktoren. Wenn $S_x > 1$ und $S_y > 1$, wird es vergrößert, bei $S_x < 1$ und $S_y < 1$, wird es verkleinert. Gilt $S_x \neq S_y$, dann wird das Objekt verzerrt. Für die Skalierung gilt

$$\left\{ x' \ y' \ 1 \right\} = \left\{ x \ y \ 1 \right\} \cdot \begin{pmatrix} S_x & 0 & 0 \\ 0 & S_y & 0 \\ 0 & 0 & 1 \end{pmatrix}$$

Die *Spiegelung* ist ein Spezialfall der Skalierung mit $S_x = 1$ oder $S_y = 1$. Objekte können an der x-Achse, der y-Achse oder an beiden Achsen gespiegelt werden:

1. an der x-Achse:

$$\{\, x' \;\; y' \;\; 1 \,\} = \{\, x \;\; y \;\; 1 \,\} \cdot \begin{pmatrix} 1 & 0 & 0 \\ 0 & -1 & 0 \\ 0 & 0 & 1 \end{pmatrix}$$

2. an der y-Achse:

$$\{\, x' \;\; y' \;\; 1 \,\} = \{\, x \;\; y \;\; 1 \,\} \cdot \begin{pmatrix} -1 & 0 & 0 \\ 0 & 1 & 0 \\ 0 & 0 & 1 \end{pmatrix}$$

Eine *Scherungstransformation* erzeugt die Verzerrung eines Objektes (vgl. Abbildung 10.20). Es gibt zwei Arten der Scherung (je nach Achsenrichtung):

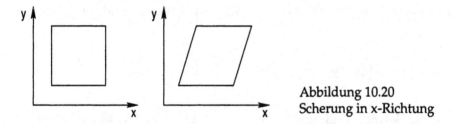

Abbildung 10.20
Scherung in x-Richtung

1. x-Scherung (SHX - Scherungsfaktor):

$$\{\, x' \;\; y' \;\; 1 \,\} = \{\, x \;\; y \;\; 1 \,\} \cdot \begin{pmatrix} 1 & 0 & 0 \\ SHX & 1 & 0 \\ 0 & 0 & 1 \end{pmatrix}$$

2. y-Scherung (SHY - Scherungsfaktor):

$$\{\, x' \;\; y' \;\; 1 \,\} = \{\, x \;\; y \;\; 1 \,\} \cdot \begin{pmatrix} 1 & SHY & 0 \\ 0 & 1 & 0 \\ 0 & 0 & 1 \end{pmatrix}$$

Animation ist die n-fache Reproduktion eines Objektes in mehreren Variationen. Die Realisierung erfolgt meist mit Translation, Rotation und Skalierung. Bei der Erzeugung von bewegten Objekten ist stets das Löschen des replizierten Objektes notwendig.

Die Animation vieler Objekte erfordert eine entsprechend hohe Rechenleistung, da für einen flüssigen Bewegungsablauf mindestens 25 Bilder je Sekunde berechnet

Tabelle 10.1 Die verbreitetsten Grafikbibliotheken

Name	Entwickler	Betriebssysteme	Anwendung
DirectX	Microsoft	Windows	Multimedia, Spiele
OpenGL	SGI, ARB	Unix, Windows, MacOS, ...	professionelle Visualisierung, Spiele
QuickTime3D	Apple	MacOS, Windows	Multimedia, Spiele

werden sollten. Um das Flackern des Bildes während der Berechnung zu verhindern, wird mit einer sogenannten *Doppelpufferung* gearbeitet, d.h., es werden zwei oder mehr Kopien des Bildspeichers verwendet, von denen immer nur einer aktiv ist. Dessen Inhalt wird auf dem Bildschirm angezeigt. In den inaktiven Puffern werden die folgenden Bilder berechnet. Ein Bildwechsel erfolgt dann, indem der entsprechende Puffer aktiv wird.

10.6 Einführung in OpenGL

Bisher wurden die elementaren Algorithmen und mathematischen Grundlagen, die in der Computergrafik [Fol 90] Anwendung finden, vorgestellt. Dabei wurde auch klar, dass diese Funktionen möglichst effizient implementiert sein müssen, damit eine schnelle Bildschirmausgabe möglich wird.

Realisiert man diese Algorithmen komplett in Software, dann begrenzt die *von-Neumann*-Architektur sehr schnell die maximal erreichbare Geschwindigkeit. Daher hat sich die Grafikhardware in den letzten Jahren stürmisch weiterentwickelt. Einfache *Framebuffer*, die nur den Bildschirminhalt in einem Speicher abbilden, findet man nur noch selten. In den letzten 10 Jahren wurden immer mehr elementare Bildoperationen in Hardware realisiert. Nach einfachen *2D-Beschleunigern* haben sich in letzter Zeit *3D-Beschleuniger* durchgesetzt. Diese können die rechen- und bandbreitenintensiven Operationen für das Zeichnen der texturierten Polygone, das Schattieren und den Tiefentest ohne Zutun der CPU durchführen. Selbst die Transformation wird zunehmend durch solch spezialisierte Hardware ausgeführt.

Bei der rasanten Hardware-Entwicklung wird klar, dass nicht jeder Programmierer sein Programm an solch unterschiedliche Umgebungen anpassen kann. Deshalb hat man diese Funktionen in Bibliotheken ausgelagert, die von den Hardwareherstellern optimiert werden. Für die Programmierung von grafischen Benutzeroberflächen haben sich unter den verschiedenen Betriebssystemen sehr unterschiedliche Bibliotheken durchgesetzt (z.B. Win32, Xlib, Motif, GTK, Qt, ...). Die Tabelle 10.1 stellt die verbreitetsten Bibliotheken vor, die heute für aufwendige Grafikprogrammierung genutzt werden.

Im Folgenden wird ein kleiner Überblick über OpenGL [Men 97] gegeben. Diese
Bibliothek eignet sich für die zwei- und dreidimensionale Darstellung von Punkten, Linien und Polygonen. Ein Tiefenpuffer[1] erlaubt das Herausfiltern verdeckter Objekte. Das Aussehen der Objekte wird durch Farbgebung, Schattierung und
Transparenz beeinflusst. Für eine realistische Darstellung können Texturen[2] und
Lichter verwendet werden. Ihre einfach portierbare und erweiterbare Struktur hat
OpenGL in den letzten Jahren zum Standard für professionelle Computergrafik
auf allen gängigen Betriebssystemen gemacht. Mittlerweile wird sie von einem Zusammenschluss von über 20 namhaften IT-Firmen, dem *Architecture Review Board
(ARB)*, weiterentwickelt.

10.6.1 Die Bibliothek

Aufteilung der Funktionen

OpenGL [Seg 97] ist so portabel, weil ihre Kern-Bibliothek nur die nötigsten Funktionen für die Grafikprogrammierung bereitstellt. Methoden für das Binden der
Ausgabe an ein Fenster fehlen ganz, weil diese sehr vom Betriebssystem abhängig
sind. Realisiert sind:

- Funktionen zum Zeichnen von Punkten, Linien, konvexen Polygonen,
- Funktionen zum Ausführen von Transformationen,
- Elementare Pixeloperationen.

Alle Funktionen, die höhere Zeichenfunktionen (Freiform-Flächen, Zylinder, Kugeln) ermöglichen, bei der Einrichtung des sichtbaren Ausschnittes und der Perspektive helfen und andere nicht unbedingt notwendige Funktionen sind in eine
eigene Bibliothek ausgelagert: Die *OpenGL Utility Library* (GLU) [Chi 97].

Das Binden der Ausgabe von OpenGL an ein Fenster des Window-Systems realisieren andere Bibliotheken. Für professionelle Projekte nutzt man dazu betriebssystemspezifische Bibliotheken, wie *WGL* für Windows und *GLX* für Unix. Für
einfache Anwendungen ist das betriebssystemunabhängige *OpenGL Utility Toolkit*
(GLUT) [Kil 96a] besser geeignet, weil es mit wenigen Aufrufen dem Programmierer die meiste Arbeit abnimmt. Sie wird in [Kil 96b] für die Einführung OpenGL-
Programmierung genutzt. Die Tabelle 10.2 gibt die Namen für die zugehörigen
Include-Dateien an.

---

[1]Ein *Tiefenpuffer* (Depth Buffer) gibt an, wie weit jeder Pixel des Bildes vom Betrachter entfernt ist.
[2]Eine *Textur* beschreibt die Struktur (Farbe und Beschaffenheit) einer Oberfläche.

Tabelle 10.2 Die OpenGL-Include-Dateien

Name	Beschreibung
GL/gl.h	OpenGL Kern-Bibliothek
GL/glu.h	OpenGL Utility Library
GL/glut.h	OpenGL Utility Toolkit

Tabelle 10.3 Die OpenGL-Datentypen

Typ	minimale Größe	Beschreibung
GLboolean	1	Wahrheitswert
GLbyte	8	vorzeichenbehaftete Ganzzahl
GLubyte	8	positive Ganzzahl
GLshort	16	vorzeichenbehaftete Ganzzahl
GLushort	16	positive Ganzzahl
GLint	32	vorzeichenbehaftete Ganzzahl
GLuint	32	positive Ganzzahl
GLsizei	32	natürliche Zahl (>0)
GLenum	32	symbolische Ganzzahl
GLbitfield	32	Bit-Feld
GLfloat	32	Fließkommazahl
GLclampf	32	Fließkommazahl $\in [0,1]$
GLdouble	64	Fließkommazahl
GLclampd	64	Fließkommazahl $\in [0,1]$

Datentypen, Funktionen und Konstanten

Da ANSI C die Größen der Basis-Datentypen nicht festlegt, definiert OpenGL eigene Datentypen, um die richtige Größe sicherzustellen. Diese beginnen immer mit dem Prefix GL und sind in der Tabelle 10.3 zusammengestellt. Explizite Typumwandlungen sind, wegen der Standard-Typkonvertierungen von C und den Headern, nur selten nötig.

Alle Funktionen von OpenGL folgen einem Namensschema. Ein Prefix kennzeichnet die Zugehörigkeit zu der Teilbibliothek, z.B.: gl, glu und glut. Danach folgt der eigentliche aussagekräftige Name. Jedes Teilwort beginnt mit einem Großbuchstaben. Gibt es die Funktion mit unterschiedlicher Parameteranzahl, so wird diese nach dem Namen angegeben. In diesem Fall wird als Suffix der Datentyp der Argumente, in Form von 1–2 Buchstaben, angegeben. Die Zuordnung zwischen Suffix und Datentyp erfolgt gemäß Tabelle 10.4. Falls man die Argumente als Feld übergeben kann, hängt man ein v an.

Tabelle 10.4 Zuordnung zwischen Suffix-Buchstaben und OpenGL-Datentypen

Suffix-Buchstaben	zugehöriger OpenGL-Datentyp
b	GLbyte
ub	GLubyte
s	GLshort
us	GLushort
i	GLint
ui	GLuint
f	GLfloat
d	GLdouble

Die Konstanten der Bibliothek folgen dem selben Schema, nur sind bei ihnen alle Buchstaben groß geschrieben und die Teilworte werden durch einen Unterstrich voneinander getrennt. Die Tabelle 10.5 gibt einige Beispiele für diese systematische Namensgebung.

Tabelle 10.5 Beispiele für die systematische Namensvergabe in OpenGL

Beispiel	Art	Header	Argument
glColor4f	Funktion	gl.h	4 GLfloat-Variablen
glVertex3fv	Funktion	gl.h	3 GLfloat-Werte in einem Feld
gluOrtho2D	Funktion	glu.h	
glutInit	Funktion	glut.h	
GL_QUADS	Konstante	gl.h	
GLU_FILL	Konstante	glu.h	
GLUT_RGB	Konstante	glut.h	

Das Arbeitsprinzip

OpenGL arbeitet als eine *Zustandsmaschine (Statemachine)*, das heißt, die Bibliothek befindet sich zu jedem Zeitpunkt in einem definierten Zustand, der durch Aufruf von Funktionen manipuliert werden kann. Jede Zustandsänderung wirkt immer global. Zum Beispiel setzt ein Aufruf von glColor3f (1.0,1.0,1.0) die Farbe auf weiß. Diese Farbe bleibt solange aktuell, bis ein erneuter Aufruf von glColor getätigt wird. Möchte man etwas zeichnen, so muss die Bibliothek in einen Zustand versetzt werden, der sie auf die Eckpunkte warten lässt. Ein Aufruf von glMatrixMode(matrix) wählt die zu bearbeitende Matrix aus.

Der aktuelle Zustand der Bibliothek kann auf je einem *Matrizen-* und einem *Attribut-Stack*[3] gespeichert und später wiederhergestellt werden. Man kann sich also OpenGL als eine Maschine vorstellen, die durch viele Knöpfe (ihre Funktionen) bedient wird.

Bei der bisherigen Herangehensweise wurde der Programmablauf bereits beim Schreiben des Quelltextes festgelegt. Für eine grafische Oberfläche ist das nicht möglich. Das Programm muss auf verschiedene Ereignisse reagieren, von denen nicht bekannt ist, wann und in welcher Reihenfolge sie eintreten. Dazu zählen zum Beispiel:

- ein Tastendruck,
- das Drücken einer Schaltfläche,
- das Verändern der Größe eines Fensters,
- das Schließen eines Fensters.

Eine Fensterumgebung wie Windows sammelt diese Ereignisse zentral und teilt sie den jeweiligen Programmen durch Nachrichten mit. Dazu rufen die Programme beim Eintreffen einer Nachricht einen sogenannten *Eventhandler* auf. Das ist eine Funktion, die vom Programmierer bei der Fensterbibliothek registriert wird. Diese enthält die Anweisungen für die Reaktion auf das Ereignis. Bei jedem Auftreten des Ereignisses wird von nun an diese Funktion automatisch aufgerufen. Bei diesem Verarbeitungsmodell spricht man von *Ereignisorientierter Programmierung*.

Beim Entwurf eigener Programme ist darauf zu achten, dass jederzeit bekannt ist, wie die Ausgabe aussieht. Jede Veränderung der Größe oder Aufdecken des Fensters machen ein Neuzeichnen nötig. Will man die Ausgabe verändern, so muss dies in einem *Eventhandler* geschehen.

10.6.2 Die Praxis

Erste Schritte

Um ein OpenGL-Programm mit Hilfe von GLUT zu erstellen, muss der Programmierer stets folgende Aufgaben implementieren.

1. OpenGL und GLUT initialisieren.
2. Fenster anlegen.
3. Notwendige Initialisierungen durchführen:
   - Sichtbaren Ausschnitt des Koordinatensystems festlegen,
   - notwendige Berechnungen für die darzustellenden Körper durchführen,

---

[3]Ein *Stapelspeicher* (Stack) speichert eine beliebige Anzahl von Elementen. Man kann im Gegensatz zu einem Feld nur auf das zuletzt gespeicherte Element direkt zugreifen. Wird dieses vom Stack entfernt (pop), bekommt man Zugriff auf das Element, das direkt davor auf den Stack geschoben (push) wurde.

- Eventhandler registrieren.
4. GLUT-Hauptschleife starten und auf Ereignisse warten.

Derartige Programme haben dadurch stets einen ähnlichen Aufbau.

Anhand des ersten Beispiels sollen nun die einzelnen Schritte erläutert werden. Das Programm soll eine typische Aufgabe erfüllen: *Ausgabe einer Funktion in einem gegebenen Definitionsbereich.*

Zuerst wird GLUT initialisiert. Dazu übergibt glutInit mit Hilfe der Variablen argc und argv die Kommandozeilenargumente an GLUT.[4]

Im nächsten Schritt legt die Funktion glutInitDisplayMode die benötigten Eigenschaften des Ausgabefensters ein. Benötigt wird ein einfaches Fenster (GLUT_SINGLE) mit einem RGB-Farbschema (GLUT_RGB). Die Anfangsfenstergröße wird mittels der Funktion glutInitWindowSize auf 400 × 300 Pixel gesetzt. Danach kann das Fenster mit glutCreateWindow(name) erzeugt werden.

In OpenGL wird mit Weltkoordinaten gearbeitet, das heißt, der Programmierer kann in dem Koordinatensystem arbeiten, das günstig für ihn ist. OpenGL skaliert die Ausgabe immer so, dass sie in das Fenster passt.

Die Projektionsmatrix legt den sichtbaren Ausschnitt fest. Zur Bearbeitung wird diese mit glMatrixMode(GL_PROJECTION) ausgewählt. Die Funktion gluOrtho2D erzeugt die passende Matrix für ein zweidimensionales kartesisches Koordinatensystem. Ihre Parameter legen nacheinander die *linke, rechte, untere* und *obere Grenze* fest.

Bevor nun mit glutMainLoop die Hauptschleife von GLUT zur Ereignisverarbeitung gestartet werden kann, müssen die Eventhandler (siehe 10.6.1) registriert werden. Für das Beispiel wird nur eine Funktion gebraucht, die das Neuzeichnen des Fensters übernimmt. Dies erledigt glutDisplayFunc(plotfunc). Die Funktion plotfunc wird als Zeiger übergeben. Sie enthält alle Zeichenanweisungen.

Die Funktion glClearColor legt die Farbe zum Löschen des Ausgabepuffers fest. Mit glClear(GL_COLOR_BUFFER_BIT) löscht man den Inhalt des Ausgabepuffers.

OpenGL stellt für das Zeichnen einige *geometrische Grundformen (Primitive)* bereit. Die Abbildung 10.21 zeigt diese mit ihren Namen und der Reihenfolge, in der ihre Eckpunkte angegeben werden. Komplexere Formen, wie konkave Polygone oder Freiform-Flächen müssen durch viele kleine Dreiecke angenähert werden. Die GLU-Bibliothek stellt dazu Hilfsfunktionen bereit, die über diese Einführung hinausgehen. Alle diese Primitive bestehen aus einer Reihe von *Eckpunkten* (Vertices), die zwischen

```
glBegin(Objekt);
```

---

[4]Das Betriebssystem übergibt beim Start des Programmes die Anzahl der Argumente in argc. Deren Inhalt wird in dem String-Feld argv gespeichert. An Position 0 steht der Programmname, dann folgen die Argumente in der Reihenfolge, wie sie beim Start angegeben wurden.

⋮

```
glEnd();
```

angegeben werden. Jeder dieser Eckpunkte hat eine Reihe von Eigenschaften:

- Die *Farbe* wird mit glColor gesetzt:

```
glColor{3,4}{f,d,i,s,ub,us,ui}[v](...);
```

  Dabei gibt man nacheinander die Intensitäten der *roten, grünen, blauen* und der optionalen *alpha-Komponente* an. *Alpha* bezeichnet die Transparenz. 0.0 ist komplett durchsichtig und 1.0 ist undurchsichtig. Üblicherweise wird die Intensität als Gleitkommazahl im Bereich zwischen 0.0 und 1.0 angegeben. Die aktuelle Farbe bleibt bis zum erneuten Aufruf von glColor bestehen und wird solange für alle weiteren Eckpunkte genutzt.
- Der *Normalenvektor* steht senkrecht auf einer Fläche. Er ist wichtig für Sichtbarkeitstests und die Beleuchtung von Flächen im 3D-Raum. Beides wird in unserem Beispiel nicht benötigt.
- Die *Texturkoordinate* legt fest, wie eine *Textur* auf eine Fläche aufgetragen wird. Dies kann auf Grund der Komplexität nicht Bestandteil dieser Einführung sein.
- Der *Raumpunkt* gibt die Position im Raum an. Gesetzt wird dieser mit der Funktion glVertex:

```
glVertex{2,3,4}{f,d,i,s}[v](...)
```

Ein Raumpunkt kann also mit 2–4 Koordinaten vom Typ **float, double, int** oder **short** an OpenGL übergeben werden.

Der Befehl glBegin(Objekt) versetzt OpenGL in den Zustand auf Eckpunkte zu warten, um das Objekt zu zeichnen. Die Funktion glEnd beendet das Warten auf Vertices. Damit die Objekte tatsächlich im Fenster erscheinen, muss die Funktion glFlush ausgeführt werden.

Beispiel 10.2. Ausgabe einer Funktion in einem gegebenen Definitionsbereich

```c
#include <stdio.h>
#include <math.h>
#include <GL/glut.h>

const GLfloat Df[] = { -2 * M_PI, 2 * M_PI};   /* Definitionsbereich */
const GLfloat Wf[] = { -2.0, 2.0};             /* Wertebereich */
const GLfloat dx = 0.1;                        /* Schrittweite */
GLfloat f(GLfloat x);                          /* Funktion f(x) */

void plotfunc();                               /* Zeichenfunktion */

int main(int argc, char **argv) {
  /* GLUT initialisieren */
```

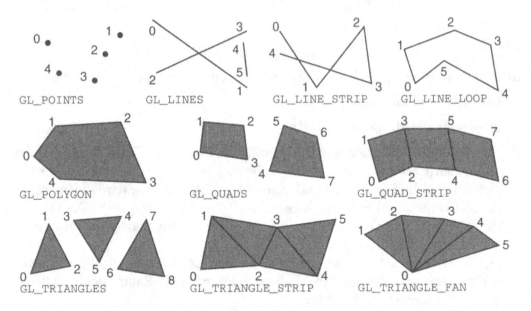

Abbildung 10.21 Die von OpenGL unterstützten geometrischen Grundformen

```
glutInit(&argc, argv);
glutInitDisplayMode(GLUT_RGB | GLUT_SINGLE);
/* Fenster anlegen */
glutInitWindowSize(400, 300);
glutCreateWindow("Funktionsplotter");
/* Weltkoordinatensystem festlegen */
glMatrixMode(GL_PROJECTION);
gluOrtho2D(Df[0], Df[1], Wf[0], Wf[1]);
/* Zeichenfunktion festlegen */
glutDisplayFunc(plotfunc);
/* GLUT-Hauptschleife aufrufen */
glutMainLoop();
return 0;
}


/* Funktion f(x) */
GLfloat f(GLfloat x) {
  return sin(x);
}


/* Zeichenfunktion */
void plotfunc() {
  GLfloat x, y;
  /* Fensterinhalt löschen */
  glClearColor(1.0, 1.0, 1.0, 1.0);
  glClear(GL_COLOR_BUFFER_BIT);
```

```
/* Koordinatenkreuz zeichnen */
glBegin(GL_LINES);
   glColor3f(0.0, 0.0, 0.0);
   glVertex2f(Df[0],    0.0);
   glVertex2f(Df[1],    0.0);
   glVertex2f( 0.0, Wf[0]);
   glVertex2f( 0.0, Wf[1]);
glEnd();
/* f(x) zeichnen */
glBegin(GL_LINE_STRIP);
   glColor3f(0.2, 0.2, 1.0);
   for (x = Df[0]; x <= Df[1] + dx; x += dx) {
      y = f(x);
      glVertex2f(x, y);
   }
glEnd();
/* Zeichenfunktionen ausführen */
glFlush();
}
```

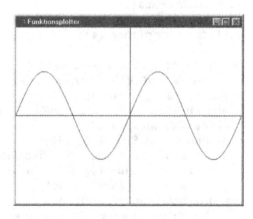

Abbildung 10.22
Ein einfacher Funktionsplotter

★

Reagieren auf Ereignisse

Das nächste Beispiel demonstriert die Behandlung von *Benutzereingaben* und *Textausgabe* in einem Grafikfenster. Das Programm zeichnet das *Haus vom Nikolaus* und der Nutzer kann per Tastendruck die einzelnen Zeichenschritte durchlaufen.

Die Koordinaten des Hauses sind im zweidimensionalen Feld haus[][2] gespeichert. Die Variable schritt speichert den Zeichenschritt, bis zu dem das Haus gezeichnet werden soll.

Die Funktion tastatur wird mit glutKeyboardFunc(tastatur) für die Verarbeitung von Tastaturereignissen angemeldet. Wird die Taste „+" gedrückt, erhöht die Funktion den

Wert von schritt. Bei einem „–" verringert sie ihn. Danach veranlasst glutPostRedisplay das Neuzeichnen des Fensters.

Das Programm zeichnet eine erläuternde Zeichenkette in das Fenster. OpenGL und GLUT bieten nur Funktionen für die Ausgabe einzelner Zeichen. Aus diesem Grund übernimmt die Funktion drawstring den wiederholten Aufruf der Funktion glutBitmapCharacter, bis der ganze String ausgegeben ist. Mit glRasterPos2f(x, y) legt man den Anfang für die Stringausgabe im Fenster fest.

Beispiel 10.3. Haus vom Nikolaus

```
#include <GL/glut.h>

/* Koordinaten des Nikolaushauses */
GLint haus[][2] = {{1, 1}, {3, 3}, {1, 3}, {2, 4}, {3, 3},
                   {3, 1}, {1, 3}, {1, 1}, {3, 1}};
/* Anzahl der Zeichenschritte */
int schritt=9;

void zeichneHaus();                       /* Haus zeichnen */
void tastatur(unsigned char key, int x, int y); /* Tastaturhandler */
void drawstring(char *s);                 /* Sring ausgeben */

int main(int argc, char **argv) {
  /* OpenGL und GLUT initialisieren */
  glutInit(&argc, argv);
  glutInitDisplayMode(GLUT_SINGLE | GLUT_RGB);
  /* Fenster anlegen */
  glutInitWindowSize(250, 350);
  glutCreateWindow("Haus vom Nikolaus");
  /* Ereignishandler registrieren */
  glutDisplayFunc(zeichneHaus);
  glutKeyboardFunc(tastatur);
  /* Weltkoordinatensystem festlegen */
  glMatrixMode(GL_PROJECTION);
  gluOrtho2D(0.75, 3.25, 0.75, 4.25);
  /* GLUT-Hauptschleife aufrufen */
  glutMainLoop();
  return 0;
}

/* Zeichenfunktion */
void zeichneHaus() {
  int s;
  glClearColor(1.0, 1.0, 1.0, 1.0);
  glClear(GL_COLOR_BUFFER_BIT);
  glColor3f(0.0, 0.0, 0.0);
  /* Zeichenposition festlegen */
  glRasterPos2f(0.75, 0.75);
```

```
/* String ausgeben */
drawstring("+/-: Zeichenschritte");
/* gewünschte Anzahl von Zeichenschritten ausführen */
glBegin(GL_LINE_STRIP);
  for (s = 0; s < schritt; s++)
    glVertex2iv(haus[s]);
glEnd();
/* Zeichenschritte ausführen */
glFlush();
}

/* Tastaturhandler */
void tastatur(unsigned char key, int x, int y) {
  switch (key) {
  case '+':
    if (++schritt > 9)
      schritt = 1;
    break;
  case '-':
    if (--schritt < 1)
      schritt = 9;
    break;
  }
  /* Neuzeichnen veranlassen */
  glutPostRedisplay();
}

/* String im Fenster ausgeben */
void drawstring(char *s) {
  int i;
  for (i = 0; s[i] != '\0'; i++)
    glutBitmapCharacter(GLUT_BITMAP_9_BY_15, s[i]);
}
```

★

Transformation

Die ersten beiden Beispiele haben einfache Zeichenoperationen demonstriert. Nun
soll gezeigt werden, wie mit Transformationen die Ausgabe beeinflusst werden
kann. Bevor ein mit glVertex erzeugter Eckpunkt auf dem Bildschirm erscheint, wird
er nacheinander mit einer Reihe von Matrizen multipliziert, bis seine endgültige
Position im Fenster feststeht. Der Programmierer ist für die ersten beiden Stufen
zuständig:

- Die *Modelview*-Matrix wandelt die *Objektkoordinaten* in *Weltkoordinaten* um.
- Die *Projection*-Matrix wandelt die Weltkoordinaten in *Fenster*- oder *Augenkoor-
  dinaten* um.

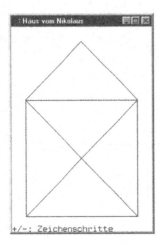

Abbildung 10.23
Das Haus vom Nikolaus (schritt =9)

Oft muss ein Objekt, zum Beispiel ein Zahnrad in einem CAD-Programm, an unterschiedlichen Stellen im Fenster gezeichnet werden. Dann ist es sinnvoll, das Objekt einmal im Ursprung zu definieren, und es durch eine anschließende Transformation in seine endgültige Position zu verschieben. Diese Aufgabe übernimmt die *Modelview*-Matrix. Die *Projection*-Matrix legt den sichtbaren Ausschnitt der „Welt" fest. Bisher haben wir nur letztere Matrix genutzt. Ein Aufruf von glMatrixMode(matrix), entweder mit dem Argument GL_MODELVIEW oder GL_PROJECTION, legt die aktuell zu bearbeitende Matrix fest.

Mit glLoadIdentity lädt man die *Einheitsmatrix* in die aktuelle Matrix. OpenGL bietet dann eine Reihe von Standardtransformationen um diese zu modifizieren:

- glTranslatef (x, y, z) fügt der aktuellen Matrix eine Translation in x-, y-, z-Richtung hinzu.
- glRotatef(deg, x, y, z) fügt eine Rotation um $deg°$, um die durch den Vektor $\vec{r} = \{x, y, z\}$ definierte Achse, hinzu.
- glScalef(x, y, z) fügt eine Skalierung in x-, y- und z-Richtung hinzu.

Diese drei Funktionen werden im Beispiel 10.4 demonstriert. Mit dem Funktionsaufruf glRectf (−1.5, −1.0, 1.5, 1.0) wird viermal das gleiche Rechteck gezeichnet. Durch vorherige Veränderung der Modelview-Matrix erscheint es jedesmal an einer anderen Stelle des Fensters und ist zusätzlich verschoben, rotiert oder skaliert.

Eine Veränderung der Matrix muss auch wieder rückgängig gemacht werden können. Man kann deshalb jederzeit die aktuelle Matrix mit glPushMatrix auf einem Matrizen-Stack sichern. Der alte Zustand kann dann mit glPopMatrix wiederhergestellt werden.

Reichen die vordefinierten Transformationen nicht aus, so kann eine beliebige Matrix mittels glLoadMatrix(matrix) aus einem Feld geladen werden. OpenGL erwartet dabei immer eine 4×4-Matrix in Form eines eindimensionalen Feldes:

- mathematische Notation:

$$
\mathbf{M} = \begin{pmatrix} a_{11} & a_{12} & a_{13} & a_{14} \\ a_{21} & a_{22} & a_{23} & a_{24} \\ a_{31} & a_{32} & a_{33} & a_{34} \\ a_{41} & a_{42} & a_{43} & a_{44} \end{pmatrix}
$$

- Realisierung in C:

```
GLfloat M[] = { a11, a12, a13, a14,
                a21, a22, a23, a24,
                a31, a32, a33, a34,
                a41, a42, a43, a44 };
```

Die Funktion glMultMatrix(matrix) dient zum Multiplizieren einer selbst erstellten Matrix mit der aktuellen. Die Nutzung eigener Matrizen wird im Beispiel 10.5 an Hand der *Scherung* demonstriert.

Beispiel 10.4. Standardtransformationen in OpenGL: Translation, Skalierung und Rotation .

```
#Include <GL/glut.h>

void zeichne(); /* Zeichenfunktion */

int main(Int argc, char **argv) {
    /* GLUT initialisieren */
    glutInit(&argc, argv);
    glutInitDisplayMode(GLUT_RGB | GLUT_SINGLE);
    /* Fenster anlegen */
    glutInitWindowSize(400, 300);
    glutCreateWindow("Standardtransformationen");
    /* Weltkoordinatensystem festlegen */
    glMatrixMode(GL_PROJECTION);
    gluOrtho2D(-8.0, 8.0, -6.0, 6.0);
    glMatrixMode(GL_MODELVIEW);
    /* Zeichenfunktion festlegen */
    glutDisplayFunc(zeichne);
    /* GLUT-Hauptschleife aufrufen */
    glutMainLoop();
    return 0;
}

/* Zeichenfunktion */
void zeichne() {
```

```
/* Bildschirm löschen */
glClearColor(1.0, 1.0, 1.0, 1.0);
glClear(GL_COLOR_BUFFER_BIT);
/* Trennlinien zeichnen */
glBegin(GL_LINES);
   glColor3f(0.0, 0.0, 0.0);
   glVertex2f( -8.0,  0.0);
   glVertex2f(  8.0,  0.0);
   glVertex2f(  0.0, -6.0);
   glVertex2f(  0.0,  6.0);
glEnd();
/* Farbe der Rechtecke */
glColor3f(0.2, 0.2, 1.0);
/* Original zeichnen */
glPushMatrix();
   glTranslatef(-4.0, 3.0, 0.0);
   glRectf(-1.5, -1.0, 1.5, 1.0);
glPopMatrix();
glPushMatrix();
   glTranslatef( 4.0, 3.0, 0.0);
   /* Translation um 1 in x- und y-Richtung */
   glTranslatef( 1.0, 1.0, 0.0);
   glRectf(-1.5, -1.0, 1.5, 1.0);
glPopMatrix();
glPushMatrix();
   glTranslatef(-4.0, -3.0, 0.0);
   /* Rotation um 45° z-Achse */
   glRotatef(45.0, 0.0, 0.0, 1.0);
   glRectf(-1.5, -1.0, 1.5, 1.0);
glPopMatrix();
glPushMatrix();
   glTranslatef( 4.0, -3.0, 0.0);
   /* Skalierung um den Faktor 2 in x-Richtung */
   glScalef( 2.0, 1.0, 1.0);
   glRectf(-1.5, -1.0, 1.5, 1.0);
glPopMatrix();
/* Zeichenschritte ausführen */
glFlush();
}
```

★

Beispiel 10.5. Beliebige Transformationen in OpenGL: z.B. Scherung.

```
#include <GL/glut.h>

/* Scherungsfaktoren in x- und y-Richtung */
#define SHX 0.25
#define SHY 0.25
```

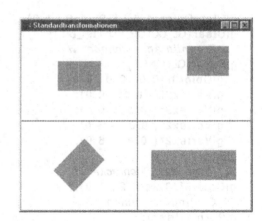

Abbildung 10.24
Die in OpenGL eingebauten Transformationen

```
/* Scherungs-Matrizen */
const GLfloat SCHERUNG_X[] = { 1.0 , 0.0 , 0.0 , 0.0 ,
                               SHX, 1.0 , 0.0 , 0.0 ,
                               0.0 , 0.0 , 1.0 , 0.0 ,
                               0.0 , 0.0 , 0.0 , 1.0 };

const GLfloat SCHERUNG_Y[] = { 1.0 , SHY, 0.0 , 0.0 ,
                               0.0 , 1.0 , 0.0 , 0.0 ,
                               0.0 , 0.0 , 1.0 , 0.0 ,
                               0.0 , 0.0 , 0.0 , 1.0 };

void zeichne(); /* Zeichenfunktion */

int main(int argc , char **argv) {
  /* GLUT initialisieren */
  glutInit(&argc, argv);
  glutInitDisplayMode(GLUT_RGB | GLUT_SINGLE);
  /* Fenster anlegen */
  glutInitWindowSize(400, 300);
  glutCreateWindow("Scherungsdemo");
  /* Weltkoordinatensystem festlegen */
  glMatrixMode(GL_PROJECTION);
  gluOrtho2D(-8.0, 8.0, -6.0, 6.0);
  glMatrixMode(GL_MODELVIEW);
  /* Zeichenfunktion festlegen */
  glutDisplayFunc(zeichne);
  /* GLUT-Hauptschleife aufrufen */
  glutMainLoop();
  return 0;
}

/* Zeichenfunktion */
void zeichne() {
  /* Bildschirm löschen */
```

```
  glClearColor (1.0, 1.0, 1.0, 1.0);
  glClear (GL_COLOR_BUFFER_BIT);
  /* Trennlinien zeichnen */
  glBegin (GL_LINES);
    glColor3f (0.0, 0.0, 0.0);
    glVertex2f (-8.0,   0.0);
    glVertex2f ( 8.0,   0.0);
    glVertex2f ( 0.0,  -6.0);
    glVertex2f ( 0.0,   6.0);
  glEnd ();
  /* Farbe der Rechtecke */
  glColor3f (0.2, 0.2, 1.0);
  /* Original zeichnen */
  glPushMatrix ();
    glTranslatef (-4.0, 3.0, 0.0);
    glRectf (-1.5, -1.0, 1.5, 1.0);
  glPopMatrix ();
  /* Scherung nach x zeichnen */
  glPushMatrix ();
    glTranslatef (4.0, 3.0, 0.0);
    glMultMatrixf (SCHERUNG_X);
    glRectf (-1.5, -1.0, 1.5, 1.0);
  glPopMatrix ();
  /* Scherung nach y zeichnen */
  glPushMatrix ();
    glTranslatef (-4.0, -3.0, 0.0);
    glMultMatrixf (SCHERUNG_Y);
    glRectf (-1.5, -1.0, 1.5, 1.0);
  glPopMatrix ();
  /* Scherung nach x und y zeichnen */
  glPushMatrix ();
    glTranslatef (4.0, -3.0, 0.0);
    glMultMatrixf (SCHERUNG_X);
    glMultMatrixf (SCHERUNG_Y);
    glRectf (-1.5, -1.0, 1.5, 1.0);
  glPopMatrix ();
  /* Zeichenschritte ausführen */
  glFlush ();
}
```

★

Ausblick auf 3D-Grafik und Animation

Zum Abschluss dieser Einführung soll gezeigt werden, wie statt eines statischen zweidimensionalen Bildes eine dreidimensionale Animation programmiert werden kann. Das *RGB-Farbmodell* soll mit einem *rotierenden Würfel* veranschaulicht werden.

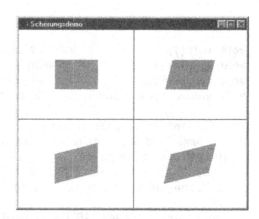

Abbildung 10.25
Beliebige Transformationen mit OpenGL am
Beispiel der Scherung

Damit die Ausgabe nicht flimmert, muss das neue Bild im Hintergrund aufgebaut werden. Diese Technik nennt man *Doppelpufferung*. Mit glutSwapBuffers wird zwischen beiden Bildern gewechselt.

Verdeckte Flächen erkennt OpenGL mit Hilfe eines *Tiefenpuffers*. Der Tiefentest wird mit glEnable(GL_DEPTH_TEST) aktiviert. Mit glShadeModel(GL_SMOOTH) wird festgelegt, dass die Farben weich ineinander übergehen sollen.

Um das Zeichnen von Objekten weiter zu beschleunigen, werden OpenGL-Anweisungen, die zwischen glNewList(list , GL_COMPILE) und glEndList stehen, in einer *Display-Liste* zusammengefasst. Aufwendige Berechnungen können so vor dem Zeichnen durchgeführt und gespeichert werden. Damit stehen sie beim eigentlichen Zeichnen durch den Aufruf von glCallList (list) sofort zur Verfügung.

Für eine Animation müssen die Objekte in kleinen Schritten mindestens fünfundzwanzigmal in der Sekunde bewegt werden. Dazu wird die Funktion animiere mit glutTimerFunc als Timer-Funktion registriert. In diesem Fall wird die Funktion animiere 40 ms nach der Registrierung aufgerufen. Am Ende der Funktion registriert sie sich wieder selbst, um so die Welt schrittweise zu verändern – sie zu animieren.

Für eine realistische Darstellung ist die Perspektive wichtig. Die Funktion gluLookAt definiert den Blickwinkel, aus dem die „Welt" gesehen wird. Dafür erwartet sie als Parameter nacheinander die Koordinaten des Standpunktes der Kamera, den Punkt auf den sie schaut und einen Vektor, der nach oben weist. Die Funktion gluPerspective richtet die Perspektive ein: Den Öffnungswinkel der Kamera, das Seitenverhältnis des Bildes und der Tiefenbereich (minimale und maximale Tiefe) des sichtbaren Bildes.

Beispiel 10.6. Rotierender Würfel als Veranschaulichung des RGB-Farbmodells.

```
#include <GL/glut.h>

/* Rotationswinkel um die jeweiligen Achsen */
```

```
GLfloat rotx = 0.0, roty = 0.0, rotz = 0.0;

void init ();                /* Initialisierung */
void wuerfel ();             /* Würfel zeichnen */
void zeichnen ();            /* Zeichenfunktion */
void animiere (int value);   /* Würfel animieren */

int main (int argc, char **argv) {
   /* OpenGL und GLUT initialisieren */
   glutInit (&argc, argv);
   /* Benötigt werden ein RGB-Bild mit Tiefenpuffer und
    * Doppelpufferung zur Vermeidung von Bildschirmflackern
    */
   glutInitDisplayMode (GLUT_RGB | GLUT_DEPTH | GLUT_DOUBLE);
   /* Fenster öffnen */
   glutInitWindowSize (400, 400);
   glutCreateWindow ("Farbwürfel");
   /* Ausgabe vorbereiten */
   init ();
   /* Zeichenfunktion festlegen */
   glutDisplayFunc (zeichnen);
   /* Animationsfunktion festlegen */
   glutTimerFunc (40, animiere, 1);
   glutMainLoop ();
   return 0;
}


/* Initialisierung */
void init () {
   /* Tiefentest einschalten */
   glEnable (GL_DEPTH_TEST);
   /* weiche Farbverläufe einschalten */
   glShadeModel (GL_SMOOTH);
   /* Blickwinkel einrichten */
   glMatrixMode (GL_PROJECTION);
   gluPerspective (40.0, 1.0, 1.0, 10.0);
   gluLookAt (3.0, 0.0, 0.0, 0.0, 0.0, 0.0, 0.0, 1.0, 0.0);
   glMatrixMode (GL_MODELVIEW);
   /* Würfel erzeugen und in Liste abspeichern */
   glNewList (1, GL_COMPILE);
   glTranslatef (-0.5, -0.5, -0.5);
   wuerfel ();
   glEndList ();
}


/* erzeugt einen Farbwürfel */
void wuerfel () {
   glBegin (GL_QUADS);
      /* Boden */
```

```
    glColor3f(0.0, 0.0, 0.0);
    glVertex3i(0, 0, 0);
    glColor3f(0.0, 1.0, 0.0);
    glVertex3i(0, 1, 0);
    glColor3f(1.0, 1.0, 0.0);
    glVertex3i(1, 1, 0);
    glColor3f(1.0, 0.0, 0.0);
    glVertex3i(1, 0, 0);
    /* Deckel */
    glColor3f(0.0, 0.0, 1.0);
    glVertex3i(0, 0, 1);
    glColor3f(1.0, 0.0, 1.0);
    glVertex3i(1, 0, 1);
    glColor3f(1.0, 1.0, 1.0);
    glVertex3i(1, 1, 1);
    glColor3f(0.0, 1.0, 1.0);
    glVertex3i(0, 1, 1);
  glEnd();
  glBegin(GL_QUAD_STRIP);
    /* Mantel */
    glColor3f(0.0, 0.0, 0.0);
    glVertex3i(0, 0, 0);
    glColor3f(0.0, 0.0, 1.0);
    glVertex3i(0, 0, 1);
    glColor3f(1.0, 0.0, 0.0);
    glVertex3i(1, 0, 0);
    glColor3f(1.0, 0.0, 1.0);
    glVertex3i(1, 0, 1);
    glColor3f(1.0, 1.0, 0.0);
    glVertex3i(1, 1, 0);
    glColor3f(1.0, 1.0, 1.0);
    glVertex3i(1, 1, 1);
    glColor3f(0.0, 1.0, 0.0);
    glVertex3i(0, 1, 0);
    glColor3f(0.0, 1.0, 1.0);
    glVertex3i(0, 1, 1);
    glColor3f(0.0, 0.0, 0.0);
    glVertex3i(0, 0, 0);
    glColor3f(0.0, 0.0, 1.0);
    glVertex3i(0, 0, 1);
  glEnd();
}

/* Zeichenfunktion */
void zeichnen() {
  /* sowohl Farb- als auch Tiefenpuffer löschen */
  glClearColor(1.0, 1.0, 1.0, 1.0);
  glClear(GL_COLOR_BUFFER_BIT | GL_DEPTH_BUFFER_BIT);
  /* Würfel aufrufen */
```

```
  glCallList(1);
  /* neues Bild zeigen */
  glutSwapBuffers();
}

/* Würfel animieren */
void animiere(int value) {
  /* Rotationswinkel erhöhen */
  rotx += 1;
  roty += 2;
  rotz += 3;
  /* Neue Transformationsmatrix erzeugen */
  glMatrixMode(GL_MODELVIEW);
  glLoadIdentity();
  glRotatef(rotx, 1.0, 0.0, 0.0);
  glRotatef(roty, 0.0, 1.0, 0.0);
  glRotatef(rotz, 0.0, 0.0, 1.0);
  /* Neuzeichnen veranlassen */
  glutPostRedisplay();
  /* 40 ms warten, bis nächstes Bild */
  glutTimerFunc(40, animiere, 1);
}
```

Abbildung 10.26
Der rotierende Farbwürfel

10.7 Zusammenfassung

Die Grafik ist heute ein abgesichertes Lehrgebiet der Informatik. Es gibt bereits Grafikbibliotheken und Standardsoftware zum Zeichnen, für die 2D-Zeichnungs-erstellung, zum 3D-Modellieren, zur Simulation von Bewegungen (Animation), für Schnitte, Oberflächeneffekte, verdeckte Kanten usw. In diesem Kapitel ging es um das prinzipielle Verständnis der einzelnen Transformationen und um die Art ihrer Realisierung. Genauere Ausführungen zur Theorie der Computergrafik findet man zum Beispiel in [Fol 90].

11   Datenbanksysteme

In Abschnitt 8 haben wir Dateien als ein Mittel zur persistenten Speicherung von Daten vorgestellt. Für kleine Datenmengen ist dies eine leicht zu handhabende Möglichkeit der Datenspeicherung. Bei größeren Datenbeständen ergeben sich jedoch verschiedene Probleme, auf die im Folgenden eingegangen werden soll. Daher werden in solchen Umgebungen vorrangig Datenbanksysteme eingesetzt. Deren Vorteile gegenüber der Datenspeicherung in Dateien werden in diesem Kapitel genauer betrachtet. Weiterhin gibt es einen Überblick der Konzepte und des Entwurfs von Datenbanken.

11.1   Motivation des Datenbankkonzepts

In Unternehmen kommen in den verschiedenen Abteilungen meist unterschiedliche Anwendungen zum Einsatz. Jedoch werden meist auch die gleichen Informationen benötigt. Die Lagerverwaltung benötigt Informationen über Artikel und Aufträge, z.B. Mengen. Die Auftragsbearbeitung benötigt ebenfalls Informationen über Artikel, zusätzlich aber auch über Kunden, z.B. Adressen. Speichern die Anwendungen ihre Daten jeweils in eigenen Dateien, so können u.a. folgende Probleme auftreten:

- Daten werden u.U. *redundant*, d.h. mehrfach gespeichert. Dies kann zu Inkonsistenzen führen, wenn beispielsweise im Lagerverwaltungssystem der Bestand eines Artikels geändert wird, dies der Auftragsbearbeitung jedoch nicht mitgeteilt wird.
- Bei der Erstellung von Anwendungen müssen dem Programmierer sowohl die Struktur der Daten als auch deren Speicherort und das Speichermedium bekannt sein. Ändern sich etwa die Datenstrukturen, wenn beispielsweise weitere Informationen gespeichert werden sollen, ist eine Anpassung der Anwendung erforderlich.
- *Parallele Änderungen* müssen durch die Applikation koordiniert werden. Ändern beispielsweise mehrere Mitarbeiter der Auftragsannahme gleichzeitig die Kundendaten, so muss die Anwendung sicherstellen, dass die Kundendaten

anschließend noch korrekt sind und nicht etwa Änderungen überschrieben werden.

- Soll der Zugriff auf die Daten für bestimmte Anwender eingeschränkt werden, so muss in jeder Applikation eine eigene *Zugriffskontrolle* realisiert werden.

Diese Probleme lassen sich umgehen, wenn alle Anwendungen auf einem einheitlichen, redundanzfreien oder integrierten Datenbestand arbeiten würden. Wir sprechen in diesem Zusammenhang auch vom Konzept der *Datenintegration*. Dies wird durch den Einsatz des Datenbankkonzepts erreicht. Die Grundlage bilden dabei folgende drei Komponenten (vgl. Abb. 11.1(c)):

Datenbank (DB): Beschreibt den gesamten, integrierten Datenbestand.

Datenbank-Management-System (DBMS): Ein Softwaresystem, das den Zugriff auf die Daten erlaubt. Es stellt somit die Schnittstelle dar, über die eine Applikation auf die Daten zugreift.

Datenbanksystem (DBS): Besteht aus einem DBMS und der verwalteten Datenbank.

11.1.1 Geschichte

Die Entwicklung hin zum Datenbankmanagementsystem lässt sich grob in drei Phasen einteilen. Die erste Phase (Anfang der 60er Jahre) ist durch den direkten Zugriff der Applikationen auf die in elementaren Dateien gespeicherten Daten gekennzeichnet. Jede Applikation besitzt dabei eigene Datenstrukturen, für deren Realisierung der Programmierer verantwortlich ist (vgl. Abb. 11.1(a)). Es ist leicht zu erkennen, dass diese Herangehensweise zu Inkonsistenzen führen kann.

Die zweite Stufe (Ende der 60er Jahre) ist gekennzeichnet durch die Einführung von *Dateiverwaltungssystem* (DVS). Dieses bietet eine einheitliche Schnittstelle für den Zugriff auf die Daten (vgl. Abb. 11.1(b)). Es wird somit eine gewisse *Geräteunabhängigkeit* erreicht. Da die Daten allerdings weiterhin in atomaren Dateien gespeichert werden, auf die die Applikationen auch unter Umgehung des DVS zugreifen können, bleibt das Problem der redundanten und möglicherweise inkonsistenten Datenhaltung bestehen.

Mit der Einführung der DBMS (Anfang der 70er Jahre) wurde auch dieses Problem gelöst. Es existiert jetzt nur noch *ein* zentraler Datenbestand, die Datenbank, auf die nur noch über das DBMS zugegriffen werden kann (vgl. Abb. 11.1(c)).

11.1.2 Anforderungen an Datenbank-Management-Systeme

Im Laufe der Zeit haben sich bestimmte Anforderungen ergeben, die ein DBMS erfüllen muss. Diese hat CODD Anfang der 80er Jahre in [Cod 82] zusammengefasst:

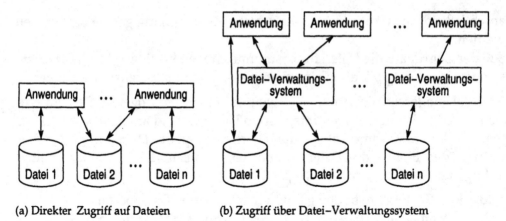

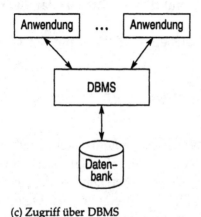

(a) Direkter Zugriff auf Dateien   (b) Zugriff über Datei–Verwaltungssystem

(c) Zugriff über DBMS

Abbildung 11.1 Entwicklung vom Dateizugriff zum DBMS

Integration: Das DBMS muss die einheitliche Verwaltung *aller* relevanten Daten
der Anwendungen sicherstellen. Insbesondere muss die Verwaltung der Daten
so unterstützt werden, dass Redundanzen und unkontrollierter Zugriff, d.h.
am DBMS vorbei, vermieden werden.

Operationen: Da das DBMS einen direkten Zugriff auf die Daten verhindert, muss
es Operationen bereitstellen, die die Arbeit mit den Daten ermöglichen. Grundlegenden Operationen sind Datenspeicherung, Änderungen und die Suche.

Katalog: Damit ein DBMS die geforderten Operationen unterstützen kann, müs-
sen verschiedene Informationen über die Struktur der gespeicherten Daten zur
Verfügung stehen, z.B. Datentypen, Wertebereiche, Art der Speicherung etc.
Für die Verwaltung dieser als *Metadaten* bezeichneten Informationen muss das
DBMS einen Katalog (auch als „Data Dictionary" bezeichnet) bereitstellen.

Benutzersichten: Ein DBMS muss, der Forderung nach Datenunabhängigkeit fol-
gend, eine Möglichkeit bereitstellen, unterschiedliche Sichten auf den Datenbe-

stand zu definieren. Damit ist es u.a. möglich, die Speicherstrukturen vor der Anwendung zu verbergen, mehrere Tabellen zusammenzufassen oder Teile der gespeicherten Daten auszublenden (z.B. basierend auf Zugriffsrechten).

Konsistenzüberwachung: Das DBMS muss sicherstellen, dass bei der Ausführung der Operationen die Integrität der Daten erhalten bleibt, d.h. die Datenbank darf sich nach der Ausführung von Operationen nicht in einem inkonsistenten Zustand befinden. Dies betrifft vorrangig Änderungs- und Einfügeoperationen.

Zugriffskontrolle: Da ein DBMS Daten verschiedener Anwendungen oder auch eines ganzen Unternehmens verwaltet, ist es notwendig den Zugriff für Anwender einzuschränken. Das DBMS muss daher Funktionen bereitstellen, die nur autorisierten Benutzern den Zugriff auf den Datenbestand oder Teile davon gestatten.

Transaktionen: Eine Transaktion ist eine Folge von Operationen, die eine Einheit bilden. Um die Konsistenz des Datenbestandes zu gewährleisten, muss das DBMS sicherstellen, dass entweder alle Operationen einer Transaktion erfolgreich ausgeführt werden oder dass die Transaktion keine Auswirkungen auf den Datenbestand hat. Eine Banküberweisung besteht beispielsweise aus den beiden Einzeloperationen Subtrahieren eines Betrages von einem Konto und Addieren des gleichen Betrages auf ein anderes. Nur wenn beide Operationen erfolgreich waren, dürfen sich die Kontostände ändern. Schlägt eine Operation fehl, muss die andere ggf. rückgängig gemacht werden.

Synchronisation: Da ein DBMS gewöhnlich von mehreren Nutzern gleichzeitig genutzt wird, müssen die Operationen verschiedener Transaktionen ggf. synchronisiert werden, um die Konsistenz sicherzustellen. Wollen beispielsweise zwei Kunden gleichzeitig einen Betrag auf ein Konto einzahlen, so müssen nacheinander die Operationen „Lesen des Kontostandes", „Addieren des Betrages" und „Speichern des neuen Wertes" durchgeführt werden. Lesen nun beide Kunden den selben Kontostand und Schreiben anschließend nacheinander die neuen Ergebnisse, geht eine Einzahlung verloren, da der geänderte Wert überschrieben wird. Die Operationen müssen vom DBMS daher so synchronisiert werden, dass dieser Konflikt nicht auftritt.

Datensicherung: Auf Grund der Bedeutung der Daten für ein Unternehmen muss das DBMS sicherstellen, dass eine Wiederherstellung nach einem Systemfehler, z.B. einem Hardwaredefekt, möglich ist.

11.1.3 Grenzen der Anwendung und Entwicklungstendenzen

Die derzeit am häufigsten verwendeten *Relationalen DBMS* (RDBMS) sind insbesondere für die Speicherung großer Mengen relativ gleichförmiger Daten geeignet, z.B. Personaldaten, Bestellungen usw. Problematisch ist die Speicherung stark strukturierter Daten, wie sie beispielsweise bei der Verwaltung von Produkt- und CAD-Daten anfallen. Auch die Speicherung unstrukturierter Daten, wie Text, Bild, Audio, Video, etc. lässt sich in den Tabellen von RDBMS nur unzureichend realisieren.

Aus diesem Grund haben sich verschiedene andere Ansätze entwickelt, die versuchen, die Probleme zu umgehen. Damit sollen die Vorteile der Datenbanktechnologie auch in bisher unzureichend oder nicht unterstützten Bereichen zum Einsatz kommen. Beispielhaft seien Multimediadatenbanksysteme (MMDBMS) und Objektorientierte Datenbanksysteme (OODBMS) genannt. Letztere basieren auf den in Kapitel 9 beschriebenen objektorientierten Konzepten und eignen sich insbesondere für die Speicherung stark strukturierter Daten. Auf Grund der im Vergleich zu RDBMS unzureichenden formalen Grundlage konnten sie sich allerdings nur in einigen Spezialanwendungen durchsetzen. Die derzeit vielversprechendste Entwicklung sind die objektrelationalen Datenbanksysteme (ORDBMS). Diese erweitern RDBMS um einige objektorientierte Konzepte, z.B. Vererbung.

11.2 Architekturen

Die Architektur von Datenbanken kann aus verschiedenen Blickwinkeln betrachtet werden. In diesem Abschnitt sollen eine *Schema-* und eine *System-Architektur* vorgestellt werden. Erstere beschreibt die Zusammenhänge zwischen verschiedenen Abstraktionsebenen der Datenmodelle. Letztere die Komponenten, die DBMS enthalten müssen, um die zuvor beschriebenen Funktionalitäten erfüllen zu können.

11.2.1 Schema-Architektur

Als wesentliche Aufgaben eines Datenbank-Management-Systems wurde die Unterstützung der *Datenunabhängigkeit* einer Datenbankanwendung herausgestellt. Dies begründet sich damit, dass Anwendungsprogramme oft nur eine Lebensdauer von wenigen Jahren besitzen, da beispielsweise neue Versionen erscheinen. Daten existieren hingegen oft über einen Zeitraum von mehreren Jahrzehnten. Daher ist es erforderlich, dass die Datenstrukturen der Anwendung und der Datenbank voneinander unabhängig sind. Dieser Forderung wird durch die *Drei-Ebenen-Schema-Architektur* Rechnung getragen, die bereits in den 70er Jahren von der „ANSI/X3/SPARC Study Group on Database Management Systems" vorgeschlagen wurde.

Die Architektur teilt Datenbankschemata in drei aufeinander aufbauende Ebenen ein:

Konzeptuelles Schema: Dies ist das Ergebnis des Datenbankentwurfs, der Datenmodellierung und der Datendefinition und beschreibt die Struktur der Datenbank vollständig. Dabei kommen von der Implementierung unabhängige Modelle zum Einsatz, z.B. ER- oder Relationenmodell.

Externes Schema: Basierend auf dem konzeptuellen Schema können verschiedene, anwendungsspezifische Sichten definiert werden. Dies können beispielsweise (Teil-)Sichten auf den gesamten Datenbestand bzw. anwendungsspezifische Ausschnitte des konzeptuellen Schemas sein.

Internes Schema: Das interne Schema beschreibt die konkrete systemspezifische Realisierung der Datenbank. Dies umfasst die Dateiorganisation, Zugriffspfade (beschreiben, wie in den Daten navigiert wird) etc.

11.2.2 System-Architektur

Die System-Architektur beschreibt die Komponenten einer Datenbank. Dieser Abschnitt stellt die ebenfalls von der ANSI vorgeschlagene *Drei-Ebenen-System-Architektur* vor. Abbildung 11.2 stellt die wesentlichen Komponenten dar und ordnet sie in die drei Ebenen ein. Die Ebenen entsprechen denen der Schema-Architektur.

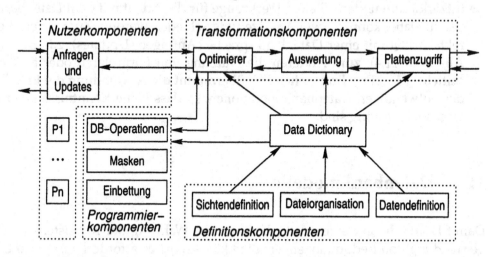

Abbildung 11.2 Vereinfachte Architektur eines DBMS nach [Heu 00]

Die Komponenten lassen sich nach [Heu 00] wie folgt klassifizieren:

Data Dictionary: Im zentralen Data Dictionary werden, wie bereits beschrieben, alle für die Datenbank relevanten Daten verwaltet, d.h. Datentypen, Beziehungen, verwendete Speicherstrukturen, etc. Das Data Dictionary übernimmt die

Informationen von den Definitionskomponenten und stellt sie den anderen bereit.

Definitionskomponenten: Stellen Funktionen zur Arbeit mit dem Data Dictionary bereit. Dies beinhaltet die Definition anwendungsspezifischer Sichten (externe Ebene), der Datendefinition (konzeptuelle Ebene) sowie der Dateiorganisation und Zugriffspfade (interne Ebene).

Transformationskomponenten: Wandeln Anfragen in Plattenzugriffsoperationen um. Eine besondere Bedeutung hat dabei der *Optimierer*. Diese Komponente analysiert die Anfrage mit dem Ziel einer möglichst schnellen Ausführung. Beispielsweise kann auf eine minimale Anzahl von Zugriffen auf den externen Speicher hin optimiert werden. Eine weitere Aufgabe der Transformationskomponenten ist die Umwandlung der intern gespeicherten Daten (Blöcke auf dem externen Datenträger) in die externe Darstellung, z.B. Tabellen.

Programmierkomponenten: Stellen Funktionen zur Integration von Datenbankoperationen in Anwendungsprogramme bereit. Teilweise werden auch eigene Programmierumgebungen und Programmiersprachen bereitgestellt, sogenannte 4GL (Forth Generation Languages)[1]. Diese Sprachen besitzen bereits spezielle Konstrukte für den Zugriff auf Datenbanken. Viele kommerzielle Systeme bieten weiterhin die Möglichkeit, Masken für die Arbeit mit dem Datenbestand zu definieren, ohne eine Programmiersprache wie C oder Java heranziehen zu müssen. Ein Beispiel sind Oracle-Forms.

Benutzerkomponenten: Stellen Werkzeuge für die Arbeit mit dem Datenbestand bereit. Dabei können zwei Ansätze unterschieden werden. Zum Einen die direkte Arbeit mit einer Datenbanksprache (Anfragen/Updates), z.B. SQL (vgl. Abschnitt 11.4), zum Anderen die Nutzung von Formularen oder ähnlichen Mitteln (P1 ... Pn). Im zweiten Fall übernimmt die Anwendung die Erstellung der notwendigen Datenbankoperationen, so dass keine Kenntnisse einer Anfragesprache nötig sind.

11.3 Datenbankmodelle

Damit DBMS die gestellten Aufgaben, u.a. die Wahrung der Konsistenz und die Vermeidung von Redundanzen, erfüllen können, ist es erforderlich, dass die Daten vom Anwender korrekt modelliert bzw. spezifiziert werden. Für die implementierungsunabhängige Modellierung der Daten auf der konzeptuellen Ebene werden z.B. das Entity-Relationship-Modell oder objektorientierte Modelle verwendet. Diese zeichnen sich durch ein hohes Abstraktionsniveau aus. Daher lassen

---

[1]Sprachen wie C, C++, Java, etc. gehören zur dritten Generation, regelbasierte Sprachen wie PROLOG, LISP, etc. zur fünften.

sich die Daten implementierungsunabhängig modellieren. Diese Modelle werden anschließend auf implementierungsnahe Modelle, die die Basis konkreter Systeme bilden, abgebildet. Die folgenden Abschnitte stellen einige wesentliche Modelle genauer vor.

11.3.1 Entity-Relationship-Modell

Der Entwurf einer Datenbank erfordert zunächst die implementierungsunabhängige Modellierung der zu verwaltenden Daten. Für diesen Zweck hat sich das auf P. P. CHEN [Che 76] zurückgehende Entity-Relationship-Modell (ERM) durchgesetzt. Derzeit existiert eine große Anzahl unterschiedlicher Notationen für die Konzepte des ERM. Weiterhin existieren verschiedene Erweiterungen, etwa um objektorientierte oder temporale Konstrukte. Im Folgenden werden die wesentlichen Konstrukte des ERM vorgestellt, wobei die Notation aus [Heu 00] zur Anwendung kommt. Obwohl sich die Notationen häufig unterscheiden, stellen alle ER-Modelle die folgenden Modellierungskonstrukte bereit:

Entity (Objekt, Ding, Entität): Ein „Ding" der realen Welt, von dem Informationen in der Datenbank verwaltet werden sollen. Ein Entity[2] kann sowohl ein Objekt mit einer physischen Existenz sein, z.B. ein spezielles Auto oder ein konkretes Haus, aber auch eines der Vorstellungswelt, z.B. eine Prüfung oder ein Beruf. Ein Entity ähnelt somit einem Objekt im objektorientierten Sprachgebrauch. Entities mit gleichen oder ähnlichen Eigenschaften werden zu Entity-Typen zusammengefasst. Sie ähneln daher den Klassen des objektorientierten Sprachgebrauchs. Ein Entity-Typ wird durch ein Rechteck repräsentiert.

Relationship (Beziehung, Relation): Beschreiben die Beziehungen zwischen Entities, z.B. stehen die Entities „Professor" und „Vorlesung" über die Relationship „liest" in Beziehung. Eine Relationship wird durch einen Rhombus repräsentiert.

Attribut: Weder Entities noch Relationen können direkt in der Datenbank abgebildet werden. Sie werden ausschließlich durch ihre Eigenschaften repräsentiert. Sowohl Entities, als auch Relationen besitzten daher immer eine Reihe von Eigenschaften, die in Form von Attributen modelliert werden. Das Entity „Professor" hat beispielsweise die Attribute „Name" und „Personalnummer", die Relationship „liest" das Attribut „Semester", welches zusätzlich Informationen darüber enthält, in welchem Semester die Vorlesung von einem bestimmten Professor gehalten wurde. Da Attribute konkrete Daten repräsentieren, hat jedes Attribut einen bestimmten Datentyp, z.B. Zahl, String oder Datum. Einige ERM-Varianten bieten zusätzlich Arten von Attributen, z.B. mengenwertige

---

[2]Auf Grund teilweise anderer Bedeutung im Bereich der Informatik (z.B. Begriff Objekt) verzichten wir auf die Übersetzung und verwenden den englischsprachigen Begriff.

(für eine Person können im Attribut Telefonnummer mehrere Nummern gespeichert werden) oder zusammengesetzte (das Attribut Adresse mit den Attributen Straße, Ort und Postleitzahl). Auf diese soll an dieser Stelle aber nicht
weiter eingegangen werden. Repräsentiert wird ein Attribut durch ein abge-
rundetes Rechteck.

Schlüssel: Häufig wird ein Entity oder eine Relation bereits durch eine Untermenge der Attribute eindeutig bestimmt, z.B. die „Personalnummer". Diese Menge von Attributen wird als Schlüssel bezeichnet. Schlüsselattribute werden gekennzeichnet, indem der Attributname unterstrichen wird.

Kardinalitäten: Entities können in unterschiedlichen Anzahlen miteinander in Beziehung stehen. Beispielsweise wird eine Vorlesung von genau einem Professor
gelesen. Ein Professor kann aber mehrere Vorlesungen lesen. Diese Einschränkung der Anzahl in Beziehung stehender Entities wird als „Kardinalität" bezeichnet. Allgemein werden Kardinalitäten in der Form $[min, max]$ angegeben,
wobei ein * als max-Wert bedeutet, dass die Anzahl unbegrenzt ist. Ist der min-
Wert 0, so kann dessen Angabe entfallen.

Mit Hilfe dieser Konzepte werden *Schemata* modelliert, die eine bestimmte Anwendungsdomäne beschreiben.

Beispiel 11.1. Das in Abb. 11.3 dargestellte ER-Schema zeigt einen Ausschnitt einer Shop-Anwendung dar. Auf die Angabe der Datentypen wurde hier verzichtet.

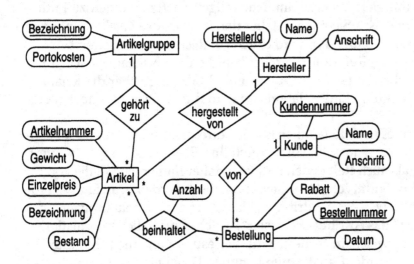

Abbildung 11.3 Ausschnitt eines ER-Schema für eine Shop-Anwendung

Verwaltet werden zunächst Artikel und deren Hersteller. Weiterhin ist es möglich,
verschiedene Artikel in eine Gruppe zusammenzufassen, was durch die Relation-

ship gehört zu ausgedrückt wird. Die Kardinalitäten $[1,1]$ und $[0,*]$ bedeuten dabei, dass jeder Artikel zu genau einer Artikelgruppe gehört und dass zu jeder Artikelgruppe eine beliebige Anzahl von Artikeln gehören kann oder auch keiner. Die Schlüsselattribute sind jeweils unterstrichen. Ein Artikel wird beispielsweise durch seine Artikelnummer, eine Artikelgruppe durch ihre Bezeichnung identifiziert. Durch die Schlüssel attribute wird die Einschränkung modelliert, dass es beispielsweise keine zwei Artikelgruppen mit identischen Namen geben kann. Schließlich drückt das ER-Schema noch aus, dass ein Kunde Artikel bestellen kann. Eine Bestellung kann dabei verschiedene Artikel beinhalten und zusätzlich kann jeder der bestellten Artikel in einer beliebigen Anzahl bestellt werden, was durch das Attribut Anzahl der Relationship beinhaltet ausgedrückt wird.

Das ER-Modell dient der abstrakten Beschreibung der Datenstrukturen der Anwendungsdomäne und wird vorrangig in den frühen Entwurfsphasen eingesetzt. Als Grundlage für die Implementierung eines DBMS ist es jedoch wenig geeignet. Für diesen Zweck wurden verschiedene andere Datenbankmodelle entwickelt. Im folgenden Abschnitt wird beispielhaft das Relationenmodell vorgestellt.

11.3.2 Relationenmodell

Aufgrund seiner Einfachheit und mathematischen Fundiertheit hat sich das Relationenmodell zum derzeit am weitesten verbreiteten Datenbankmodell entwickelt. Es wurde erstmals 1970 von CODD vorgestellt. Daten werden in diesem Modell in Form von *Relationen* gespeichert, die man sich als Tabellen vorstellen kann. Jede Relation besteht aus einer Menge von *Tupeln*, die die eigentlichen Daten enthalten. Jede Spalte der Tabelle entspricht einem Attribut und enthält Daten des selben Typs. In der Praxis werden fast ausschließlich atomare Standarddatentypen (number, varchar, timestamp, . . .) unterstützt. Eine Einschränkung des klassischen Relationenmodells besteht darin, dass in Attributen keine Mengen gespeichert werden können, etwa mehrere Telefonnummern einer Person.

Im Unterschied zu anderen Datenbankmodellen gibt es keine physische Beziehung (z.B. in Form von Zeigern) zwischen den Relationen. Diese lassen sich jedoch virtuell über die Schlüssel- und Fremdschlüsselattribute herstellen. Letztere repräsentieren einen virtuellen Zeiger auf den Schlüssel eines Tupels einer anderen Relation. Diese Beziehung wird nicht explizit, sondern nur implizit durch gleiche Attributwerte gespeichert.

Beispiel 11.2. In Abb. 11.4 sind einige aus dem zuvor dargestellten ER-Schema abgeleitete Relationen mit Beispieldaten dargestellt. Zunächst wurde eine Relation Artikelgruppe definiert, die entsprechend dem ER-Schema die zwei Attribute

Artikel

Artikelnummer	Gewicht	Einzelpreis	Bezeichnung	Bestand	Artikelgruppe
0815	1.0	45.00	Datenbanken – Konzepte ...	2	Bücher
0816	0.3	20.00	Datenbanken kompakt	5	Bücher
0817	2.0	40.00	Der Herr der Ringe	1000	Bücher
0818	0.2	65.00	Die Gefährten	10	Hörbücher
0819	0.2	65.00	Die zwei Türme	15	Hörbücher

beinhaltet

Bestellnummer	Artikelnummer	Anzahl
4711	0817	1
4711	0818	1
4711	0816	10
4712	0816	1
4712	0815	1
4713	0815	5
4713	0816	4
4713	0817	1
4713	0818	5

Bestellung

Bestellnummer	Datum	Rabatt
4711	2003–05–12	0.03
4712	2003–05–12	0.00
4713	2003–05–14	0.05

Artikelgruppe

Bezeichnung	Porto
Bücher	0.00
Hörbücher	2.50
Kalender	2.50

Abbildung 11.4 Ausschnitt des Beispiels aus Abb. 11.3 im Relationenmodell inkl. Beispieldaten

Bezeichnung und Porto beinhaltet. Eine weitere Relation, Artikel wird für die Speicherung der einzelnen Artikel verwendet. Zusätzlich zu den Attributen aus dem ER-
Schema enthält diese Relation ein Attribut Artikelgruppe, das die Relationship gehört zu
repräsentiert. In diesem Attribut wird die Bezeichnung der jeweiligen Artikelgruppe gespeichert. Dieses Attribut wird als *Fremdschlüsselattribut* bezeichnet und stellt
eine Beziehung zum *Schlüsselattribut* der Relation Artikelgruppe her. Es ist nun Aufgabe des DBMS sicherzustellen, dass keine Artikelgruppe gelöscht wird, für die
noch ein Artikel existiert. Im Unterschied zur Relationship gehört zu (1:n Beziehung)
muss für beinhaltet (n:m Beziehung) eine eigene Relation angelegt werden, die sowohl einen Fremdschlüssel zu Artikel, als auch zu Bestellung beinhaltet.   ★

Im Beispiel wurden für die Speicherung der Daten mehrere Relationen verwendet.
Dies ist erforderlich, um die Redundanzfreiheit zu gewährleisten. Die Ermittlung
einer geeigneten Aufteilung der Relationen ist ein wesentlicher Schritt des relationalen Datenbankentwurfs und wird als *Normalisierung* bezeichnet. Es ist durchaus
möglich, die Daten in wenigen oder auch nur einer Relation zu speichern. Dies
führt aber zu möglichen Inkonsistenzen. Deren Vermeidung ist dann Aufgabe der

Applikation, was nicht im Sinne des relationalen Konzepts ist. Das folgende Beispiel soll dies verdeutlichen.

Beispiel 11.3. In Abbildung 11.5 ist eine alternative Aufteilung der Relationen dargestellt. In diesem Fall wurden **Artikel** und **Artikelgruppe** zusammengefasst. Dadurch wird das Porto für jeden Artikel einzeln gespeichert. Dieses ist allerdings nur von der Bezeichnung der Artikelgruppe abhängig und nicht vom Artikel selbst. Ändert sich beispielsweise das Porto für Bücher auf 1.00, dann müsste in jedem Tupel, das Daten zu einem Buch enthält, das Porto aktualisiert werden. Dies ist einerseits aufwendig und andererseits fehleranfällig, da ein Datensatz „vergessen" werden kann. Wird hingegen die Aufteilung aus Abb. 11.3 verwendet, können diese Probleme nicht auftreten, da nur ein einzelner Datensatz aktualisiert werden muss. Ein weiteres Problem ist die Speicherung von Artikelgruppen, für die keine Artikel existieren. In diesem Fall existieren für die Artikel-spezifischen Attribute keine definierten Werte.

Artikel						
Artikelnummer	Gewicht	Einzelpreis	Bezeichnung	Bestand	Artikelgruppe	Porto
0815	1.0	45.00	Datenbanken – Konzepte ...	2	Bücher	0.00
0816	0.3	20.00	Datenbanken kompakt	5	Bücher	0.00
0817	2.0	40.00	Der Herr der Ringe	1000	Bücher	0.00
0818	0.2	65.00	Die Gefährten	10	Hörbücher	2.50
0819	0.2	65.00	Die zwei Türme	15	Hörbücher	2.50

Abbildung 11.5 Ungünstig gewählte Relation **Artikel**

Die Aufteilung in viele Relationen hat jedoch auch Nachteile. So wird der Aufwand für die Auswertung einer Anfrage größer und die Anfragen werden unübersichtlicher, da die einzelnen Relationen zunächst wieder zusammengesetzt werden müssen. Daher wird in der Praxis oft eine gewisse Redundanz in Kauf genommen, um die Erstellung und Ausführung von Anfragen zu vereinfachen.

11.3.3 Weitere Datenbankmodelle

Es existiert noch eine ganze Reihe weiterer Datenbankmodelle, die teilweise Erweiterungen des Relationenmodells darstellen oder auch gänzlich andere Konzepte bieten, z.B.:

Hierarchisches Datenmodell: IBM führte das hierarchische Datenmodell 1969 zusammen mit dem „Information Management System" (IMS) ein. Es entwickelte sich zum erfolgreichstes Datenbankmodell der ersten Generation. Auch in Zukunft werden noch große, meist aus den 70er Jahren stammende Datenbestände mittels des hierarchischen Modells organisiert sein, z.B. im Bankenumfeld.

Die Grundlage des hierarchischen Datenmodells bilden *Records*, die Datenwerte enthalten. Diese lassen sich so miteineinander verknüpfen, dass eine Baumstruktur entsteht, d.h. ein Record kann auf beliebig viele Kind-Records verweisen, hat aber nur genau einen Eltern-Record. Praktisch lässt sich diese Struktur mittels der aus Kapitel 7 bekannten Zeigertechnik realisieren.

Der Vorteil des hierarchischen Modells liegt in seinem einfachen Aufbau. Dieser ermöglicht eine effiziente Implementierung der Zugriffsoperationen, was ein Grund für die noch heute existierende Beliebtheit ist. Ein weiterer Vorteil ist der einfache Zugriff auf die Daten. Dies gilt allerdings nur, solange entsprechend der Struktur (entlang der Zeiger) zugegriffen wird. Ein „freier" Zugriff auf die Daten ist hingegen problematisch. Ein weiterer Nachteil zeigt sich bei der Nutzung hierarchischer Anfragesprachen. Diese erfordern eine gewisse Kenntnis der internen Datenstrukturen (Aufbau der Hierarchie). Somit ist die für DBMS geforderte Datenunabhängigkeit nur bedingt realisierbar.

Netzwerkmodell: Das 1971 von den CODASYL Data Base Task Group's vorgestellte Netzwerkmodell ist eine Verallgemeinerung des hierarchischen Modells. Es basiert ebenfalls auf Records, die in diesem Fall aber einen gerichteten Graphen bilden können, d.h. es sind auch mehrere Eltern-Records möglich. Auch das Netzwerkmodell lässt sich mittels Zeigern relativ leicht realisieren.

Die Vor- und Nachteile ähneln denen des hierarchischen Modells. Auch beim Netzwerkmodell muss die Verzeigerung der Records dem Anwendungsprogrammierer bekannt sein, da nur so eine Navigation durch die Datensätze möglich ist. Die physische und logische Datenunabhängigkeit wird in diesem Datenmodell somit ebenfalls verletzt.

NF^2-Modell: Erweitert das Relationenmodell um strukturierte Attributwerte. In NF^2 Relationen können Attribute wiederum eine Relation als Wert enthalten. Damit ist es u.a. möglich eine Menge von Werten in einem Attribut zu speichern. Beispiel: Sollen zu einer Person beliebig viele Telefonnummern gespeichert werden, so kann dies im Relationenmodell nur durch eine unabhängige Relation erfolgen. Im NF^2-Modell hingegen könnte diese Relation ein Attribut der Personen-Relation bilden.

Objektorientiertes Modell: Basiert auf objektorientierten Konzepten und bieten z.B. Vererbung, Methoden, etc. Objektorientierte Datenbankmodelle konnten sich, im Gegensatz zum objektorientierten Entwurf, in der Praxis bisher nur in geringem Umfang durchsetzen. Dies liegt u.a. an der im Unterschied zum Relationenmodell komplexeren und noch unzureichend formalen Grundlage.

Objektrelationale Datenbanken: Sie erweitern das Relationenmodell um damit „verträgliche" Konzepte, z.B. Klassen als Relationen, Beziehungen etc. Das objektrelationale Modell kommt bereits seit einiger Zeit in verschiedenen kommerziellen Systemen zum Einsatz. Mit SQL-1999 gibt es einen ersten Standard für objektrelationale Datenbanken. Allerdings muss festgestellt werden, dass momentan kein kommerzielles System diesen Standard vollständig umsetzt [Tür 03]. Daran wird sich in anbetracht des Umfangs in absehbarer Zeit wohl auch nichts ändern.

Neben diesen Datenbankmodellen existiert noch eine ganze Reihe weiterer Konzepte, deren Beschreibung den Umfang dieses Buches allerdings sprengen würden. Aufgrund seiner Verbreitung beziehen wir uns im Folgenden auschließlich auf das Relationenmodell.

11.4 Datenbanksprachen

In Abschnitt 11.1.2 wurde als Anforderung an ein DBMS die Ausführung von Operationen auf dem Datenbestand genannt. Zu diesem Zweck bieten Datenbank-Management-Systeme *Anfragesprachen*. Im Umfeld der RDBMS hat sich dabei die *Structured Query Language* (SQL) durchgesetzt. Die formale Grundlage von SQL bilden die Relationenalgebra und das Relationenkalkül, die bereits bei der Einführung des Relationenmodells durch CODD genutzt wurden. Darauf aufbauend wurde Mitte der 70er Jahre die Datenbanksprache *Structured Englisch QUEry Language* (SEQUEL) entwickelt. Später wurde sie von IBM zu SEQUEL2 weiterentwickelt. Die ersten kommerziellen RDBMS (u.a. Oracle) benutzten eine Untermenge dieser Sprache, die den Namen SQL erhielt. In den Jahren 1982 bis 1986 wurde sie standardisiert. SQL-86 gilt als erste standardisierte Version. Seitdem erfolgte eine ständige Erweiterung. Anwendung finden derzeit die Versionen SQL-92 (auch SQL2) und SQL-99 (eine Untermenge von SQL3). Derzeit wird an SQL-2003 (SQL4) gearbeitet. Als problematisch erweist sich momentan der Umfang des Standards (zwischenzeitlich über 1000 Seiten für SQL-99). Daher findet sich derzeit kein System, das den Standard vollständig implementiert. Selbst SQL-92 ist in vielen Systemen nur teilweise realisiert. Die folgenden drei Abschnitte geben einen kurzen Überblick der drei Komponenten der SQL, Datendefinitionssprache, Datenmanipulationssprache und Anfragesprache.

11.4.1 Datendefinitionssprache

Sollen in einer Datenbank die Daten einer Anwendung gespeichert werden, so muss zunächst deren Struktur beschrieben werden. Wie bereits in Abschnitt 11.1.2

erläutert, erfolgt die Verwaltung der Metadaten im Data Dictionary des DBMS. Die Definition der Metadaten erfolgt mittels der *Datendefinitionssprache* (engl.: Data Definition Language, DDL). Sie wird vorwiegend vom Datenbankentwickler während des Entwurfs eingesetzt. Auf die Metadaten kann ebenso mit den Anweisungen der Anfrage- und (meist eingeschränkt) der Manipulationssprache zugegriffen werden. Darauf soll an dieser Stelle allerdings nicht weiter eingegangen werden. Zur SQL-DDL gehören u.a.

create table	Anlegen von Tabellen
create view	Anlegen von Sichten
create index	Anlegen von Indexen
grant	Zusichern von Rechten
revoke	Zurücknehmen von Rechten

Zu jeder **create**-Anweisung gibt es weiterhin je eine **drop**-Anweisung, z.B. **drop table**, zum Löschen der Definition und eine **alter**-Anweisung, z.B. **alter table**, für Änderungen. Dabei gilt es zu beachten, dass Änderungen an den Metadaten, abhängig vom konkreten DBMS, meist nur eingeschränkt möglich sind.

Beispiel 11.4. Beispielhaft soll hier die **create table**-Anweisung zur Erzeugung von Tabellen vorgestellt werden, die folgenden grundlegenden Aufbau hat:

Syntax (**create table**):

```
create table <Tabellenname> ( <Feldliste> )
```

Die Feldliste beinhaltet alle Attribute der Relation, spezifiziert deren Datentyp und ggf. Constraints, z.B. **primary key**, wenn das Attribut einen Schlüssel darstellt.

Die Tabelle Bestellung kann beispielsweise mit folgender Anweisung angelegt werden:

```
create table Bestellung (Bestellnummer varchar(10), Datum timestamp,
     Rabatt decimal(10,2));
```

11.4.2 Datenmanipulationssprache

Nachdem die Tabellen erstellt wurden, ist es mittels der *Datenmanipulationssprache* (Data Manipulation Language, DML) möglich, Daten einzufügen, zu ändern und zu löschen. SQL stellt dafür u.a. die folgenden Anweisungen zur Verfügung:

insert	Hinzufügen von Tupeln
delete	Löschen von Tupeln
update	Ändern von Tupeln.

Beispiel 11.5. Der Bestellung mit der Nummer 4711 (vgl. Abb. 11.4) sollen noch zwei Exemplare des Buches „Datenbanken - Konzepte ..." hinzugefügt werden. Dies geschieht durch das Einfügen eines neuen Tupels in die Relation beinhaltet. In SQL kann dies alternativ durch folgende beiden Anweisungen erreicht werden:

```
insert into beinhaltet (Bestellnummer, Artikelnummer, Anzahl)
values (4711, 0815, 2);
```

oder

```
insert into beinhaltet values (4711, 0815, 2);
```

Die vereinfachte Schreibweise ist in diesem Fall zulässig, da für jedes Attribut der Relation ein Wert in der korrekten Reihenfolge angegeben wurde.

Weiterhin soll das Buch „Datenbanken kompakt" aus Bestellung 4713 gelöscht werden. Dies erfolgt mittels folgender Anweisung:

```
delete from beinhaltet
        where Bestellnummer = 4713 and
              Artikelnummer = 0816;
```

Mittels der where-Klausel wird die Anzahl der zu löschenden Datensätze eingeschränkt. Wird keine where-Klausel angegeben, werden *alle* Datensätze der Relation gelöscht. Die Datensätze in der Relation Bestellungen bleiben davon unberührt und müssen ggf. separat gelöscht werden.

Abschließend soll in Bestellung 4711 noch die Anzahl der bestellten Exemplare des Buches „Datenbanken kompakt" verdoppelt werden. Dies kann folgendermaßen erreicht werden:

```
update beinhaltet
      set Anzahl = Anzahl * 2
   where Bestellnummer = 4711 and
         Artikelnummer = 0816;
```

Das Beispiel zeigt, dass nicht nur Konstanten, sondern auch Ausdrücke verwendet werden können. Das gleiche Ergebnis lässt sich auch mittels set Anzahl = 20 erreichen.   ★

11.4.3 Anfragesprache

Die *Anfragesprache* dient der Formulierung von Anfragen an die Datenbank, d.h. es können Informationen aus der Datenbank ermittelt werden. Es ist allerdings nicht möglich, den Datenbestand zu ändern. In SQL erfolgt die Formulierung von Anfragen mittels der select-Anweisung, die den folgenden grundlegenden Aufbau hat:

Syntax (select):

```
select < Feldliste >
  from < Tabellen >
  where <Bedingung>
  group by < Feldliste >
  having <Bedingung>
  order by < Feldliste >
```

Der **select**- und der **from**-Teil müssen angegeben werden, alle übrigen Klauseln sind optional. Allerdings muss die Reihenfolge eingehalten werden. Die folgenden Beispiele führen die einzelnen Klauseln überblicksmäßig ein.

Beispiel 11.6. Es sollen die Bestellnummer und das Datum aller Bestellungen, für die ein Rabatt gewährt wurde, zusammen mit dem Titel der zugehörigen Artikel, der bestellten Anzahl, dem Einzelpreis und dem Gesamtpreis pro Artikel ermittelt werden. Dies leistet folgende SQL-Anweisung:

```
select Bestellung.Bestellnummer, Datum, Bezeichnung, Anzahl,
        Anzahl, Einzelpreis, Einzelpreis * Anzahl as Gesamtpreis
from Bestellungen, beinhaltet, Artikel
where ( Bestellungen.Bestellnummer = beinhaltet.Bestellnummer) and
       ( beinhaltet.Artikelnummer = Artikel.Artikelnummer) and
       ( Rabatt > 0);
```

Zur Erläuterung: Auf das Schlüsselwort **select** folgt eine Aufzählung dessen, *was* selektiert werden soll. Dies können sowohl Attribute als auch Terme sein. Mittels **as** kann der Name der Spalte in der Ausgabe angegeben werden. Existiert ein selektiertes Attribut in mehreren der Relationen (im Beispiel Bestellnummer), so muss der Name der Relation mit angegeben werden. In allen anderen Fällen ist das nicht notwendig. Auf die **select**- folgt die **from**-Klausel, mit einer Aufzählung der Relationen, aus denen Attribute benötigt werden. In der **where**-Klausel werden Bedingungen angegeben. Die ersten beiden Bedingungen verbinden die Tabellen miteinander (dies wird als *JOIN-Operation* bezeichnet). Ohne die Bedingung würde als Ergebnis das kartesische Produkt berechnet, d.h. alle möglichen Kombinationen der Tupel aller drei Tabellen. Viele DBMS bieten zusätzlich die **join**-Anweisung, mit der die Bedingung direkt in der **from**-Klausel angegeben werden kann. Darauf soll aber nicht im Detail eingegangen werden. Die dritte Bedingung realisiert schließlich das geforderte Vorhandensein eines Rabatts.   ★

Das vorherige Beispiel hat bereits gezeigt, dass nicht nur Attribute selektiert, sondern auch Werte berechnet werden können. Allerdings sind diese Ausdrücke immer auf genau ein Tupel beschränkt. Damit ist es beispielsweise nicht möglich, das Gesamtgewicht oder den Rechnungsbetrag einer Bestellung zu bestimmen, da dafür mehrere Tupel zusammengefasst werden müssen. Genau dies leisten die von

SQL bereitgestellten *Aggregatfunktionen* count (Anzahl der Datensätze), avg (Durchschnitt), sum (Summe) etc. in Verbindung mit der group by- und der having-Klausel.

Beispiel 11.7. Die Anzahl der bestellten Artikel je Bestellung, deren Gesamtkosten (ohne Berücksichtigung des Rabatts) und das Gesamtgewicht der Bestellungen mit mindestens drei unterschiedlichen Artikeln lässt sich folgendermaßen ermitteln:

```
select Bestellung.Bestellnummer, sum(Anzahl) as Gesamtanzahl,
       sum(Anzahl * Gewicht) as Gesamtgewicht,
       sum(Einzelpreis * Anzahl) as Gesamtpreis
from Bestellungen, beinhaltet, Artikel
where (Bestellungen.Bestellnummer = beinhaltet.Bestellnummer) and
      (beinhaltet.Artikelnummer = Artikel.Artikelnummer) and
group by Bestellung.Bestellnummer
having count(*) >= 3;
```

Zur Erläuterung: Mittels group by wird angegeben, welche Attribute zu einer Gruppe zusammengefasst werden sollen. Eine Gruppe besteht jeweils aus allen Tupeln, die für die hinter group by angegeben Attribute (es können auch mehrere sein) gleiche Werte aufweisen. Im Beispiel gibt es demnach drei Gruppen, je eine für die Bestellnummern 4711, 4712 und 4713. Die Ausgabe enthält dann je Gruppe eine Zeile. sum berechnet nun jeweils die Summe über alle Werte des angegebenen Attributs. sum(Anzahl) ergibt für die Bestellung 2711 somit 12. count(*) schließlich zählt die Anzahl der Datensätze in der Gruppe, also beispielsweise 3 für die Bestellnummer 4711 und 2 für 4712. Die mittels having angegebene Bedingung wird für alle Gruppen getestet, was im Beispiel dazu führt, dass für die Bestellnummer 4712 nichts ausgegeben wird. An diesem Beispiel erkennt man auch den Unterschied zwischen where- und having-Klausel. Erstere testet eine Bedingung auf einzelne Tupel, während letztere immer eine ganze Gruppe betrachtet.   ★

Abschließend sei noch kurz die order by-Klausel erwähnt, die die zurückgegebenen Datensätze sortiert.

Beispiel 11.8. Sollen die Artikel beispielsweise zuerst aufsteigend (asc) nach Artikelgruppe und dann absteigend (desc) nach Gewicht sortiert werden, kann das folgendermaßen realisiert werden:

```
select *
from Artikel
order by Artikelgruppe asc, Gewicht desc;
```

Anmerkung: Der * als Feldliste bedeutet, dass alle Felder selektiert werden. Die Angabe asc für aufsteigend kann auch entfallen, da der Standardwert für die Sortierung ist.   ★

In den Abschnitten 11.1.2 und 11.2 wurde die Definition von Benutzersichten als wesentlich für die Realisierung der Datenunabhängigkeit erwähnt. Dazu bietet SQL die bereits im Abschitt 11.4.1 eingeführte create view-Anweisung. Diese ermöglicht die Definition einer virtuellen Relation, d.h., dass eine Anfrage einen Namen erhält. Dieser Name kann anschließend mit gewissen Einschränkungen[3] wie jeder andere Tabellenname benutzt werden, z.B. in anderen Anfragen. Sichten bieten sich u.a. an, wenn Anfragen häufiger verwendet werden.

Beispiel 11.9. Eine Sicht wird folgendermaßen definiert:

```
create view Inhalt as
    select Bestellung.Bestellnummer, Datum, Bezeichnung, Anzahl, Rabatt,
           Anzahl, Einzelpreis, Einzelpreis * Anzahl as Gesamtpreis
    from Bestellungen, beinhaltet, Artikel
    where (Bestellungen.Bestellnummer = beinhaltet.Bestellnummer) and
          (beinhaltet.Artikelnummer = Artikel.Artikelnummer);
```

Die Anfrage

```
select Bestellnummer, Datum, Bezeichnung, Anzahl,
       Anzahl, Einzelpreis, Gesamtpreis
from Inhalt
where (Rabatt > 0);
```

liefert nun dasselbe Ergebnis wie die Anfrage im ersten Beispiel.   ★

Eine weiterführende Beschreibung von SQL würde den Umfang dieses Buches bei weitem sprengen. Daher sei auf entsprechende Literatur verwiesen, z.B. [Heu 00] oder [Mel 02].

11.5 Datenbankentwurf

Da es sich bei Datenbankanwendungen ebenfalls um Softwaresysteme handelt, ähnelt der Entwurfsprozess dem allgemeiner Softwaresysteme (vgl. Abschnitt 12). Wie zu Beginn erläutert, dient die Datenbank meist der Integration verschiedener Datenquellen eines Unternehmens und soll, im Gegensatz zur Anwendungssoftware, oft über Jahrzehnte bestehen. Daher kommt dem Entwurf der Datenbank eine besondere Bedeutung zu. Der Entwurf einer Datenbank umfasst eine Reihe von Entwurfsschritten (Phasen), in denen die Daten zunächst abstrakt und später zunehmend implementierungsnah modelliert werden. In [Heu 00, Abschnitt 5.2] werden beispielsweise folgende Phasen unterschieden:

---

[3]Das Einfügen und Ändern von Werten ist nur unter bestimmten Bedingungen möglich. Siehe dazu beispielsweise [Heu 00].

Anforderungsanalyse: Wie bei der Entwicklung jeder Software oder auch jedes anderen Produkts müssen zunächst die Anforderungen erfasst werden. Im Falle einer Datenbank wird beispielsweise ermittelt, welche Daten jeder Abteilung eines Unternehmens in dieser verwaltet werden sollen. Das Ergebnis ist gewöhnlich eine informelle Beschreibung. Im Rahmen der Anforderungsanalyse gilt es, die für die Datenbank relevanten Anforderungen über Daten von anderen Anforderungen, etwa über Funktionen zu trennen.

Konzeptioneller Entwurf: Ziel ist eine erste formale Beschreibung der für den Anwendungsbereich benötigten Informationsstrukturen. In dieser Phase kommen vorrangig das ERM oder andere semantische Datenmodelle zum Einsatz. Neben dem eigentlichen Datenbestand werden auch verschiedene Sichten darauf modelliert, etwa für unterschiedliche Abteilungen. Weiterhin ist eine Analyse der erstellten Schemata und Sichten erforderlich, um u.a. Konflikte zu beseitigen. Beispielsweise seien hier Typkonflikte (eine Abteilung speichert die Personalnummer als Zahl, eine andere als String) und Strukturkonflikte (z.B. Speicherung der Adresse in einem oder mehreren Attributen) erwähnt. Diese Entwurfsphase ist noch völlig unabhängig vom später eingesetzten System.

Verteilungsentwurf: Datenbanken werden häufig auf mehrere Rechner verteilt, z.B. auf verschiedene Zweigstellen eines Unternehmens oder in verschiedenen Abteilungen. Daher kann eine Verteilung der Daten entworfen werden, *bevor* das eigentliche System für die Implementierung gewählt wird. Dadurch ist es beispielsweise möglich, an verschiedenen Orten unterschiedliche Systeme einzusetzen.

Logischer Entwurf: In dieser Phase wird zunächst das für die Implementierung verwendete Modell ausgewählt, z.B. das Relationenmodell. Anschließend wird das im konzeptionellen Entwurf erstellte Schema auf das gewählte abgebildet, also z.B. das ER- auf ein Relationenschema. In einem weiteren Schritt wird das erzeugte Schema auf seine Qualität hin untersucht und ggf. verbessert. Im Falle des relationalen Entwurfs ist es beispielsweise von Bedeutung, durch *Normalisierung* möglichst redundanzfreie Relationen zu erzeugen.

Datendefinition: Die Relationen werden in dieser Phase mittels einer konkreten Datendefinitionssprache (DDL) umgesetzt. Während im logischen Entwurf noch systemunabhängig gearbeitet wurde, erfolgt die Datendefinition spezifisch für ein DBMS. Dies ist erforderlich, da unterschiedliche DBMS trotz gleicher formaler Grundlage, z.B. Relationenmodell, unterschiedliche DDL verwenden können. Eine weitere Aufgabe im Rahmen der Datendefinition ist die Umsetzung der im konzeptionellen Entwurf spezifizierten Anwendersichten in der Sprache des DBMS.

Physischer Entwurf: Das Ziel der vorangegangenen Phasen war, entsprechend der Drei-Ebenen-Schema-Architektur, der Entwurf und die Implementierung des konzeptionellen Schemas. Mit dem physischen Entwurf folgt die Realisierung der internen Ebene. Dabei werden beispielsweise Indexe für den Zugriff auf die Daten erstellt. Weiterhin kann, soweit dies möglich und sinnvoll ist, die interne Struktur definiert werden, d.h. beispielsweise die Speicherung einer Relation als Hash-Tabelle oder Baumstruktur.

Implementierung und Wartung: In dieser Phase wird abschließend die Datenbankanwendung installiert und an sich ergebende Änderungen laufend angepasst.

12   Softwareengineering

12.1   Einführung, Vorbemerkungen

DUMKE [Dum 00] führt in seinem Buch mit dem Titel „Software Engineering" aus, dass kaum eine andere Wissenschaftsdisziplin in den letzten Jahren eine solch gewaltige Ausbreitung gefunden hat wie die Informatik als Ganzes. Natürlich trifft das auch auf die einzelnen Disziplinen wie Programmiersprachen, Betriebssysteme, Datenbanksysteme... und auch auf die Softwaretechnologie (oder auch Softwaretechnik oder Software Engineering) zu. Als Grund nennt er die Entwicklung neuer Technologien, wie das Internet, und die damit verbundene Bearbeitung, Vertrieb und die Nutzung von Informationssystemen, die weltweit verteilt organisiert wird. Die Anforderungen an solche Systeme drücken sich vor allem dadurch aus, dass

- die Komplexität der Systeme wächst und damit Fragen nach der Zuverlässigkeit und Sicherheit aufgeworfen werden,
- die Anforderungen an eine Integration steigen, die wiederum nach einer Standardisierung verlangt,
- die wachsenden Anforderungen an die Leistungsfähigkeit der Systeme wiederum Probleme bei der Beherrschbarkeit im Sinne einer Weiterentwicklung implizieren und
- sich mit der Verfügbarkeit von Software, Beispiellösungen und Technologien vollkommen neue Anwendungsfelder (z.B. das Arbeiten in virtuellen Welten) ergeben.

Der Begriff Engineering ist eine Anleihe an die Ingenieure, indem man die Prinzipien und Methodiken des Konstruierens z.B. im Maschinenbau oder in der Elektrotechnik auf die Softwareproduktion anwendet. Wir können in diesem Kapitel natürlich nicht das gesamte Spektrum des Softwareengineering ausbreiten. Hierzu sei auf die einschlägige Literatur verwiesen. Eine auf Naturwissenschaftler und Ingenieure abzielende Einführung geben REMBOLD und LEVI [Rem 99]. DUMKE gibt in [Dum 00] darüber hinaus zahlreiche Hinweise zu einschlägigen Methoden und Werkzeugen.

Jüngste Entwicklungen des Softwareengineering stellen sich als *Agile Softwareentwicklung* [Hru 02] dar. Das Attribut *Agil* deutet dabei auf auf eine Vorgehensweise hin, die sich durch eine Konzentration auf die wesentlichsten Schritte auszeichnet und damit eine Alternative zum „perfektionierten" Ansatz (vgl. u.a. [Böh 96]) bildet. Mit der objektorientierten Betrachtungsweise, die sich insbesondere in der Entwurfs- bzw. Modellierungsphase als Werkzeug der *Unified Modelling Language* (UML) [Boo 99] bedient, wird die Softwareentwicklung zu einem *Rational Unified Process* [Kru 99].

Wir haben uns bisher mit Algorithmen, Programmierungstechniken sowie mit wesentlichen Anwendungen derselben z.B. in Grafik und Datenbanken auseinander gesetzt. Wir wollen jetzt zumindest soviel aus der Softwaretechnologie mitnehmen, dass wir in der Lage sind kleinere Projekte selbst zu entwickeln. Dazu sind zunächst einige Vorbemerkungen und Begriffsbestimmungen angebracht.

12.1.1 Aufgabe, Begriffsbestimmung

Es hat sich gezeigt, dass *Softwareentwicklungsprozesse* (SEP) komplexe Arbeitsprozesse mit schöpferischem Charakter sind. Eine rationelle Gestaltung dieses Prozesses gewinnt an Bedeutung, weil die Arbeitsproduktivität bei der Softwareentwicklung der schnellen Entwicklung der Hardware nicht standhält. Softwareentwicklung verlangt Spezialisten der Informatik und der Anwendungsdisziplinen. Deshalb beschäftigen wir uns mit diesem Thema. Voraussetzung ist, dass alle Beteiligten

* Kenntnisse über Inhalt, Ablauf, Arbeitsteilung, Methoden und Mittel der Softwareentwicklung haben,
* die Fähigkeit besitzen, am kollektiven Softwareentwicklungsprozess teilzunehmen.

Zunächst sollen einige Begriffe, die im Zusammenhang mit der Softwareentwicklung von Bedeutung sind, erklärt werden.

Software: Programm oder Programmpaket mit zugehöriger Dokumentation.

Basissoftware: Dient zum Entwickeln, Warten und Nutzen von Anwendersoftware, z.B.: Betriebssysteme(BS), Datenbankmanagementsysteme(DBMS).

Anwendersoftware: Sie löst eine Klasse fachspezifischer Anwenderaufgaben, z.B. Office-Anwendungen, CAD, Simulation, PPS.

Softwareprodukt: Stellt eine Menge zusammengehöriger Softwarekomponenten dar, die als Ganzes entwickelt, vertrieben, angewendet und gewartet werden.

Softwareentwicklungsprozess: Beinhaltet den Prozess der systematischen Herstellung eines Softwareproduktes einschließlich der verwendeten Hilfsmittel, Methoden und des Personals.

Softwaretechnologie, Softwaretechnik, Softwareengineering: Ein Zweig der Informatik, der sich mit den Gesetzmäßigkeiten der produktionstechnischen Vorgänge im Prozess der Herstellung, Nutzung und Wartung von Software befasst.

Gegenstand des Softwareengineering sind [Dum 00]:

- Methoden: Richtlinien, Strategien und Technologien zur systematischen Entwicklung von Software,
- Werkzeuge: rechnergestützte Hilfsmittel zur Software-Entwicklung und -Anwendung,
- Maßsystem: Menge von Software-Maßen zur Bewertung und Messung der Eigenschaften der zu entwickelnden Software hinsichtlich Eignung, Qualität und Leistungsverhalten,
- Standards: Menge von verbindlichen Richtlinien für die einheitliche und abgestimmte Form der Software-Entwicklung und des zu entwickelnden Software-Systems,
- Erfahrungen: Kenntnisse über die Entwicklung der Software und das Entwicklungsergebnis selbst hinsichtlich dessen Einsatz, Qualität und Nutzen (Ingenieurwissen!).

12.1.2 Software als Produkt

Software enthält einen hohen Anteil lebendiger Arbeit, der sowohl für das Entwickeln als auch das Warten aufgewendet wird. Von anderen Produkten unterscheidet sie sich vor allem dadurch, dass für ihre vielfache Herstellung (Kopien) relativ wenig Fertigungsaufwand benötigt wird. Software ist ein technisches Produkt, dessen Gebrauchswert vorrangig von der investierten geistig-kreativen Arbeit bestimmt wird.

In Abbildung 12.1 ist das Verhältnis der Kosten für die Entwicklung von Hardware und Software im letzten halben Jahrhundert gegenübergestellt. Ursachen für den in Abbildung 12.1 gezeigten Trend sind:

- ein enorm fallendes Preis-Leistungsverhältnis bei Hardware,
- eine unzureichende Zunahme der Arbeitsproduktivität bei der Softwareentwicklung,
- eine lange Lebensdauer von Softwareprodukten, die teilweise über mehrere Jahrzehnte geht und dabei zu kostenaufwendigen Wartungszyklen führt.

Die Aussage dieser Abbildung liefert somit die Motivation für eine systematische Softwareentwicklung. Im Zusammenhang mit den Kosten für ein Softwareprodukt müssen auch die zu realisierenden Qualitätsanforderungen genannt werden. Qualitätsmerkmale sind:

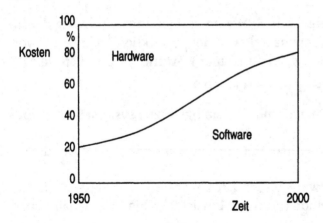

Abbildung 12.1 Ökonomischer Aspekt der Softwareproduktion

Korrektheit: Beschreibt den Grad der Übereinstimmung von programmtechnischer Lösung, Dokumentation und Programm.

Flexibilität: Bezieht sich auf einfache Nachnutzbarkeit und leichte Wartbarkeit.

Verständlichkeit: Bewertet den Einarbeitungsaufwand für eine sachgerechte Nutzung.

Stabilität: Beinhaltet den Grad der Sicherheit des Programms bei Eingabe- und Bedienfehlern, bei Fehlern der Gerätetechnik und des Betriebssystems.

Effizienz: Drückt das Verhältnis des Aufwands bei der Nutzung einer Software zur Art, Anzahl und zum Schwierigkeitsgrad der damit zu lösenden Aufgabe aus.

Die Softwareproduktion ist ein Prozess, der in Abhängigkeit von der Komplexität der zu lösenden Aufgabenstellung durch zahlreiche Methoden und Hilfsmittel unterstützt wird und der im Endeffekt selbst organisiert werden muss. Dies wollen wir in den nachfolgenden Ausführungen aufzeigen.

12.2   Softwareentwicklungsprozess, Softwarelebenszyklus

Das Entwickeln von Anwenderprogrammen beinhaltet das Programmieren im Kleinen –
der Softwareentwicklungsprozess das Programmieren im Großen.

Diese Prämisse, die den Schritt der Entwicklung unserer bisherigen überschaubaren Anwendungsbeispiele hin zu komplexeren Softwareanwendungen beschreibt, macht einfach nur deutlich, dass nun der Prozess der Softwareentwicklung in den Mittelpunkt rückt, wobei das „Programmieren im Großen" eher den Charakter der Lösung einer Projektaufgabe annimmt. Obwohl wir wissen, dass die Software nicht im leeren Raum entwickelt wird und deshalb die Beziehungen zu den Systemen (Hard- und Software) zu beachten sind (siehe Abbildung 12.2), wollen wir uns jedoch nur mit der Softwareproduktion auseinander setzen. Die Softwareentwicklung ist durch Aspekte geprägt, die durch

- die Phasen der Entwicklung,
- die benutzten Methoden und Hilfsmittel,
- die hervorzubringenden Qualitätsmerkmale

bestimmt werden (Abbildung 12.3). Die zu erfüllenden Qualitätsmerkmale wurden bereits aufgeschrieben. Demzufolge müssen wir uns zunächst mit dem Phasenmodell auseinander setzen.

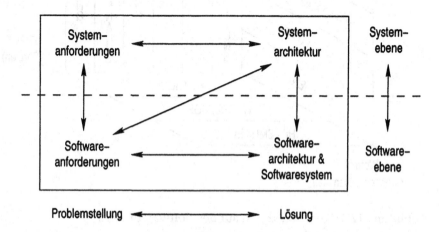

Abbildung 12.2 Zusammenhang zwischen System und Software [Hru 02]

12.2.1 Phasenmodell der Softwareentwicklung

Ein Softwareprodukt durchläuft einen sogenannten Lebenszyklus mit den Hauptphasen:

- Software-Entwicklung,
- Software-Anwendung und
- Software-Wartung.

Dass diese Phasen nicht streng sequentiell nacheinander ablaufen, wird in Abbildung 12.4 verdeutlicht. Dies bedeutet vor allem, dass in der Phase der Wartung die Nutzererfahrungen ständig durch Verbesserungen in das Produkt zurückgeführt werden. Die Hauptphasen können nach DUMKE [Dum 00] wie folgt untersetzt werden.

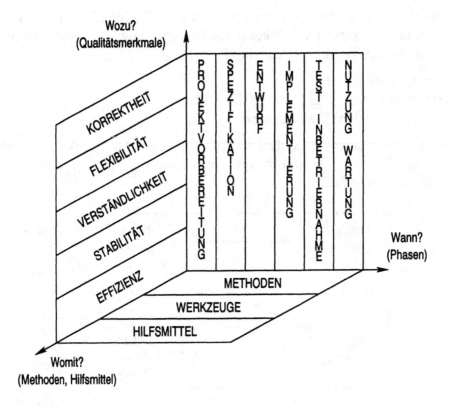

Abbildung 12.3 Einflussfaktoren auf den Softwareprozess

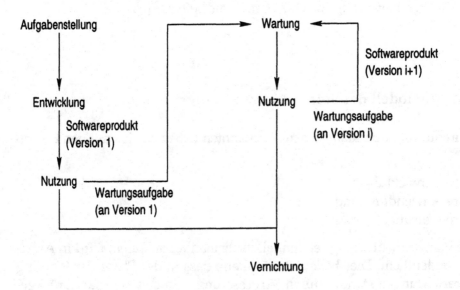

Abbildung 12.4 Softwarelebenszyklus

Entwicklung

Problemdefinition: Die Problemdefinition beinhaltet den Auftrag zur Entwicklung des Softwareproduktes bei Vorgabe der Anforderungen.

Anforderungsanalyse: In der Phase der Anforderungsanalyse werden die Anforderungen hinsichtlich ihrer Realisierbarkeit untersucht. Weiterhin dient sie der Konkretisierung allgemeiner Anforderungsteile und -inhalte.

Spezifikation: Die Spezifikation beschreibt das zu implementierende Produkt in seiner Funktionsweise.

Entwurf: Der Entwurf stellt die Phase der Umsetzung des spezifizierten Systems auf einer konkreten Computer-Plattform mit der jeweiligen Software dar.

Implementierung: Das Implementieren beinhaltet Kodieren und Herstellen eines lauffähigen Programms sowie die Beseitigung syntaktischer Fehler. Es wird aus dem *programmtechnischen Entwurf* ein *ablauffähiges Programm* erstellt.

Erprobung: Die Erprobung dient dem kontrollierten Einsatz des Softwareproduktes in einem bestimmten Einsatzbereich.

Auslieferung: Die Auslieferung schließt die Entwicklung mit der Übergabe aller zum Auftrag gehörenden Komponenten ab.

Anwendung

Die Software wird zunächst eingeführt, um in eine stabile Nutzungsphase zu kommen. Oftmals werden auch Umstellungen auf Grund neuer Versionen oder anderer Veränderungen (Updates) erforderlich. Ist das Produkt schließlich veraltet, so wird über eine Ablösung befunden.

Wartung

Die Wartung ist insbesondere durch Änderungen geprägt, die sich aus den Anwendungserfahrungen ergeben haben und die natürlich verwaltet werden müssen (Versionen).

Versuchen wir an dieser Stelle an einem kleinen Beispiel zumindest die Entwicklungsphase zu interpretieren. Wir wollen dabei so vorgehen, dass wir dies durch Fragestellungen darstellen, deren Anworten bei der konkreten Umsetzung im Abschnitt 13.4 gegeben werden müssen. Die Aufgabe selbst ist im Bereich der studentischen Ausbildung angesiedelt und wurde an die Autoren dieses Buches mit der Bitte um Unterstützung bei der Lösung herangetragen.

Aufgabenstellung: Im Lehrfach Thermodynamik/Wärmeübertragung wird der Wärmedurchgang durch mehrschichtige Wände behandelt. Dazu soll im Lehrfach Grundlagen der Informatik ein Projekt bearbeitet werden, das es erlaubt, den Temperaturverlauf in Abhängigkeit von verschiedenen Parametern zu simulieren und zu präsentieren.

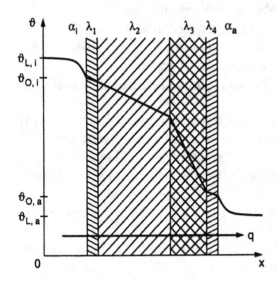

Abbildung 12.5
Schematische Darstellung der Wärmeleitung und des Temperaturverlaufs in einem mehrschichtigen Bauteil

Problemdefinition: Die Problemdefinition enthält das Lasten- und das Pflichtenheft, welche die zwischen Auftraggeber (im Beispielfall der Lehrende) und Auftragnehmer (im Beispielfall die studentischen Teilnehmer des Kurses) präzisierte Aufgabenstellung festhalten. Bei der Definition der Problemstellungen unterscheidet man in der Regel noch nach *funktionalen, qualitativen, systembezogenen* und *prozessbezogenen* Anforderungen.

- *funktionale Anforderungen*
  Hierin haben wir die Fragen nach der Arbeitsweise und den grundlegenden Eigenschaften der problembezogenen Funktionalität zu klären.
  - Welche Simulationen sollen durchführbar sein?
    Antwort: Numerische Simulation mit variablen Parametern für die Anzahl der Schichten und die Werkstoffart jeweils unter Sommer- und Winterbedingungen
  - Welchen Lösungsansatz wählen wir?
    Antwort: Berechnungsvorschrift für Wärmeleit-, Wärmeübergangs- und Wärmedurchgangsgleichungen
  - Welcher Art sind die Daten?
    Antwort: einfache Daten im Dezimalzahlenbereich
  - Wie sind die Daten zu verwalten?
    Antwort: im Hauptspeicher und auf der Festplatte
  - Wie wird die Steuerung der Funktionen durchgeführt?
    Antwort: über Steueralgorithmen im Hauptprogramm
  - Welche Schnittstellen soll es zu anderen Systemen geben?

Antwort: zum Betriebssystem über das Filekonzept, evtl. zur grafischen Ausgabe über Funktionsschnittstelle mittels entsprechenden Bibliotheken

- *qualitative Anforderungen*
  - Wie ist eine einfache Nutzeroberfläche zu gestalten?

    Antwort: im Textmodus durch eine individuelle Nutzersteuerung
  - Wie garantieren wir eine leichte Erweiterbarkeit und Veränderbarkeit der programmtechnischen Lösung?

    Antwort: durch einen strukturierten und modularen Aufbau
  - Wie sichern wir eine Plattformunabhängigkeit?

    Antwort: Realisierung in C nur mit Standardfunktionen, Unabhängigkeit auf Quellen-Ebene von Betriebssystem sichern.
- *systembezogene Anforderungen*
  - Welche Hardwareplattform brauchen wir?

    Antwort: vorgegeben, auf PC als Front-End im Netz oder als Stand-Alone
  - Welche Entwicklungsumgebung und Programmiersprache ist zu wählen?

    Anwort: Ist in Abhängigkeit von der Plattform auszuwählen (z.B. Dev-C++ unter Windows).
  - Wo soll die Software nutzbar sein?

    Antwort: zur individuellen Nutzung
- *prozessbezogene Anforderungen*
  - Wann soll das Produkt fertig sein?

    Antwort: im laufenden Semester
  - Welches Team bearbeitet die Aufgabe?

    Antwort: in Zweiergruppen
  - Wo ist es zu präsentieren?

    Antwort: im Rahmen einer abschließenden Demo-Veranstaltung

Die Antworten auf diese und weitere Fragen werden in einem Abschlussdokument festgehalten, das gleichzeitig Ausgangsdokument für die nächste Phase ist.

Anforderungsanalyse: Die Anforderungsanalyse soll die in der Problemdefinition aufgeworfenen Forderungen überprüfen. Sie führt über eine Ist-Analyse zu einer Sollkonzeption. Zu beantworten sind diese Fragen:
Ist die Problemdefinition

- korrekt,
- konsistent,
- vollständig,
- realisierbar,
- sinnfällig,

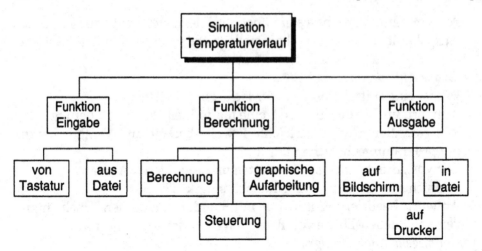

Abbildung 12.6 Funktionsstruktur

- prüfbar und
- verfolgbar?

Dazu kann man Begriffs- und Konsistenzkontrollen durchführen oder auch mit der Interviewtechnik zum Ziele kommen. Die Ergebnisse der Anforderungsanalyse, die sich als eine geprüfte und eventuell revidierte Problemdefinition darstellen, werden direkt in die Spezifikationsphase überführt.

Spezifikation: Mit der Spezifikation beginnen wir mit der eigentlichen Softwareentwicklung. Hierbei werden die Ergebnisse der Anforderungsanalyse in ein Modell umgesetzt, das vor allem die funktionalen und teilweise die qualitativen Anforderungen abbildet. Das Funktionsmodell kann z. B. als Funktionsbaum die Struktur der Lösung vorgeben. Das Ergebnis der Spezifikation wird auch als Grobkonzept bezeichnet.

Entwurf: In der Entwurfsphase wird die Spezifikation unter den systembezogenen Anforderungen verfeinert (Feinkonzept!).

Wir wollen in der Programmiersprache C arbeiten und dazu die Entwicklungsumgebung Dev-C++ nutzen. Das Betriebssystem ist eine Windows- Variante. Unter diesen Voraussetzungen bietet sich für die Detaillierung der Funktionen die Struktogrammtechnik an.

Implementierung: Mit den Vorlagen Funktionsbaum und Struktogramme für die einzelnen Module können wir nun den Quellcode erzeugen und compilieren. Hierbei sind die syntaktischen Fehler zu eliminieren.

Test: Wir haben bereits eine Erwartungshaltung hinsichtlich der Ergebnisse. Dies drücken wir durch einen Testplan aus, in welchem wir unser kleines Projekt überprüfen wollen. Die konkrete Ausführung vermittelt Abschnitt 13.4.

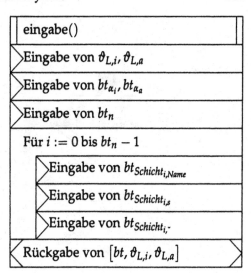

Abbildung 12.7
Struktogramm von eingabe()

12.2.2 Methoden zur Softwareentwicklung

Die Methoden, die dem Softwareentwickler zur Verfügung stehen, sind vielfältig und differenziert. Sie sind das Ergebnis einer wissenschaftlichen Durchdringung des Softwareentwicklungsprozesses (SEP) als auch reicher Erfahrungen in der Erstellung von Softwareprodukten (Best Practice). Im Folgenden wollen wir uns nur mit einigen Aspekten vertraut machen, die uns in den vorhergehenden Kapiteln bereits begleitet haben. Eine vollständige Übersicht kann in diesem Buch nicht gegeben werden. Dazu sind die Spezialisten des Fachgebietes *Sofwaretechnologie* zu bemühen. Einige Ausführungen dazu sollen jedoch dieses Kapitel abrunden. Wir hatten bereits angeführt, dass die Softwareerstellung bei großen Projekten ein Management verlangt (siehe Eingang des Kapitels). Selbst der Lebenszyklus eines Softwareproduktes kann in unterschiedlicher Weise durchlaufen werden. Dies beschreiben sogenannte Vorgehensmodelle:

- sequentielle Modelle, die durch eine relativ strenge Ablauffolge gekennzeichnet sind und
- nichtsequentielle (oder auch zyklische) Modelle, die Iterationen erlauben.

Zur ersten Kategorie gehört das Wasserfallmodell nach BOEHM [Boe 81] (vgl. Abbildung 12.8). Das kennzeichnende Merkmal bei dieser Vorgehensweise ist, dass es nur Vorgänger- und Nachfolger-Beziehungen gibt. Das Spiralmodell (vgl. Abbildung 12.9) stellt die Softwareentwicklung als evolutionären Prozess dar. Der Prozess zielt auf eine rapide Lösung ab, die nach Vollzug einer Spirale einen Prototypen produziert, der durch nachfolgende, ergänzende Anforderungen in die nächste Entwicklungsrunde geht, bis schließlich die Erwartungshaltung erfüllt wird.

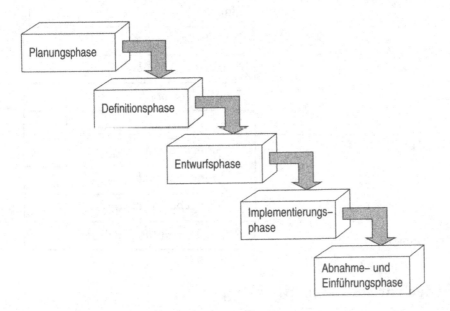

Abbildung 12.8 Wasserfallmodell [Boe 81]

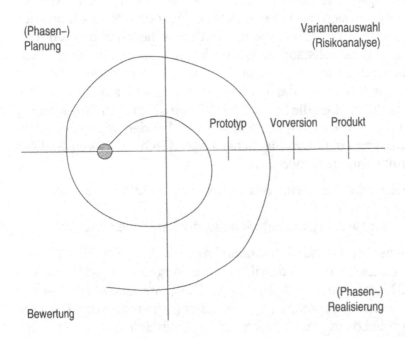

Abbildung 12.9 Spiral-Modell [Dum 00]

Diese, den gesamten Lebenszyklus steuernden Methoden werden durch bekannte Techniken unterstützt, die in den einzelnen Phasen Anwendung finden. Insbesondere während der Spezifikation und beim Entwurf werden bestimmte Zusammenhänge als Modelle abgebildet (vgl. Tabelle 12.1).

Tabelle 12.1 Entwurfsmodelle

Funktionalität	Aspekt	Modellart
Aufgabenbearbeitung	Funktionen	Funktionsmodell
Information	Daten	Datenmodell
Verhalten	Ereignisse	Transitionsmodell
Steuerung	Signale	Zustandsmodell
Kommunikation	Nachrichten	Interaktionsmodell
Management	Koordinierung	Workflowmodell
Nachbildung	Zeitverhalten	Simulationsmodell

Aus den zahlreichen Erfahrungen heraus haben sich auch die nachfolgend aufgeführten Techniken bewährt, die eher bei kleineren Projekten verzichtbar sind.

Projektbegleitendes Dokumentieren und Verwalten

Eine oft praktizierte Arbeitsweise ist die Erstellung einer Dokumentation als abschließende Phase im Anschluss an den Programmtest. Die mögliche Folge ist, dass sich nach einem Jahr normaler Nutzung und Wartung mit begleitender Änderung des Quelltextes eine Schere zwischen Dokumentation und Quelltext, die bis zur Nutzungsunfähigkeit des Programms führen kann, auftut. Deshalb sollte man folgende Prinzipien beherzigen:

projektbegleitendes Dokumentieren: Jede Phase muss mit spezifischen, schriftlichen Ergebnissen abschließen.

rechnerunterstütztes Dokumentieren: Die Dokumentationsteile sollten kontinuierlich auf elektronischen Datenträgern erfasst werden.

selbst dokumentierender Quelltext: Bezeichner von Variablen, Funktionen, Konstanten und erforderliche Kommentaren sollen den Quelltext lesbar gestalten.

projektbegleitende Verwaltung von Ergebnissen: Die Ordnung zwischen Teilergebnissen eines Softwareproduktes muss aufrechterhalten werden.

Als Dokumentation im Quelltext sollten vorhanden sein:

Titelzeile: Modulname, Parameterliste,
organisatorische Angaben: Version, Autor, Projekt, Datum,
Modulschnittstelle: Leistung, Eingaben, Ausgaben, Besonderheiten zur Anwendung,
Variablenliste: Bedeutung aller lokalen Datenelemente,

Datendeklaration: Vereinbarung von Typ, Dimension, Struktur und Anfangswerten verwendeter Datenelemente,

kommentierter Programmcode: Ausführbare Anweisungen (Ein- und Ausgaben, Wertzuweisung, Ablaufsteuerung u.a.) gemischt mit Kommentaren zur Problemlösung (Algorithmus, problemseitige Hintergrundinformationen, rechentechnische Details).

Kommentare erhöhen *nicht* den Speicherbedarf für das lauffähige Programm. Einige Regeln erhöhen die Verständlichkeit des Quelltextes, z.B. selbsterläuternde Variablennamen, Einrückungen, systematische Markenvergabe u.a. Gliederung der Aufgabe in Unterprogramme macht Quelltext überschaubar.

Hierarchisches Gliedern

Die „Vogelperspektive" vermittelt eine Problemübersicht. Man verfolgt das Prinzip des *Schrittweisen Verfeinerns* des Gesamtproblems bis zu den Details. Dieses Vorgehen wird auch als *Top-Down-Entwurf* bezeichnet. Die „Froschperspektive" hingegen setzt bereits Kenntnisse über Details voraus. In diesem Fall wird von *Bottom-Up-Entwurf* gesprochen (vgl. Abbildung 12.10).

Wie erfolgt ein solcher „Höhenflug" bei der Softwareentwicklung?

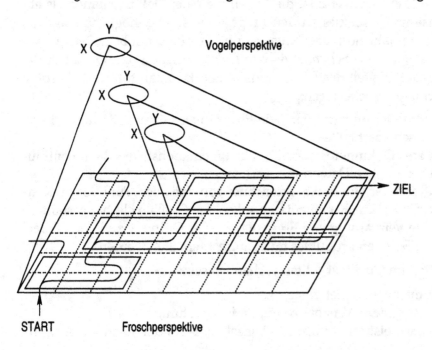

Abbildung 12.10 Problemlandschaft mit Überblick

Am Anfang steht die Faktensammlung. Es schließt sich der Entwurf einer hierarchischen Gliederung des Problemfeldes als Baumstruktur an: Faktenordnung (grafisch oder numerisch). Eine Möglichkeit der Strukturierung zeigt Abbildung 12.11. Die Gliederung beinhaltet dabei auszuführende Funktionen und zu verarbeitende Daten. Das spätere Anwendungsgebiet bestimmt die Herangehensweise bei der Gliederung. Liegt der Schwerpunkt der Anwendung auf der Veränderung von wenigen Daten durch komplizierte Algorithmen (z.B. wissenschaftlich-technische Berechnungen), erfolgt eine *funktionsorientierte Gliederung*. Liegt der Schwerpunkt andererseits auf der Verwaltung großer Datenbestände (Speichern, Übertragen, Aktualisieren), bietet sich eine *datenorientierte Gliederung* an.

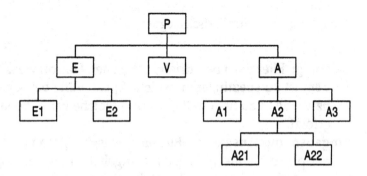

Abbildung 12.11 Gliederung des Problemfeldes

Es wurde bereits erwähnt, dass es prinzipiell zwei Vorgehensweisen zur Bearbeitung der Struktur der Lösung gibt, den Top-Down- und den Bottom-Up-Ansatz. Diese sollen im Folgenden genauer betrachtet werden.

Der erstere Ansatz geht von einer generellen, groben Lösung aus, die schrittweise verfeinert wird, bis alle Anforderungen des Problems erfüllt sind. Diese Vorgehensweise wird in Abbildung 12.12(a) veranschaulicht. Die Bottom-up- Strategie setzt bekannte Teillösungen für bestimmte Teilprobleme, z.B. Standardfunktionen für Dateiverarbeitung, Grafik, Standardberechnung, etc. voraus. Diese werden dann in geeigneter Weise zusammengefügt, so dass sie das gegebene Problem lösen. Abbildung 12.12(b) veranschaulicht diese Vorgehensweise.

Modularprogrammierung

Dieser Stil der Programmierung beinhaltet die Komposition eines Softwareprodukts aus vielen sorgfältig voneinander abgegrenzten Bausteinen (Modulen). Ein solches Modul ist u.a. gekennzeichnet durch einfache Datenschnittstellen, abgegrenzte Funktionen und Geheimhaltung der Wirkungsweise. Die Schnittstelle eines Moduls muss mindestens zwei Angaben enthalten:

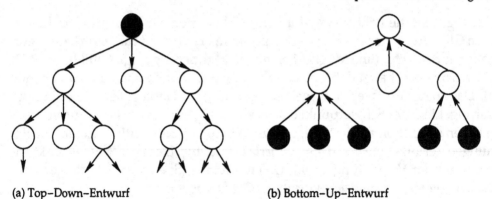

(a) Top–Down–Entwurf   (b) Bottom–Up–Entwurf

Abbildung 12.12 Entwurfsstrategien

Leistung: Hier wird beschrieben, welchen Hauptzweck das Modul erfüllt. Außerdem ist zu spezifizieren, welche Spezialfälle bei seiner Anwendung auftreten, bzw. wie es zu handhaben ist und welche Fehlerbehandlung durch den Modul erfolgt.

Eingaben und Ausgaben: Ein- und Ausgabeparameter, Ein- und Ausgaben über periphere Geräte (z.B. Dialogeingaben, Druckerausgaben, Datenübertragungen, Abfrage eines Schalters), Lesen oder Schreiben aus modulexternen Datenbereichen.

Die Schnittstellen-Beschreibung eines Moduls ist als sogenannte EVA-Tabelle (Eingabe – Verarbeitung – Ausgabe) bekannt. Ist die Funktionsgliederung in Baumstruktur durchgeführt worden und wird jedem Element des Baumes eine EVA-Tabelle zugeordnet, so praktiziert man damit die HIPO-Technik (Hierarchy plus Input/Process/Output). Die HIPO-Technik basiert auf der schrittweisen Verfeinerung und nimmt die zu verarbeitenden Daten als einen Ausgangspunkt des Entwurfs (Ausgabedaten als Funktion der Eingabedaten).

Der Nutzen der Modularprogrammierung besteht u.a. in einer

- Softwareentwicklung mit vertretbarem Kommunikationsaufwand,
- Übersicht durch Abgrenzung, die zu höherer Produktivität des Programmierers führt,
- besseren Wartbarkeit, da überschaubarer bzw. einfach zugänglich für Änderungen,
- Mehrfachnutzung (insbesondere bei problemunabhängigen Modulen).

Strukturierte Programmierung

Die beiden vorgestellten Methoden (Modularprogrammierung und hierarchisches Gliedern) helfen Ordnung und Transparenz in eine große Programmieraufgabe zu bringen. Weiterhin ist es aber erforderlich, die Beziehungen zwischen den Elementen Eingabe, Verarbeitung und Ausgabe innerhalb eines Moduls (oder Programms) zu ordnen, d.h., der Steuerfluss (Programmablauf) muss nach bestimmten Vorschriften erfolgen. Dieser Aufgabe stellt sich die strukturierte Programmierung als Methode zur Schaffung übersichtlicher Programmablaufstrukturen (Steuerflussdisziplin). Eine wesentliche Forderung der strukturierten Programmierung ist die Vermeidung von undisziplinierten Sprüngen (z.B. **goto**), da sonst Spaghettiprogramme entstehen, die sehr unübersichtlich sind (Abbildung 12.13).

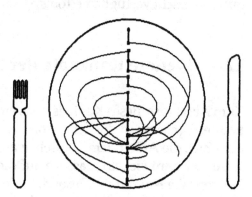

Abbildung 12.13
Spaghettiprogramm

Programme sollten also einer bestimmten Steuerdisziplin unterliegen. Das bedeutet die Beschränkung der Abläufe auf die drei Grundstrukturen:

- Sequenz,
- Schleife,
- Fallunterscheidungen.

12.3 Softwarewerkzeuge und Entwicklungsumgebungen

Softwarewerkzeuge sind rechnerunterstützte Hilfsmittel zur Unterstützung der Entwicklung und Wartung der Software. Diese werden auch als CASE-Tools (Computer Aided Software Engineering Tools) bezeichnet. Softwareentwicklungsumgebungen fassen alle notwendigen Bestandteile wie Entwicklungsmethodik, Werkzeuge, Maßsysteme und auch Erfahrungen zusammen. In Kontext des Buches sind dies beispielsweise je nach Einsatzgebiet Werkzeuge zur:

- Textverarbeitung (Editor),
- Sprachübersetzung (Compiler),
- Dokumentationsaufbereitung,
- Testunterstützung (Debugger),
- Ergebnisverwaltung,

- Projektleitung.

Als Beispiel sei die Veranschaulichung von Algorithmen angeführt, die als

- Flussdiagramm,
- Struktogramm,
- Pseudocode,
- Programmiersprache

abgebildet werden können (vgl. auch Abschnitt 2.2). DUMKE [Dum 00] liefert eine gute Übersicht verfügbarer Tools.

12.4   Weitere Konzepte der Softwareentwicklung

Zum Abschluss dieses Kapitels noch einige kurze Bemerkungen zur Softwareergonomie. *Ergonomie* ist die Lehre von den Leistungsmöglichkeiten des Menschen mit dem Ziel, die Arbeit dem Menschen anzupassen. *Softwareergonomie* bedeutet, Software so zu entwickeln, dass sie auf die spezifischen Stärken und Schwächen des Nutzers abgestimmt ist. Besondere Bedeutung hat dabei die Nutzerschnittstelle. Sie bietet alle Eigenschaften des Computersystems bezogen auf das Softwareprodukt an, die der Nutzer von außen wahrnehmen kann, z.B.:

- Steuerung des Programmablaufs,
- Gestaltung der Dateneingaben,
- Gestaltung der Ergebnisausgaben,
- Zeitverhalten des Gesamtsystems.

Der Hersteller von Software ist nun gut beraten, alle Möglichkeiten zu nutzen, um ein nutzerfreundliches Produkt zu erstellen.

Es versteht sich, dass im Rahmen dieses Kapitels keine ausgiebigen Betrachtungen zum gesamtheitlichen Prozess der Softwareentwicklung angestellt werden können. Dafür sind Spezialvorlesungen gedacht, die sich u.a. mit

- objektorientierter Softwareentwicklung,
- Softwarevorgehensmodellen,
- Softwaremetriken,
- Softwaremanagement

auseinandersetzen. Das Kapitel soll das Rüstzeug liefern, um erste Schritte vom Programmieren im Kleinen zum Programmieren im Großen gehen zu können.

13   Anwendungen

Die in den vorherigen Kapiteln vorgestellten Methoden und Techniken sollen nun in einigen Beispielen praktisch angewendet werden. Dazu sollen Probleme gelöst werden, mit denen der Leser in seiner Fachrichtung in Berührung kommt. Jedes Beispiel konzentriert sich dabei auf bestimmte Schwerpunkte:

- **Problem des Josephus:** Anwendung von Zeigertechnik und dynamischer Speicherverwaltung von C für die Lösung eines Problems auf zwei unterschiedlichen Wegen.
- **Numerische Nullstellenberechnung:** Übergabe einer Funktion mittels Zeiger und Implementierung des bekannten Bisektionsverfahrens für die Nullstellenberechnung.
- **Analyse eines Widerstandsnetzwerkes:** Realisierung des Gauß-Algorithmus zur Lösung eines linearen Gleichungssystems.
- **Wärmeleitung in einem mehrschichtigen Bauteil:** Zur systematischen Lösung dieses umfangreicheren Problems sollen einige Methoden aus dem Softwareengineering (Kapitel 12), wie Top-Down-Entwurf, Modularisierung, Projektverwaltung, projektbegleitende Dokumentation und Erstellung eines Testrahmens, angewendet werden.

13.1   Problem des Josephus

Aufgaben lassen sich immer auf verschiedenen Wegen lösen. Am Beispiel des „Problems des Josephus" [Sed 92] soll dies demonstriert werden. Eine Lösung verwendet ein *Flagfeld*, die andere eine *zyklische Liste*. Beide Lösungen nutzen die Zeigertechnik und dynamische Speicherverwaltung von C. Hier nun das Problem:

> N Personen haben beschlossen, über einen Abzählreim eine Person auszuwählen. Dazu stellen sie sich im Kreis auf. Es scheidet jedes Mal die M-te Person im Kreis aus. Anschließend schließt sich der Kreis wieder. Welche Person wird als letzte übrig bleiben? Allgemeiner: In welcher Reihenfolge scheiden die Personen bei gegebenen M und N aus?

13.1.1 Problemanalyse

Datenmodell

Beide Lösungen benötigen die folgenden Variablen:

int N : Anzahl der Spieler,
int M : Schrittweite,
int z : Variable zum Abzählen der Spieler.

Die Unterschiede der Lösungen liegen vorwiegend im gewählten Datenmodell:
Wie soll der Spielerring im Computer abgebildet werden?

Realisierung mit Flagfeld

int spieler[N] : Spielerfeld,
int i   : Index im Spielerfeld,
int r   : Rest (verbliebene Spieler im Spielerfeld).

Ein Feld spieler[] mit N Elementen enthält jeweils die Spielernummer. Dabei gilt
spieler[0]=N und für i=1 bis |N-1| spieler[i]=i. So kann der Modulo-Operator für den
Umlauf des Feldindexes beim Abzählen genutzt werden. Ausgeschiedene Spieler
werden mit spieler[i]=0 gekennzeichnet und beim Zählen übersprungen.

Realisierung mit zyklischer Liste

Der Ring wird direkt im Speicher als zykli-
sche Liste abgebildet. Scheidet ein Spieler aus, wird er aus der Liste gelöscht. Jedes
Listenelement enthält die Nummer des Spielers und den Zeiger auf seinen Nach-
barn:

```
struct spieler {
  int nummer;
  struct spieler *next;
};
```

Zur Arbeit mit der Liste werden zwei Zeiger benötigt:

struct spieler *t : zum Durchlaufen und Löschen der Spieler,
struct spieler *x : auf den aktuellen Spieler in der Liste.

Lösungsalgorithmus

Der allgemeine Lösungsalgorithmus, das Abzählen im Ring, ist unabhängig vom
gewählten Datenmodell und wird als Struktogramm in Abbildung 13.1 gezeigt.
Unterschiede bestehen nur in der konkreten Realisierung einzelner Schritte. In Abschnitt 13.1.1 wurden diese Unterschiede schon erläutert.

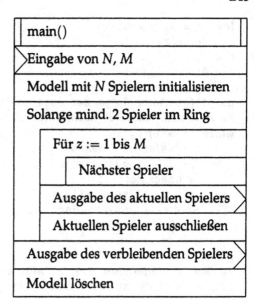

Abbildung 13.1
Struktogramm zur Lösung des Problems
von Josephus

13.1.2 Programm

Realisierung mit Flagfeld

```c
#include <stdio.h>
#include <stdlib.h>

int N;          /* Anzahl der Spieler */
int M;          /* Schrittweite */
char *spieler;  /* Spielerfeld (== 0 ausgeschieden) */

int naechster(int);

int main()
{
  int i; /* Feldindex */
  int r; /* Rest */
  int z; /* Zähler */

  printf("Abzählreim von Josephus (Lösung mit Flagfeld)\n");
  printf("=============================================\n\n");
  printf("Anzahl der Spieler (N): ");
  scanf("%i", &N);
  printf("Schrittweite (M): ");
  scanf("%i", &M);

  /* Modell initialisieren: alle noch im Spiel */
  spieler = (char *) malloc(N * sizeof(char));
  spieler[0] = 9;
```

```
  for (z = 1; z < N; z++)
    spieler[z] = z;
  r = N;
  i = 0;

  printf("\nReihenfolge der ausscheidenden Spieler: \n");
  /* Abzählen, bis nur noch einer übrig */
  while (r > 1) {
    /* m Spieler abzählen */
    for (z = 0; z < M; z++)
      i = naechster(i);
    printf("%i ", spieler[i]);
    /* Spieler i ausschließen */
    spieler[i] = 0;
    r--;
  }
  /* Den verbleibenden Spieler ausgeben */
  printf("%i \n", spieler[naechster(i)]);
  /* Modell löschen */
  free(spieler);
  return 0;
}


/* Alle ausgeschiedenen Spieler überspringen */
int naechster(int pos)
{
  while (!spieler[++pos % N]) ;
  return pos % N;
}
```

Realisierung mit zyklischer Liste

```
#include <stdio.h>
#include <stdlib.h>

struct spieler {
  int nummer;
  struct spieler *next;
};

int main()
{
  int N;                /* Anzahl der Spieler */
  int M;                /* Schrittweite */
  int z;                /* Zähler */
  struct spieler *t, *x; /* Zeiger auf Elemente in der zyklischen Liste */

  printf("Abzählreim von Josephus (Lösung mit zyklischer Liste)\n");
  printf("=====================================================\n\n");
```

```
  printf("Anzahl der Spieler (N): ");
  scanf("%i", &N);
  printf("Schrittweite (M): ");
  scanf("%i", &M);

  /* Modell initialisieren: alle noch im Spiel */
  t = (struct spieler *) malloc(sizeof(struct spieler));
  t->nummer = 1;
  x = t;
  for (z = 2; z <= N; z++) {
    t->next = (struct spieler *) malloc(sizeof(struct spieler));
    t = t->next;
    t->nummer = z;
  }
  t->next = x;

  printf("\nReihenfolge der ausscheidenden Spieler: \n");
  /* Abzählen, bis nur noch einer übrig */
  while (t != t->next) {
    for (z = 1; z < M; z++)
      t = t->next;
    x = t->next;
    printf("%d ", x->nummer);
    /* Spieler x ausschließen */
    t->next = x->next;
    free(x);
  }
  /* Den verbleibenden Spieler ausgeben */
  printf("%d\n", t->nummer);
  /* Modell löschen */
  free(t);
  return 0;
}
```

13.1.3 Ergebnis

Realisierung mit Flagfeld

```
Abzählreim von Josephus (Lösung mit Flagfeld)
=================================================

Anzahl der Spieler (N): 9
Schrittweite (M): 5

Reihenfolge der ausscheidenden Spieler:
5 1 7 4 3 6 9 2 8
```

Realisierung mit zyklischer Liste

```
Abzählreim von Josephus (Lösung mit zyklischer Liste)
======================================================

Anzahl der Spieler (N): 9
Schrittweite (M): 5

Reihenfolge der ausscheidenden Spieler:
5 1 7 4 3 6 9 2 8
```

Wie erwartet liefern beide Programme dieselbe Lösung. Zur Bewertung beider Lösungen müssen neue Kriterien herangezogen werden, wie:

- Klarheit und Erweiterbarkeit des Quellcodes,
- Länge des Quellcodes,
- Größe des lauffähigen Programms,
- Laufzeitverhalten:
  - Speicherbedarf,
  - Kosten für Prozeduraufrufe,
  - Kosten für das Reservieren und Freigeben von Speicher,
- Skalierbarkeit (Verhalten bei kleinen und sehr großen Eingabemengen).

Bei großen Programmen entscheiden solche Kriterien über die Wahl der Lösung. Für das „kleine" Problem des Josephus werden eher die Vorlieben des Programmierers dafür entscheidend sein, welches Datenmodell ihm verständlicher ist und mit welchen Datenstrukturen er besser umgehen kann.

13.2   Numerische Nullstellenberechnung

Als Beispiel für die Anwendung von Funktionszeigern sollen die Nullstellen verschiedener Funktionen mit Hilfe des Bisektionsverfahren (Methode der Intervallschachtelung) [Stö 99] ermittelt werden.

13.2.1 Problemanalyse

Mathematisches Modell

Gegeben sind die folgenden Funktionen (Abbildung 13.2):

$$
\begin{aligned}
f(x) &= x^3 - 6x + 2 & I &= [0; 1] \\
g(x) &= x^2 - \ln x - 2 & I &= [0.1; 1] \\
h(x) &= e^{-x} + \frac{x}{5} - 1 & I &= [4; 5]
\end{aligned}
$$

Die Nullstellen dieser Funktionen lassen sich nur näherungsweise mit numerischen Verfahren, wie zum Beispiel dem Bisektionsverfahren, bestimmen. Die Intervalle I geben das zu untersuchende Startintervall an. Aus Abbildung 13.2 können weitere Startintervalle abgelesen werden.

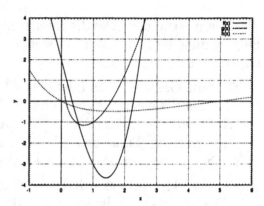

Abbildung 13.2
Plot der Funktionen $f(x)$, $g(x)$ und $h(x)$

Datenmodell

Zur Abbruchsteuerung und um die gegebenen Funktionen zu dokumentieren, bedarf es einiger Konstanten:

const int NMAX : max. Iterationen bis zum Abbruch bei Nichtkonvergenz,
const char *fx, *gx, *hx : Strings der Funktionen zur Bildschirmausgabe,
double If[2], Ig[2], Ih[2] : zweielementige Arrays für die Intervallgrenzen.

Die folgenden Variablen werden für die Ablaufsteuerung und die Aufnahme der Ergebnisse benötigt:

int n : globaler Zähler für die Iterationsschritte,
int sel : Selektion der Funktion,
double (* y)(double x) : Funktionszeiger auf die zu untersuchende Funktion $y(x)$,
const char *yx : Stringzeiger auf den Funktionstext der Funktion $y(x)$,
double l, r : linke und rechte Intervallgrenze,
double x : ermittelte Nullstelle,
double e : Fehlerschranke,
double m : Intervallmitte,
double w : $w = y(m)$.

Lösungsalgorithmus

Das Hauptprogramm muss folgende Schritte abarbeiten:

1. Auswahl der zu untersuchenden Funktion,

2. Eingabe der Intervallgrenzen,
3. Eingabe der Fehlerschranke,
4. Aufruf des Bisektionsverfahrens,
5. Ausgabe der Nullstelle.

Bisektionsverfahren   Das Bisektionsverfahren ist eine Methode zur schrittweisen Eingrenzung der Nullstelle einer stetigen Funktion. Das Verfahren beruht auf den folgenden beiden Aussagen:

- Sind die Grenzen eines Intervalls I bekannt, in dem mit Sicherheit *genau eine* Nullstelle einer stetigen Funktion liegt, so kann man die Nullstelle durch schrittweise Intervallhalbierung eingrenzen.
- Hat eine stetige Funktion an den Grenzen des Intervalls I unterschiedliche Vorzeichen, so liegt mindestens eine Nullstelle in I.

Abbildung 13.3 zeigt das sich daraus ergebende Struktogramm für den Algorithmus. Die zuletzt ermittelte Intervallmitte m wird als Funktionswert (die ermittelte Nullstelle), der Iterationszähler n wird über die globale Variable zurückgegeben.

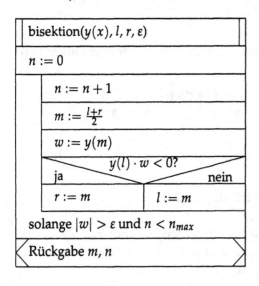

Abbildung 13.3
Struktogramm des Bisektionsverfahrens

13.2.2 Programm

```
#include <stdio.h>
#include <math.h>


/* maximale Iterationsanzahl */
const int NMAX = 1000000;


/* Vereinbarungen */
```

```
double f(double x);
double g(double x);
double h(double x);

double bisektion(double (* y)(double x), double l, double r, double e);

/* auf Nullstellen zu untersuchende Funktionen */
double f(double x) {return pow(x, 3) − 6 * x + 2;}
const char *fx = "f(x) = x**3 − 6x + 2      ";
const double lf[] = {0, 1};

double g(double x) {return pow(x, 2) − log(x) − 2;}
const char *gx = "g(x) = x**2 − ln x − 2 ";
const double lg[] = {0.1, 1};

double h(double x) {return exp(−x) + x / 5 − 1;}
const char *hx = "h(x) = exp(−x) + x/5 − 1";
const double lh[] = {4, 5};

/* Zähler für die Anzahl der Iterationsschritte */
int n;

int main()
{
  int sel;
  double (* y)(double x);
  const char *yx;
  double l, r, x, e;

  printf("Numerische Nullstellenbestimmung\n");
  printf("===============================\n\n");
  printf("(1)\t%s\tl=[%g; %g]\n", fx, lf[0], lf[1]);
  printf("(2)\t%s\tl=[%g; %g]\n", gx, lg[0], lg[1]);
  printf("(3)\t%s\tl=[%g; %g]\n\n", hx, lh[0], lh[1]);

  do {
    printf("Funktion:        ");
    scanf("%d", &sel);
    switch (sel) {
    case 1: y = f; yx = fx; break;
    case 2: y = g; yx = gx; break;
    case 3: y = h; yx = hx; break;
    }
  } while ((sel < 1) || (sel > 3));

  printf("linke Grenze:    "); scanf("%lf", &l);
  printf("rechte Grenze:   "); scanf("%lf", &r);
  printf("Fehlerschranke: "); scanf("%lf", &e);
```

```
  x = bisektion(y, l, r, e);

  printf("\nFunktion:      %s\n", yx);
  printf("Nullstelle:    %+20.15e\n", x);
  printf("Schritte:      %d\n", n);
  return 0;
}


/* Bisektionsverfahren, numerisch stabil, wenn gilt l * r = -1.
 * (* y)(double x) - Zeiger auf zu untersuchende Funktion y(x)
 * l               - linke Intervallgrenze
 * r               - rechte Intervallgrenze
 * e               - Abbruchschranke
 */
double bisektion(double (* y)(double x), double l, double r, double e)
{
  double m, w;
  n = 0;
  do {
    n++;
    m = (l + r) / 2;
    w = y(m);
    if ((y(l) * w) < 0)
      r = m;
    else
      l = m;
  } while ((fabs(w) > e) && (n < NMAX));
  return m;
}
```

13.2.3 Ergebnis

```
Numerische Nullstellenbestimmung
=================================


(1)      f(x)  = x**3 - 6x + 2          I=[0; 1]
(2)      g(x)  = x**2 - ln x - 2        I=[0.1; 1]
(3)      h(x)  = exp(-x) + x/5 - 1      I=[4; 5]


Funktion:         1
linke Grenze:     0
rechte Grenze:    1
Fehlerschranke:   1e-10


Funktion:         f(x) = x**3 - 6x + 2
Nullstelle:       +3.398768866318278e-01
Schritte:         34
```

13.3 Analyse eines Widerstandsnetzwerkes

Es sollen alle Ströme in dem in Abbildung 13.4 gezeigten Widerstandsnetzwerk berechnet werden. Die Lösung des dabei entstehenden linearen Gleichungssystems (LGS) soll dabei mit dem aus der Mathematik bekannten Gauß-Algorithmus erfolgen.

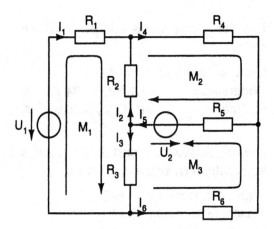

Abbildung 13.4
Widerstandsnetzwerk

13.3.1 Problemanalyse

Mathematisches Modell

Unter Berücksichtigung der Knoten und Maschen ergebe sich ein lineares Gleichungssystem der Ordnung 6 (Zweigstromanalyse). Doch nicht alle sechs gesuchten Ströme sind unabhängige Ströme. Durch Einführung von so genannten Maschenströmen I_{M_1}, I_{M_2} und I_{M_3} muss nur noch ein LGS der Ordnung 3 gelöst werden (Maschenstromanalyse).[Lun 91] Es ergibt sich folgendes LGS:

$$\begin{pmatrix} R_1 + R_2 + R_3 & -R_2 & R_3 \\ -R_2 & R_2 + R_4 + R_5 & R_5 \\ R_3 & R_5 & R_3 + R_5 + R_6 \end{pmatrix} \cdot \begin{pmatrix} I_{M_1} \\ I_{M_2} \\ I_{M_3} \end{pmatrix} = \begin{pmatrix} U_1 \\ U_2 \\ U_2 \end{pmatrix}$$

Aus den Maschenströmen I_{M_1}, I_{M_2} und I_{M_3} ergeben sich die gesuchten Ströme:

$$\begin{aligned} I_1 &= I_{M_1} \\ I_2 &= I_{M_2} - I_{M_1} \\ I_3 &= I_{M_3} + I_{M_1} \end{aligned}$$

$$I_4 = I_{M_2}$$
$$I_5 = I_{M_2} + I_{M_3}$$
$$I_6 = I_{M_3}$$

Datenmodell

Das Programm muss alle physikalischen Größen in Gleitkommavariablen speichern:

Quellspannungen : U1, U2;
Widerstände   : R1, R2, R3, R4, R5, R6;
Ströme   : I1, I2, I3, I4, I5 und I6.

Die beiden Vektoren und die Matrix des mathematischen Modells müssen in Gleitkommafeldern gespeichert werden:

Widerstandsmatrix   : RM[N][N];
Maschenstromvektor : IM[N] und
Spannungsvektor   : UM[N].

Lösungsalgorithmus

Zur Lösung kann das Problem in folgende Schritte zerlegt werden:

1. Eingabe der Quellspannungen U_1 und U_2,
2. Eingabe der Widerstände R_1, R_2, R_3, R_4, R_5 und R_6,
3. Aufbau der Widerstandsmatrix R_M und des Spannungsvektors U_M,
4. Lösung des linearen Gleichungssystems mit dem Gauß-Algorithmus (ohne Pivotisierung):
   (a) Elimination (Gleichungssystem in äquivalente Dreiecksform bringen,
   (b) Rücksubstitution zur Bestimmung des Lösungsvektors I_M.
5. Bestimmung der gesuchten Ströme I_1, I_2, I_3, I_4, I_5 und I_6 aus dem Maschenstromvektor I_M.
6. Ausgabe der Ströme.

Bis auf die Lösung des LGS sind alle Schritte einfach in main realisierbar. Die beiden Schritte Elimination und Rücksubstitution des Gauß-Algorithmus [Zei 96] sind allgemeine Algorithmen, so dass sich eine Realisierung in eigenen Funktionen lohnt.

Elimination   In diesem Schritt wird das ursprüngliche LGS (Ordnung n) $\mathbf{A} \cdot \mathbf{x} = \mathbf{b}$ durch elementare Umformungen in Dreiecksform $\mathbf{U} \cdot \mathbf{x} = \mathbf{c}$ gebracht. Dies geschieht durch Subtraktion von Vielfachen einer Gleichung von den anderen Gleichungen.

Abbildung 13.5 zeigt das Struktogramm der Elimination. Der Algorithmus operiert direkt auf der Matrix **A** und Vektor **b** und transformiert sie in **U** und **c**. Das Datenmodell (Abschnitt 13.3.1) muss um die Indexvariablen i, j und k vom Typ int und das Zwischenergebnis l_{ik} vom Typ **double** erweitert werden.

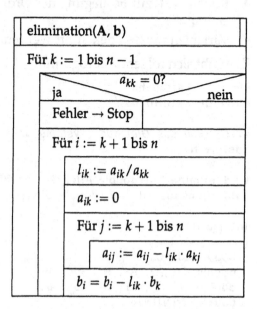

Abbildung 13.5
Struktogramm der Elimination

Rücksubstitution Aus der Dreiecksform können die Lösungen x_i durch schrittweises Rückwärtseinsetzen ermittelt werden: Zuerst die letzte Zeile nach x_n auflösen. Durch wiederholtes Einsetzen der bereits bekannten Elemente des Lösungsvektors **x** in die jeweils darüber liegende Zeile lassen sich schrittweise die restlichen Elemente x_i bestimmen.

Abbildung 13.6 zeigt das Struktogramm der Rücksubstitution. Der Algorithmus verändert nicht weiter **U** und **c**. Das Ergebnis steht am Ende in Vektor **x**. Das Datenmodell (Abschnitt 13.3.1) muss um die Indexvariablen i und j vom Typ int und das Zwischenergebnis summe vom Typ **double** erweitert werden.

Abbildung 13.6
Struktogramm der Rücksubstitution

ruecksubstitution(**U**, **x**, **c**)
$x_n := c_n / u_{nn}$
Für $i := n - 1$ hinunter bis 1
$\quad x_i := \frac{1}{u_{ii}} \left(c_i - \sum_{j=i+1}^{n} u_{ij} x_j \right)$

13.3.2 Programm

Bei der Implementation sind die Unterschiede zwischen mathematischer Notation
und C zu beachten:

- Vektoren und Matrizen werden Felder,
- Indizierung ändert sich (die Mathematik beginnt mit 1, C mit 0),
- Konstante N zur Festlegung der Ordnung des LGS und damit Größe der Felder
  ist nötig,
- Variablen müssen deklariert werden.

Es ergibt sich folgendes Programm:

```c
#include <stdio.h>
#include <stdlib.h>

/* Ordnung des Gleichungssystems */
#define N 3

void elimination(double A[N][N], double b[N]);
void ruecksubstitution(double U[N][N], double x[N], double c[N]);

int main()
{
  double U1, U2;
  double R1, R2, R3, R4, R5, R6;
  double I1, I2, I3, I4, I5, I6;
  double RM[N][N];
  double IM[N];
  double UM[N];

  printf("Analyse eines linearen Widerstandsnetzwerkes\n");
  printf("=======================================\n\n");

  /* Eingabe der Netzwerkparameter */
  printf("U1 / V:  ");  scanf("%lf", &U1);
  printf("U2 / V:  ");  scanf("%lf", &U2);
  printf("R1 / Ohm: ");  scanf("%lf", &R1);
  printf("R2 / Ohm: ");  scanf("%lf", &R2);
  printf("R3 /.Ohm: ");  scanf("%lf", &R3);
  printf("R4 / Ohm: ");  scanf("%lf", &R4);
  printf("R5 / Ohm: ");  scanf("%lf", &R5);
  printf("R6 / Ohm: ");  scanf("%lf", &R6);

  /* Berechnung der Matrizeneinträge */
  RM[0][0] = R1 + R2 + R3;
  RM[0][1] = RM[1][0] = -R2;
  RM[0][2] = RM[2][0] = R3;
  RM[1][1] = R2 + R4 + R5;
  RM[1][2] = RM[2][1] = R5;
```

```
    RM[2][2] = R3 + R5 + R6;
    UM[0] = U1;
    UM[1] = UM[2] = U2;

    /* Lösung des linearen Gleichungssystems */
    elimination(RM, UM);
    ruecksubstitution(RM, IM, UM);

    I1 = IM[0];
    I2 = IM[1] - IM[0];
    I3 = IM[2] + IM[0];
    I4 = IM[1];
    I5 = IM[1] + IM[2];
    I6 = IM[2];

    /* Ausgabe */
    printf("\nAnalyseergebnis:\n");
    printf("————————————————\n");
    printf("I1 = %+e A\n", I1);
    printf("I2 = %+e A\n", I2);
    printf("I3 = %+e A\n", I3);
    printf("I4 = %+e A\n", I4);
    printf("I5 = %+e A\n", I5);
    printf("I6 = %+e A\n", I6);

    return 0;
}

/* Eliminationsschritt zur Lösung des LGS A * x = b.
 * Durchführbarkeit des Algorithmus nicht garantiert.
 * A[N][N] - A-Matrix -> U-Matrix des LGS nach Gauss-Elimination
 * b[N]      - A * x = b -> U * x = c
 */
void elimination(double A[N][N], double b[N])
{
    int i, j, k;
    double l_ik;
    for(k = 0; k < N-1; k++) {
        if (A[k][k] == 0) {
            fprintf(stderr,
                    "\nFehler: Eliminationsschritt %d nicht durchführbar\n", k);
            exit(1);
        }
        for (i = k+1; i < N; i++) {
            l_ik = A[i][k] / A[k][k];
            /* Von Zeile i das l_ik-fache abziehen */
            A[i][k] = 0;
            for (j = k + 1; j < N; j++) {
                A[i][j] -= l_ik * A[k][j];
```

```
      }
    b[i] -= l_ik * b[k];
   }
  }
}

/* Algorithmus des Rückwertseinsetzen
 * U[N][N] - U-Matrix des LGS nach Gauss-Elimination
 * x[N]    - Lösung x
 * c[N]    - Ergebnis U * x
 */
void ruecksubstitution(double U[N][N], double x[N], double c[N])
{
  int i, j;
  double summe;
  x[N-1] = c[N-1] / U[N-1][N-1];
  for (i = N-2; i >= 0; i--){
    summe = 0;
    for (j = i + 1; j < N; j++) {
      summe += U[i][j] * x[j];
    }
    x[i] = (c[i] - summe) / U[i][i];
  }
}
```

Um lineare Gleichungssysteme höherer Ordnung zu lösen, muss nur die symbolische Konstante N angepasst werden. Die Funktionen elimination und ruecksubstitution bleiben unverändert.

13.3.3 Ergebnis

```
Analyse eines linearen Widerstandsnetzwerkes
============================================

U1 / V:    10
U2 / V:    5
R1 / Ohm: 100
R2 / Ohm: 50
R3 / Ohm: 75
R4 / Ohm: 150
R5 / Ohm: 20
R6 / Ohm: 125

Analyseergebnis:
----------------
I1 = +5.133992e-02 A
```

```
I2 = -1.713681e-02 A
I3 = +5.345557e-02 A
I4 = +3.420310e-02 A
I5 = +3.631876e-02 A
I6 = +2.115656e-03 A
```

Das bei der Maschenstromanalyse entstehende lineare Gleichungssystem lässt sich eindeutig lösen, wenn gilt det $A \neq 0$. Kontrolliert man das Ergebnis mit dem weit verbreiteten Netzwerksimulator SPICE, so erhält man die gleiche Lösung, obwohl dieses Programm Knotenpotentialanalyse für die Aufstellung des LGS nutzt:

```
Circuit: Beispiel-Widerstandsnetzwerk

v(1,2)/@r1[resistance] = 5.133992e-002
v(3,2)/@r2[resistance] = -1.71368e-002
v(3)/@r3[resistance]   = 5.345557e-002
v(2,5)/@r4[resistance] = 3.420310e-002
v(5,4)/@r5[resistance] = 3.631876e-002
-v(5)/@r6[resistance]  = 2.115656e-003
```

Der hier implementierte Gauß-Algorithmus lässt sich auch auf andere Probleme anwenden. Um seine Zuverlässigkeit und numerische Stabilität zu erhöhen, muss noch eine geeignete Pivotisierungsstrategie implementiert werden.

13.4 Wärmeleitung in einem mehrschichtigen Bauteil

Als letztes Beispiel soll ein Programm erstellt werden, das die Aufgabe hat, die Wärmeleitung in einem mehrschichtigen Bauteil zu berechnen (Abbildung 13.7). Die folgenden Spezifikationen sollen erfüllt werden:

- Das Programm ist über ein Menü zu bedienen.
- Nach Eingabe der *Lufttemperaturen* innen und außen $\vartheta_{L,i}$ und $\vartheta_{L,a}$, der *Wärmeübergangswiderstände* an den inneren und äußeren Bauteiloberflächen α_i und α_a [W/m²K] sowie den *Dicken* s [m] und *Wärmeleitfähigkeiten* λ [W/mK] jeder einzelnen Schicht sind die *Wärmestromdichte* q [W/m²], der *Wärmedurchgangskoeffizient* k [W/m²K] und der *Temperaturverlauf* [°C] zu berechnen.
- Die Ergebnisse sind wahlweise auf den Bildschirm oder in eine Datei auszugeben.

Der Umfang dieses Problems geht über die bisherigen Beispiele hinaus. Um es systematisch zu lösen, sollen einige Methoden des Softwareengineering (Kapitel 12), wie Top-Down-Entwurf, Modularisierung, Projektverwaltung, projektbegleitende Dokumentation und Erstellung eines Testrahmens, angewendet werden.

13.4.1 Problemanalyse

Der Entwurf soll nach dem Top-Down-Verfahren erfolgen. Nach der Klärung des physikalischen Modells wird daraus ein Datenmodell abgeleitet, welches alle nötigen Informationen für die Problemlösung speichern kann. Die Spezifikation ermöglicht die Aufteilung des Problems in verschiedene Funktionen. Mit dem Wissen aus dem Datenmodell lassen sich deren Schnittstellen zur Kommunikation untereinander festlegen. Ihre Implementierung kann in der Reihenfolge geschehen, wie die einzelnen Aufgaben in der Spezifikation genannt werden. Dadurch erhält man sehr früh ein lauffähiges Programm, das es ermöglicht, die einzelnen Funktionen während der weiteren Implementation zu testen.

Physikalisches Modell

Von Wärmeleitung spricht man, wenn ein Temperaturunterschied ausgeglichen wird, indem eine Wärmemenge Q von der wärmeren zur kälteren Stelle eines Körpers übergeht. Dafür ist nach dem 2. Hauptsatz eine gewisse Zeit notwendig. Die Grundlage ist die ungeordnete Bewegung der Moleküle. Die Voraussetzung von konstanten Endtemperaturen führt zur stationären Wärmeleitung. Vernachlässigt man belüftete Schichten, bildet sich längs der Strecke x innerhalb einer Schicht ein lineares Temperaturgefälle aus. Dieses ist zeitlich, aber nicht örtlich konstant.

Der Wärmeübergang ist der Wärmetransport zwischen einem festen und einem flüssigen oder gasförmigen Körper, der durch eine Begrenzungsfläche hindurch abläuft. Abbildung 13.7 zeigt schematisch die Wärmeleitung und den Temperaturverlauf in einem mehrschichtigen Bauteil.

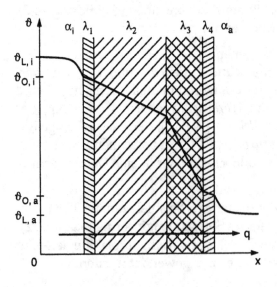

Abbildung 13.7
Schematische Darstellung der Wärmeleitung und des Temperaturverlaufs in einem mehrschichtigen Bauteil

Die Formeln für die Berechnung der Wärmestromdichte q und des Wärmedurchgangskoeffizienten k sind:

$$q = k \cdot (\vartheta_{L,i} - \vartheta_{L,a})$$

$$k = \frac{1}{\frac{1}{\alpha_i} + \sum_{l=1}^{n} \frac{s_l}{\lambda_l} + \frac{1}{\alpha_a}}$$

Der Temperaturverlauf durch das Bauteil errechnet sich dann durch:

$$\Delta \vartheta_l = q \cdot \frac{s_l}{\lambda_l}$$

$$\vartheta_{O,i} = \vartheta_{L,i} - \frac{1}{\alpha_i} \cdot q$$

Datenmodell

Das physikalische Modell liefert die Grundlage für das globale Datenmodell. Um das Programm von Anfang an sauber zu strukturieren, werden auch thematisch zusammenhängende Variablen in Strukturen zusammengefasst. Diese Strukturen erlauben uns bei der späteren Erarbeitung des Lösungsalgorithmus, die Schnittstellen der einzelnen Funktionen einfach und sauber zu gestalten.

Jede schicht hat folgende Eigenschaften:

```
typedef struct {
   char name[21];     /* Name */
   double s;          /* Dicke [m] */
   double lambda;     /* Wärmeleitfähigkeit [W/(mK)] */
} Schicht;
```

Ein bauteil besteht aus mehreren Schichten und hat einige zusätzliche Eigenschaften:

```
typedef struct {
   double alphai;     /* Wärmeübergangswiderstand innen [W/(m**2 K)] */
   double alphaa;     /* Wärmeübergangswiderstand außen [W/(m**2 K)] */
   int n;             /* Anzahl der Schichten (<=10) */
   Schicht *schicht;  /* Schichten */
} Bauteil;
```

Für die Berechnung benötigen wir noch die Lufttemperaturen:

double thetali : Lufttemperatur innen [°C],
double thetala: Lufttemperatur außen [°C].

Nach der Berechnung erhalten wir das Waermeverhalten des Bauteils:

```
typedef struct {
  double k ;           /* Wärmedurchgangskoeffizient [W/(m**2 K)] */
  double q ;           /* Wärmestromdichte [W/m**2] */
  double *theta ;      /* Temperaturverlauf */
} Waermeverhalten ;
```

Für die Ablaufsteuerung und die Speicherung der Berechnungsergebnisse in einer Datei benötigen wir zusätzliche Variablen:

int auswahl : Auswahl,

char pfad[1024] : Pfad zu Datei,

FILE *fp : File-Handle für Datei-Ausgabe.

Lösungsalgorithmus

Aus der Spezifikation ergibt sich eine sinnvolle Aufteilung des Problems in einzelne Funktionen. Deren Schnittstellen ergeben sich aus dem Datenmodell und den nötigen Ein- und Ausgaben für die jeweilige Lösung des Teilproblems:

1. *return* := main(): Hauptfunktion für die Ablaufsteuerung mit Menü (vgl. Abbildung 13.8),
2. $[bt, \vartheta_{L,i}, \vartheta_{L,a}]$:= eingabe(): für die Eingabe aller nötigen Parameter (vgl. Abbildung 13.9),
3. wv := berechne($bt, \vartheta_{L,i}, \vartheta_{L,a}$): für die Berechnung der Wärmeleitung im Bauteil (Abbildung 13.10),
4. ausgabe($bt, \vartheta_{L,i}, \vartheta_{L,a}, wv, fp$): Ausgabe der Berechnungsergebnisse (vgl. Abbildung 13.11).

Die Funktionen benötigen jeweils Ergänzungen des Datenmodells um Feldindizes und Hilfsvariablen zum Speichern von Zwischenergebnissen. Ein spezieller Algorithmus wird zur Lösung nicht benötigt. Die Realisierung der einzelnen Funktionen ist sehr geradlinig. Jede Funktion benötigt for-Schleifen um für die Ein- und Ausgabe und die Berechnung jeweils die einzelnen Schichten durchlaufen zu können. Die Berechnung erfolgt geradlinig durch Einsetzen der eingegebenen Schichtdaten in das physikalische Modell.

13.4.2 Programm

Den Quelltext eines größeren Programms in eine riesige Datei zu schreiben ist nicht praktikabel. Die Datei wird unübersichtlich und ist schwer zu bearbeiten. Selbst bei kleinen Änderungen dauert die Übersetzung sehr lange. Der Ausweg ist eine Modularisierung des Quelltextes. Eine Header-Datei nimmt die Deklaration aller öffentlichen Funktionen und Strukturen auf. Über das so geschaffene Interface können die Funktionen miteinander kommunizieren. Thematisch eng ver-

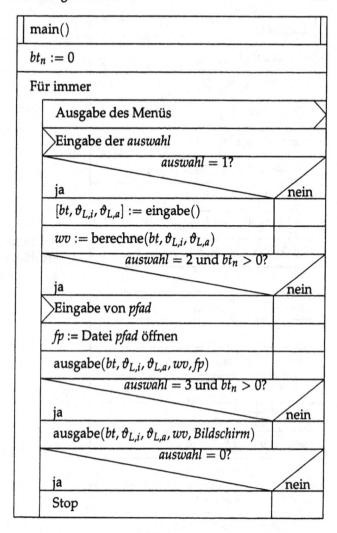

Abbildung 13.8 Struktogramm von main()

wandte Funktionen werden dann in einer eigenen Datei implementiert, so dass deren Größe im Rahmen bleibt. Jede dieser Dateien bindet die Header-Datei ein, damit die Existenz der anderen Strukturen und Funktionen bei der Übersetzung bekannt ist. Der *Compiler* erzeugt aus jeder Quelltextdatei eine *Objektdatei*. Bei Änderungen an einer Funktion muss nur noch die jeweilige Datei übersetzt werden. Die anderen Objektdateien bleiben unberührt. Erst im letzten Schritt verbindet ein *Linker* die Objektdateien zu einem ausführbaren Programm. Diese Technik soll zur Demonstration bei der Implementierung angewendet werden. Die Header-Datei wleitung.h deklariert alle öffentlichen Strukturen des Datenmodells und Funk-

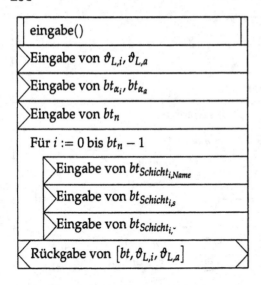

Abbildung 13.9
Struktogramm von eingabe()

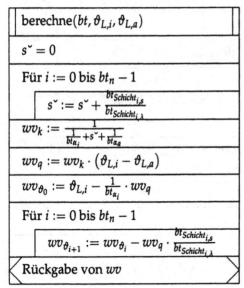

Abbildung 13.10
Struktogramm von berechne($bt, \vartheta_{L,i}, \vartheta_{L,a}$)

tionen, die main aufrufen kann. Die einzelnen Funktionen werden in den gleichnamigen Dateien main.c, eingabe.c, berechne.c und ausgabe.c realisiert.

Dieser Text kann als Beispiel für eine *projektbegleitende Dokumentation* dienen. Er fasst die Ergebnisse aus den einzelnen Entwicklungsphasen zusammen. Für die Verwaltung des Quelltextes versieht man den Beginn jeder Datei mit einem Kopf mit Informationen zur Funktion, Autor, Version, Datum, ... Die spätere Wartung wird durch das Einfügen von Kommentaren in den Quelltext erleichtert, die den Quelltext strukturieren, die implementierte Lösung und die verwendeten Variablen kommentieren.

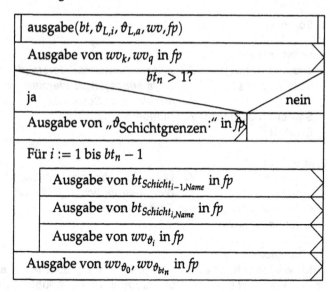

Abbildung 13.11 Struktogramm von ausgabe($bt, \vartheta_{L,i}, \vartheta_{L,a}, wv, fp$)

Die Header-Datei `wleitung.h` enthält drei Abschnitte, die durch die drei Preprozessorbefehle **#ifndef, #define** und **#endif** eingefasst sind. Diese Befehle verhindern das mehrmalige Einbinden dieser Datei. Im ersten Abschnitt werden die Standard-Header `stdio.h` und `lstdlib.hl` eingebunden, die für die Implementierung der anderen Funktionen benötigt werden. Danach folgt die Deklaration der Strukturen des Datenmodells. Als letztes werden die Funktionen eingabe, berechne und ausgabe deklariert, da sie später von main aufgerufen werden:

```
/* Datei:     wleitung.h
 * Funktion:  Vereinbarung gemeinsamer Funktionen
 * Autor:     Torsten Mähne
 * Version:   1.0
 * Datum:     11.04.2003
 */

#ifndef __wleitung_h
#define __wleitung_h

/* Includes */
#include <stdio.h>
#include <stdlib.h>

/* Strukturen */
typedef struct {
  char name[21];    /* Name */
  double s;         /* Dicke [m] */
  double lambda;    /* Wärmeleitfähigkeit [W/(mK)] */
```

```
} Schicht;

typedef struct {
  double alphai;      /* Wärmeübergangswiderstand innen [W/(m**2 K)] */
  double alphaa;      /* Wärmeübergangswiderstand außen [W/(m**2 K)] */
  int n;              /* Anzahl der Schichten (<=10) */
  Schicht *schicht;   /* Schichten */
} Bauteil;

typedef struct {
  double k;           /* Wärmedurchgangskoeffizient [W/(m**2 K)] */
  double q;           /* Wärmestromdichte [W/m**2] */
  double *theta;      /* Temperaturverlauf */
} Waermeverhalten;

/* Funktionen */
void eingabe(Bauteil *bt, double *tli, double *tla);
void berechne(Bauteil *bt, double *tli, double *tla,
              Waermeverhalten *wv);
void ausgabe(Bauteil *bt, double *tli, double *tla,
              Waermeverhalten *wv, FILE *fp);

#endif /* __wleitung_h */
```

Die Datei main.c enthält das Hauptprogramm, dass die Menüführung und die dazu nötigen Unterprogrammaufrufe implementiert:

```
/* Datei:     main.c
 * Funktion:  Hauptprogramm zur Ablaufsteuerung
 * Autor:     Torsten Mähne
 * Version:   1.0
 * Datum:     11.04.2003
 */

#include "wleitung.h"

/* Funktion:      main
 * Parameter:
 * Rückgabewert: int:  0 - Erfolg
 *                    !0 - Fehler
 */
int main()
{
  int auswahl;                          /* Auswahl */
  Bauteil bauteil;                      /* Bauteilparameter */
  double thetali, thetala;              /* Lufttemperatur innen/außen */
  Waermeverhalten waermeverhalten;      /* q, k, Temperaturverlauf */
  char pfad[1024];                      /* Pfad zu Datei */
  FILE *fp;                             /* File-Handle für Datei-Ausgabe */
```

```
bauteil.n = 0; /* Flag für nichtinitialisierte Struktur */
bauteil.schicht = NULL;
waermeverhalten.theta = NULL;


/* Ereignisschleife */
for(;;) { /* forever */
  /* Menü ausgeben */
  printf("Wärmeleitung in einem mehrschichtigen Bauteil\n");
  printf("============================================\n\n");
  printf("\t(1) Eingabe\n");
  printf("\t(2) Speichern\n");
  printf("\t(3) Ausgabe\n");
  printf("\n\t(0) Ende\n");

  printf("\n\tIhre Wahl: ");
  scanf("%i", &auswahl);

  /* Ereignisverarbeitung */
  switch(auswahl) {
  case 1:
    eingabe(&bauteil, &thetali, &thetala);
    berechne(&bauteil, &thetali, &thetala, &waermeverhalten);
    break;
  case 2:
    if(bauteil.n != 0) {
      printf("\nZieldatei: ");
      scanf("%1023s", pfad);
      if(!(fp = fopen(pfad, "a"))) {
        fprintf(stderr, "\n\nFehler beim Öffnen der Datei \"%s\"!\n", pfad);
        exit(2);
      }
      ausgabe(&bauteil, &thetali, &thetala, &waermeverhalten, fp);
      fclose(fp);
    }
    break;
  case 3:
    if(bauteil.n != 0) {
      printf("\n");
      ausgabe(&bauteil, &thetali, &thetala, &waermeverhalten, stdout);
    }
    break;
  case 0:
    /* Speicher freigeben */
    free(bauteil.schicht);
    free(waermeverhalten.theta);

    printf("\nProgrammende!\n");
    exit(0);
```

```
    default:
      printf("\nFalsche Eingabe!\n");
      break;
    }
  }
  return 0; /* Wird nie erreicht */
}
```

Enthalten die anderen Dateien zu diesem Zeitpunkt nur die leeren Funktions-rümpfe, lässt sich das Programm bereits fehlerfrei übersetzen und die Funktion des Menüs testen. Bei fortschreitender Implementierung der übrigen Funktionen gewinnt das Programm immer mehr an Funktionalität. Lässt sich dadurch eine Funktion nicht vollständig testen, kann sie leicht über die Header-Datei in ein eigenes Testprogramm eingebunden werden. Die einzelnen Funktionen lassen sich dadurch einfacher und früher testen als bei einer Realisierung in einem monolithischen Programm.

Die Datei eingabe.c enthält die Funktion zur Eingabe aller notwendigen Daten. Fehlerhafte Eingaben werden soweit wie möglich abgefangen:

```
/* Datei:      eingabe.c
 * Funktion: Eingabe der Parameter des Bauteils
 * Autor:      Torsten Mähne
 * Version:   1.0
 * Datum:     11.04.2003
 */

#include "wleitung.h"


/* Funktion:        void eingabe(*bt, *tli, *tla)
 * Parameter:       Bauteil *bt: Zeiger auf die Bauteil-Struktur
 *                  double *tli: Lufttemperatur innen
 *                  double *tla: Lufttemperatur außen
 * Rückgabewert: void
 */
void eingabe(Bauteil *bt, double *tli, double *tla)
{
  int i; /* Zählvariable */

  printf("\nEingabe der Bauteilparameter\n");
  printf("============================\n\n");
  printf("Lufttemperatur\n");
  printf("\tinnen [°C]: ");
  scanf("%lf", tli);
  printf("\taußen [°C]: ");
  scanf("%lf", tla);

  printf("\nWärmeübergangswiderstand\n");
```

```c
  do {
    printf("\tinnen [W/(m**2 K)]: ");
    scanf("%lf", &bt->alphai);
  } while(bt->alphai == 0);

  do {
    printf("\taußen [W/(m**2 K)]: ");
    scanf("%lf",&bt->alphaa);
  } while(bt->alphaa == 0);

  do {
    printf("\nAnzahl der Schichten (0<n<=10): ");
    scanf("%i", &bt->n);
  } while(bt->n < 1);
  free(bt->schicht);
  bt->schicht = (Schicht *) malloc(bt->n * sizeof(Schicht));
  if(bt->schicht == NULL) {
    fprintf(stderr, "\nFehler bei der Speicherreservierung!\n");
    exit(1);
  }

  /* Parameter der Schichten eingeben */
  for(i = 0; i < bt->n; i++) {
    printf("\nSchicht %i:\n", i+1);
    printf("\tName [20]:               ");
    scanf("%s", bt->schicht[i].name);
    do {
      printf("\tDicke [m]:               ");
      scanf("%lf", &bt->schicht[i].s);
    }
    while(bt->schicht[i].s <= 0);
    do {
      printf("\tWärmeleitfähigkeit [W/mK]: ");
      scanf("%lf", &bt->schicht[i].lambda);
    } while(bt->schicht[i].lambda == 0);
  }
  printf("\n");
}
```

Die Datei berechne.c enthält die Funktion zur Durchführung der Berechnung
der Wärmeleitung:

```c
/* Datei:     berechne.c
 * Funktion: Berechnung des Temperaturverlaufs im Werkstück
 * Autor:    Torsten Mähne
 * Version:  1.0
 * Datum:    11.04.2003
 */

#include "wleitung.h"
```

```
/* Funktion:       void berechne(*bt, *tli, *tla, *wv)
 * Parameter:      Bauteil *bt: Bauteil-Struktur
 *                 double *tli: Lufttemperatur innen
 *                 double *tla: Lufttemperatur außen
 *                 Wärmeverhalten *wv: Speichert q, k und Temperaturverlauf
 * Rückgabewert: void
 */
void berechne(Bauteil *bt, double *tli, double *tla, Waermeverhalten *wv)
{
  int i;                  /* Zählvariable */
  double slambda = 0;  /* Summe von (s/lambda) */
  double deltat;          /* Temperaturdifferenz */

  if(wv->theta != NULL) {
    free(wv->theta);
  }
  wv->theta = (double *) malloc((bt->n + 1) * sizeof(double));
  if(wv->theta == NULL) {
    fprintf(stderr, "\nFehler bei der Speicherreservierung!\n");
    exit(1);
  }

  for(i = 0; i < bt->n; i++) {
    slambda += bt->schicht[i].s / bt->schicht[i].lambda;
  }
  wv->k = 1 / (1 / bt->alphai + slambda + 1 / bt->alphaa);
  wv->q = wv->k * (*tli - *tla);
  wv->theta[0] = *tli - ((1 / bt->alphai) * wv->q);
  for(i = 0; i < bt->n; i++) {
    deltat = wv->q * (bt->schicht[i].s / bt->schicht[i].lambda);
    wv->theta[i+1] = wv->theta[i] - deltat;
  }
}
```

Die Datei ausgabe.c enthält die Funktion zur Ausgabe der Ergebnisse in eine
Datei. Da der Bildschirm logisch über das Filehandle stdout angesprochen wird, ist
keine gesonderte Funktion für die Bildschirmausgabe nötig:

```
/* Datei:    ausgabe.c
 * Funktion: Ausgabe der berechneten Ergebnisse
 * Autor:    Torsten Mähne
 * Version:  1.0
 * Datum:    11.04.2003
 */

#include "wleitung.h"

/* Funktion:       void ausgabe(*bt, *tli, *tla, *wv, *fp)
 * Parameter:      Bauteil *bt:              Bauteil-Struktur
```

```
*                      double * tli :          Lufttemperatur innen
*                      double * tla :          Lufttemperatur außen
*                      Wärmeverhalten *wv: Speichert q, k und Temperaturverlauf
*                      FILE * fp :             Zieldatei für die Ausgabe
* Rückgabewert : void
*/
void ausgabe(Bauteil *bt, double * tli , double * tla ,
             Waermeverhalten *wv, FILE *fp)
{
  int i;  /* Zählvariable */

  fprintf(fp, "Wärmeleitung in einem mehrschichtigen Bauteil\n");
  fprintf(fp, "==============================================\n\n");

  fprintf(fp, "Wärmedurchgangskoeffizient k: %f W/(m**2 K)\n", wv->k);
  fprintf(fp, "Wärmestromdichte q:           %f W/m**2\n\n", wv->q);

  If(bt->n > 1) {
    fprintf(fp,"Temperaturen an den Schichtgrenzen\n");
  }
  for(i=1; i < bt->n; i++) {
    fprintf(fp, "\t%s <-> %s: %f °C\n", bt->schicht[i-1].name,
            bt->schicht[i].name, wv->theta[i]);
  }

  fprintf(fp, "\nTemperaturen an den Bauteiloberflächen:\n");
  fprintf(fp, "\tinnen: %f °C\n", wv->theta[0]);
  fprintf(fp, "\taußen: %f °C\n\n", wv->theta[bt->n]);
}
```

Die Eingabe der Befehle von Hand zur Übersetzung der einzelnen Dateien und dem anschließenden Linken des Programms ist aufwendig. Zur Automatisierung der Übersetzung kann das Programm make verwendet werden, welches vorrangig auf UNIX-Plattformen zu finden ist. Dazu werden in einem makefile die Abhängigkeiten der einzelnen Dateien untereinander definiert:

```
# Datei :     makefile
# Funktion :  Generierung von wleitung
# Autor :     Torsten Mähne
# Version :   1.0
# Datum :     18.04.2003

NAME   = wleitung
OBJS   = main.o eingabe.o berechne.o ausgabe.o
CFLAGS = -gstabs+ -Wall


wleitung :        $(OBJS)
        $(CC) -o $(NAME) $(OBJS) $(CFLAGS)
```

```
main.o:        main.c wleitung.h
eingabe.o:     eingabe.c wleitung.h
berechne.o:    berechne.c wleitung.h
ausgabe.o:     ausgabe.c wleitung.h

clean:
       rm *.o *~
```

Jede Zeile definiert dazu die Abhängigkeit eines Ziels (z.B. `wleitung`) von den Dateien, aus denen es hervorgeht (hier `main.o`, `eingabe.o`, `berechne.o` und `ausgabe.o`). Die folgenden eingerückten Zeilen geben die Befehle an, um das Ziel aus den Quellen zu generieren. Zur Vereinfachung können Variablen erzeugt werden. Zusätzlich weiß `make` um einfache Regeln, um z.B. aus `.c`-Dateien eine `.o`-Dateien zu erzeugen. Anhand des Änderungsdatums der einzelnen Dateien entscheidet `make` bei seinem Aufruf, welche Dateien neu erzeugt werden müssen.

Auch integrierte Entwicklungsumgebungen, wie z.B. `Dev-C++`, verfügen über eine solche Projektverwaltung, die automatisch die Abhängigkeiten der Dateien des Projekts untereinander erkennt und nur die geänderten Datei neu übersetzt. Soll ein Projekt durch viele Programmierer über viele Versionen entwickelt und gewartet werden, ist der Einsatz komplexerer Systeme, wie z.B. CVS (Concurrent Versions System), nötig.

13.4.3   Ergebnis

Für den Test des Programms müssen geeignete Eingangsdaten bereitgestellt werden. Tabelle 13.1 stellt wärmetechnische Stoffwerte für einige Wandmaterialien zusammen. Die Wärmeübergangswiderstände α betragen:

innen: $7 \ldots 8 \, W/m^2 K$,
außen: ca. $25 \, W/m^2 K$.

Unter Verwendung dieser Daten ergibt sich folgender typischer Programmdurchlauf:

```
Wärmeleitung in einem mehrschichtigen Bauteil
===============================================

       (1) Eingabe
       (2) Speichern
       (3) Ausgabe

       (0) Ende

       Ihre Wahl: 1
```

Tabelle 13.1 Wärmetechnische Stoffwerte für einige Wandmaterialien

Material	$\rho/(\mathrm{kg/m^3})$	s/m	$\lambda/(\mathrm{W/mK})$
Putz (innen)	1800	0,02	0,87
Putz (außen)	2000	0,03	1,40
Vollziegel	1200	0,24	0,50
Kalksandstein	1600	0,24	0,79
Hochlochziegel	1600	0,30	0,68
Leicht-HLZ	700	0,30	0,36
	800	0,30	0,39
	900	0,30	0,42
	1000	0,30	0,45
Hartschaumdämmstoff		0,06	0,04
Schlackenwolle		0,045	0,06
Kieselgurstein		0,15	0,14

```
Eingabe der Bauteilparameter
============================

Lufttemperatur
        innen [°C]: 25
        außen [°C]: 5

Wärmeübergangswiderstand
        innen [W/(m**2 K)]: 8
        außen [W/(m**2 K)]: 25

Anzahl der Schichten (0<n<=10): 4

Schicht 1:
        Name [20]:                    Innenputz
        Dicke [m]:                    0.02
        Wärmeleitfähigkeit [W/mK]: 0.87

Schicht 2:
        Name [20]:                    Vollziegel
        Dicke [m]:                    0.24
        Wärmeleitfähigkeit [W/mK]: 0.50

Schicht 3:
        Name [20]:                    Hartschaumdämmung
        Dicke [m]:                    0.06
        Wärmeleitfähigkeit [W/mK]: 0.04
```

```
Schicht 4:
        Name [20]:              Außenputz
        Dicke [m]:              0.03
        Wärmeleitfähigkeit [W/mK]: 1.40

Wärmeleitung in einem mehrschichtigen Bauteil
=============================================


        (1) Eingabe
        (2) Speichern
        (3) Ausgabe


        (0) Ende


        Ihre Wahl: 2


Zieldatei: wand.txt
Wärmeleitung in einem mehrschichtigen Bauteil
=============================================


        (1) Eingabe
        (2) Speichern
        (3) Ausgabe


        (0) Ende


        Ihre Wahl: 0


Programmende!
```

Die Berechnungsergebnisse wurden dabei in wand.txt gespeichert:

```
Wärmeleitung in einem mehrschichtigen Bauteil
=============================================

Wärmedurchgangskoeffizient k: 0.456743 W/(m**2 K)
Wärmestromdichte q:           9.134852 W/m**2

Temperaturen an den Schichtgrenzen
        Innenputz <-> Vollziegel: 23.648147 °C
        Vollziegel <-> Hartschaumdämmung: 19.263418 °C
        Hartschaumdämmung <-> Außenputz: 5.561141 °C

Temperaturen an den Bauteiloberflächen:
        innen: 23.858144 °C
        außen: 5.365394 °C
```

Da das Programm ausgehend von einer Seite den Temperaturverlauf berechnet, lässt sich seine Berechnung überprüfen, indem von Hand die Temperatur an der Oberfläche der anderen Seite ausgerechnet wird:

$$
\begin{aligned}
\vartheta_{O,a} &= \vartheta_{L,a} + \frac{1}{\alpha_a} \cdot q \\
&= 5\,°C + \frac{1}{25\,W/m^2K} \cdot 9,134852\,W/m^2 \\
&= 5,365394\,°C
\end{aligned}
$$

Wie erwartet ergibt die Rechnung dieselbe Temperatur an der Außenoberfläche. Um Aussagen über die Zuverlässigkeit des Programms zu gewinnen, müssen noch mehr Testläufe durchgeführt und besonders das Verhalten bei Falscheingaben untersucht werden.

14 Einführung in DEV-C++

Die Integrierte Entwicklungsumgebung (IDE) Dev-C++ ist sehr gut zum Nachvollziehen der Beispiele dieses Buches am eigenen PC unter Windows oder Linux geeignet. Das Programm vereint unter einer gemeinsamen Oberfläche Editor, Compiler, Debugger, Projektverwaltung und Dokumentation. Der Einstieg in die Programmierung wird sehr erleichtert, da kleine Programme, die nur aus einer Quelldatei bestehen, direkt übersetzt werden können. Erst für größere Programme ist ein Projekt anzulegen, in dem die Abhängigkeiten zwischen den Dateien und Compiler-Optionen gespeichert werden. Das Programm bietet eine mehrsprachige Oberfläche und eine gute (englische) Dokumentation. Die Basis bildet der Compiler gcc, der auch für die Übersetzung von Linux eingesetzt wird. Das Programm ist Open-Source und wird wie der Compiler unter der GNU Public License (GPL) entwickelt. Es kann deshalb frei aus dem Internet heruntergeladen und kostenlos genutzt werden. Wegen dieser Vorteile wird es seit mehreren Jahren erfolgreich in der Lehre an der Otto-von-Guericke-Universität Magdeburg eingesetzt. Im folgenden sollen einige Hinweise zur Installation und Handhabung gegeben werden.

14.1 Installation

Das Programm steht unter http://www.bloodshed.net/ zum Download bereit. Nach dem Start des Installationsprogramms sind das Installationsverzeichnis (z.B. c:\Programme\Dev-Cpp\) und der Installationsumfang festzulegen. Beim ersten Start kann der Nutzer die Sprache und das Aussehen der Programmoberfläche festlegen.

Für die Übersetzung derOpenGL-Beispiele aus Kapitel 10 muss GLUT installiert werden. Die Datei GLUTMING.ZIP gibt es auf der Seite http://mywebpage. netscape.com/PtrPck/glut.htm zum Download. Nach dem Entpacken sind, wie in der Datei readme.txt beschrieben, folgende Schritte auszuführen:

1. Den Inhalt des Verzeichnisses GLUTMingw32\include\ in das Verzeichnis C: \Programme\Dev-Cpp\include\ kopieren.

2. Den Inhalt von `GLUTMingw32\lib\` nach `C:\Programme\Dev-Cpp\lib\` kopieren.
3. Die Datei `GLUTMingw32\glut32.dll` nach `c:\Windows\System\` kopieren.

14.2 Nutzung

Die Oberfläche des Programms (Abbildung 14.1) gliedert sich in fünf Bereiche. Im oberen Bereich befindet sich die Menü- und Icon-Leiste. Darunter befindet sich auf der linken Seite ein Browser, der unter dem Reiter `Projekt` alle zu einem Programm zugehörigen Dateien schnell zugänglich macht. Der Reiter `Klassen` bietet schnellen Zugriff auf alle Klassen, Strukturen und Funktionen des Projekts. Der Reiter `Fehlersuche` schließlich dient zur Anzeige von Informationen beim Debuggen eines Programms. Rechts daneben befindet sich der Editor. Am unteren Fensterrand werden die Meldungen des Programms in verschiedenen Kategorien angezeigt.

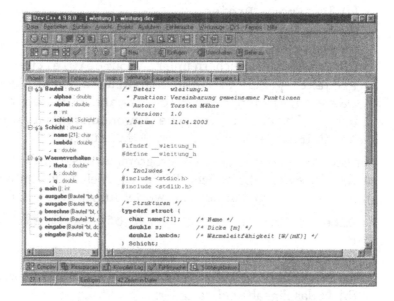

Abbildung 14.1 Die Programmoberfläche von Dev-C++

Um ein einfaches Programm zu schreiben genügen folgende Schritte:

1. `Datei` → `Neu` → `Quelldatei`
2. Quelltext eingeben, z.B.:

```
#include <stdio.h>
#include <stdlib.h>

main()
{
  printf("Hello World!\n");
  system("pause");
  return 0;
}
```

3. Datei → Speichern, z.B. unter .\source\anhang\hello.c
4. Ausführen → Kompilieren + Ausführen

Besteht ein Programm aus mehreren Quelldateien, muss zuerst ein neues Projekt angelegt werden, dem dann alle Dateien hinzugefügt werden. Da für ein Projekt durch Dev-C++ zusätzliche Dateien angelegt werden, ist es zweckmäßig für jedes Projekt ein eigenes Verzeichnis anzulegen, in dem alle Dateien abgelegt werden. Anhand des Wärmeleitung-Beispiels (Abschnitt 13.4) soll das demonstriert werden. Unter der Annahme, dass alle Quelldateien bereits unter .\source\anwendungen\wleitung\ liegen, sind folgende Schritte nötig:

1. Datei → Neu → Projekt...
   (a) Typ: Empty Project
   (b) Sprache: C
   (c) Name: wleitung
   (d) Projektdatei speichern unter .\source\wleitung\wleitung.dev
2. Projekt → Zum Projekt hinzufügen und im „Datei öffnen"-Dialog die Dateien wleitung.h, main.c, eingabe.c, berechne.c und ausgabe.c aus dem Verzeichnis .\source\anwendungen\wleitung\ auswählen
3. Ausführen → Kompilieren + Ausführen

Zur Übersetzung eines OpenGL-Programms muss der Compiler mit Optionen angewiesen werden, alle nötigen Bibliotheken einzubinden und ein Windows-Programm zu erzeugen. Für den Farbwürfel aus Abschnitt 10.6.2 ergibt sich:

1. Datei → Projekt oder Datei öffnen..., z.B. .\source\wuerfel.c
2. Werkzeuge → Compiler Optionen
   (a) Klick auf Folgende Befehle beim Compiler-Aufruf hinzufügen
   (b) In das Eingabefeld darunter:
       -mwindows -lopengl32 -lglu32 -lglut32
3. Ausführen → Kompilieren und Ausführen

Das Programm verfügt über eine gute Dokumentation, die unter dem Menüpunkt Hilfe zugänglich ist. Für alle weiteren Fragen sei auf sie verwiesen.

Literaturverzeichnis

[Boe 81]   Boehm, B.: Software Engineering Economics. New Jersey: Prentice Hall Verlag 1981

[Böh 96]   Böhm, R.; Wenger, S.: Methoden und Techniken der Systementwicklung. Zürich: vdf 1996

[Boo 99]   Booch, G.; Rumbaugh, J.; Jacobson, I.: The Unified Modeling Language User Guide. Object Technology Series. Reading, Massachusetts: Addison Wesley Longman, Inc. 1999

[Che 76]   Chen, P. P.: The Entity-Relationship Model – Towards a Unified View of Data. ACM Transactions on Database Systems 1 (1976)(1) 9–36

[Chi 97]   Chin, N.; Frazier, C.; Ho, P.; Liu, Z.; Smith, K. P.; Leech (Editor), J.: The OpenGL Graphics System Utility Library (Version 1.3). Silicon Graphics, Inc. 1992–1997

[Cod 82]   Codd, E.: Relational Databases: A Practical Foundation for Productivity. Communications of the ACM 25 (1982)(2) 109–117

[Dum 00]   Dumke, R.: Software-Engineering: Eine Einführung für Informatiker und Ingenieure: Systeme, Erfahrungen, Methoden, Tools. Vieweg-Lehrbuch. Braunschweig: Vieweg 2000

[Fol 90]   Foley, J. D.; van Dam, A.; Feiner, S. K.; Hughes, J. F.; Phillips, R. L.; Gordon (Editor), P. S.: Introduction to Computer Graphics. Addison-Wesley Publishing Company, Inc. 1994, 1990

[Fol 99]   Foley, J. D.: Computer Graphics: Principles and Practice. Addison-Wesley Systems Programming Series. Reading, Massachusetts: Addison Wesley Longman, Inc. 1999

[Gol 90]   Goldschlager, L.; Lister, A.: Informatik: eine moderne Einführung. Hanser-Studienbücher, 2. Aufl. München, Wien: Carl Hanser Verlag 1990

[Het 93]   Hetze, B.: Programmieren in C: Einführung in die Sprache; Übungen am PC. Studienliteratur Informatik, 1. Aufl. Hamburg: VMS, Verl. Modernes Studieren 1993. Zweibändiges Werk

[Heu 00]   Heuer, A.; Saake, G.: Datenbanken: Konzepte und Sprachen. Informatik Lehrbuch-Reihe, 2. Aufl. Bonn: MITP-Verlag 2000

[Hru 02]   Hruschka, P.; Rupp, C.: Agile Softwareentwicklung. München: Hanser

Verlag 2002

[Job 87]   Jobst, E. (Hrsg.): Mikroelektronik und künstliche Intelligenz. Berlin:
           Akademie-Verlag 1987

[Ker 90]   Kernighan, B. W.; Ritchie, D. M.: Programmieren in C: mit dem C-
           reference-Manual in deutscher Sprache. PC professionell, 2. Aufl. Mün-
           chen, Wien: Carl Hanser Verlag 1990

[Kil 96a] Kilgard, M. J.: The OpenGL Utility Toolkit (GLUT) – Programming In-
           terface (API Version 3). Silicon Graphics, Inc. 1996

[Kil 96b] Kilgard, M. J.: OpenGL^{TM} – Programming for the X Window System.
           Addison-Wesley 1996

[Kru 99]   Kruchten, P.: Der Rational Unified Process. Eine Einführung. 2. Aufl.
           Reading, Massachusetts: Addison Wesley Longman, Inc. 1999

[Kup 88]   Kupper, H.: Grundlagen der Informatik für Ingenieure. Vorlesungs-
           skript, Otto-von-Guericke-Universität Magdeburg 1988

[Lun 91]   Lunze, K.: Einführung in die Elektrotechnik. 12. Aufl. Berlin: Verlag
           Technik 1991

[Mel 02]   Melton, J.; Simon, A. R.: SQL 1999: Understanding Relational Language
           Concepts. Morgan Kaufmann Publishers 2002

[Men 97]   Menge, R.: Offener Jurassic Park. SE – Software Entwicklung (1997)

[Rem 99]   Rembold, U.; Levi, P.: Einführung in die Informatik für Naturwissen-
           schaftler und Ingenieure. 3. Aufl. München, Wien: Carl Hanser Verlag
           1999

[Sch 87]   Schefe, P.; Hussmann, M.: Informatik – eine konstruktive Einführung:
           LISP, PROLOG und andere Konzepte der Programmierung. Nr. 48 in
           Reihe Informatik, 2. Aufl. Mannheim: BI-Wissenschaftsverlag 1987

[Sed 92]   Sedgewick, R.: Algorithmen in C++. München: Addison-Wesley Verlag,
           ein Imprint der Pearson Education Company Deutschland 1992

[Seg 97]   Segal, M.; Akeley, K.; Frazier (Editor), C.: The OpenGL Graphics System
           – A Specification (Version 1.1). Silicon Graphics, Inc. 1992–1997

[Stö 99]   Stöcker, H. (Hrsg.): Taschenbuch mathematischer Formeln und moder-
           ner Verfahren. 4. Aufl. Thun und Frankfurt am Main: Verlag Harri
           Deutsch 1999

[Str 98a] Stroustrup, B.: An Overview of the C++ Programming language. In:
           S. Zamir (Hrsg.), Handbook of Object Technology. Boca Raton, FL: CRC
           Press 1998. URL: http://www.research.att.com/~bs/papers.
           html

[Str 98b] Stroustrup, B.: Die C++-Programmiersprache. 3. Aufl. München:
           Addison-Wesley Verlag, ein Imprint der Pearson Education Company
           Deutschland 1998

[Str 99]   Stroustrup, B.: Learning Standard C++ as a New Language. C/C++
           Users Journal 17 (1999)(5) 43–54. URL: http://www.research.att.

      `com/~bs/papers.html`

[Tür 03]   Türker, C.: SQL:1999 & SQL:2003 – Objektrelationales SQl, SQLJ & SQL/XML. dpunkt-Verlag 2003

[Wil 95]   Willms, G.: Das C-Grundlagen-Buch: der Grundstein für erfolgreiches Programmieren mit C. 2. Aufl. Düsseldorf: Data-Becker 1995

[Wil 99]   Willms, A.: C++-Programmierung: Programmiersprache, Programmiertechnik, Datenorganisation . 4. Aufl. Reading, Massachusetts: Addison Wesley Longman, Inc. 1999

[Zei 96]   Zeidler, E. (Hrsg.): Teubner-Taschenbuch der Mathematik. Stuttgart, Leipzig: B. G. Teubner Verlagsgesellschaft 1996

Index

überladen 158
  Operator 158
4GL 210

Abbruch
  kontrollierter 75
Adressen 113
Aggregatfunktionen 221
Aiken 15
Algorithmus 26
  Bisektionsverfahren 248ff.
  Bresenham-Algorithmus 178
  Differential Digital Analyser 175
  Gauß-Algorithmus 253f.
Alternative 60
Anforderungsanalyse 233
Anfragesprache 217, 219
Anweisung
  bedingte 58
Array 78
Attribut 143, 211ff.
Aufzählungstyp 93
Ausdruck
  logischer 59

Babbage 15
Backus-Naur 38
Benutzerkomponenten 210
Benutzeroberfläche
  grafische 169, 183, 187
Benutzersichten 206, 222
Berechenbarkeit 29
Bewegung 180
Bezeichner 45

Bezugsoperator 151
Bildschirmfenster 179
Bildwiederholspeicher 168
Bit 40
Bitfeld 90
Block 58
Boole 16
boolean 56
Bottom-up 95, 239
break 63, 75
Bubble-Sort 116

C-Sprache 43
CAD 169
call by reference 101
call by value 98
calloc 119
char 56
Compiler 263, 276
Computer 25
Computer Aided Design 169
Computeranwendungen 21
Computergrafik 168, 171
continue 75

Data Definition Language 217
Data Dictionary 206, 209
Data Manipulation Language 218
Datei 127
Dateiverwaltungssystem 205
Datenbank 205
Datenbank-Management-System 205
  Anforderungen 205
Datenbankmodell 216

Datenbanksystem 205
    objektrelational 208
Datendefinitionskomponenten 210
Datendefinitionssprache 217
Datenintegrität 207
Datenmanipulationssprache 218
Datenmodell 49
Datenobjekt 49
Datensicherung 207
Datentypen 49
Datenunabhängigkeit 208, 222
Debugger 276
default 63
Destruktor 157
Dev-C++ 272, 276, 278
do-while 68
Dokumentation 237
    projektbegleitende 259, 264
Doppelpufferung 183, 199
Drei-Ebenen-Schema-Architektur
    208
Drei-Ebenen-System-Architektur 209
Dualsystem 50

EckertMauchly 15
Editor 276f.
Einfachvererbung 144, 152
Einstein 17
Elementfunktion 149
Elimination 254f.
else 60
Engineering 225
Entity 211
Entity-Relationship-Modell 210f.
Entity-Typ 211
Entwurf 234
enum 92
EOF 134
ER-Modell 210
ereignisorientierte Programmierung
    187
Eventhandler 187

Fallunterscheidung 62
fclose 130
Feld 78
    dynamisch 118, 121
    eindimensional 79, 102, 114
    mehrdimensional 81, 105, 117
feof 134
Festkomma 51
fgetc 134
fgets 136
FILE 128
Flagfeld 243
fopen 129
for 66
Formalismen 30
Format 45
Fourth Generation Language 210
fprintf 132
fputc 134
fputs 137
Framebuffer 183
fread 137
free 119
Fremdschlüssel 213
Fremdschlüsselattribut 214
fscanf 132
ftell 138
Funktion 95, 142
    als Parameter 107
    Elementfunktion 149
    Inline-Funktion 150
    rekursiv 110
    virtuell 154, 167
fwrite 137

Geräteunabhängigkeit 205
Gleichungssystem
    lineares 253
Gleitkomma 52
GLU 184, 188
GLUT 184, 187f., 276

goto 76
GUI 169, 183, 187

Halteproblem 30
Header-Datei 262f., 265, 268
Hollerith 15

IDE 272, 276
if 59
Implementierung 234
information hiding 144, 149
Informationsdarstellung 40
Informationssystem 225
Inheritance 144, 152
Inline-Funktion 150
Instanz 143
Instanzierung 152
Instanzvariable 149
Integration 206
integrierte Entwicklungsumgebung
        272, 276
Integrität 207
Interface 262
Intervallschachtelung 248
Iteration 65

Jacquard 15
JOIN-Operation 220

Kapselung 143
Kardinalität 212
Katalog 206, 209
Klasse 143, 211
Kodierung 40
Kommentar 45
Komplexität 30
Konsistenz 207
Konstante 49
Konstruktor 155, 166
    leerer 156
Koordinaten
    Augenkoordinaten 193

Bildschirmkoordinaten 180
Fensterkoordinaten 193
homogene 181
Normalkoordinaten 180
Objektkoordinaten 193
Weltkoordinaten 188, 193
Koordinatensystem 178ff., 188
Korrektheit 30
Kreis 177f.

Leibniz 15
LGS 253
Linie 173ff.
Linker 263, 271
Liste
    verkettete 123
    zyklische 243f.

make 271f.
makefile 271
malloc 118
Matrix 193ff., 254ff.
Mehrfachvererbung 144, 154
Mehrfachverzweigung 58, 62
Metadaten 206, 209
Methoden 216, 235
Meyer 17
Modifizierer 149, 153
modular 95
Modularisierung 142, 259, 262
Multimedia 171
Multimediadatenbanksystem 208

Neumann 15
Newton 17
Normalisierung 214, 223

Objekt 143, 211
Objektdatei 263
objektorientierter Ansatz 143
objektorientiertes Datenbankmodell
        216

objektorientiertes Datenbanksystem
    208
objektrelationales Datenbankmodell
    216
objektrelationales Datenbanksystem
    208
OpenGL 169, 180, 183, 276
OpenGL Utility Library 184
OpenGL Utility Toolkit 184
Operation 25
Operationen 206
Operator
    überladen 158
    logischer 59
Operatoren 43
Optimierer 210

parallele Änderungen 204
Parameter 96f.
Parameterliste 96
Pascal 15
Phasenmodell 229
Pixel 168, 173, 181
Pixmap 168
Pointer 113
Polygon 177
Polymorphie 167
Polymorphismus 145, 154
Problemdefinition 232
Programm 28
Programmierkomponenten 210
Programmiersprache 29, 35
Projektverwaltung 259, 272, 276
Prototyp 97
Prozess 26
Prozessor 27
Punkt 168, 173, 181
puts 85

Qualitätsmerkmale 229
Quellcode 46
Query Language 219

Rücksubstitution 254f.
Rastertechnik 168
Raumpunkt 189
realloc 119
Rechnergenerationen 18
Redundanz 204
Reinitialisierung 66
Relatinales Datenbanksystem 207
Relation 213
Relationenmodell 213
Relationship 211
Rembold 17
return 97
rewind 132
Rotation 180f.

Schema 212
    extern 209
    intern 209
    konzeptuell 209
Schema-Architektur 208
Schickard 15
Schlüssel 212f.
Schlüsselattribut 214
Schlüsselwort 44
Schleife 65
    abweisende 66, 69
    anfangsgeprüfte 66, 69
    endgeprüfte 66
    geschachtelte 72
    nichtabweisende 66, 68
Schnittstelle 96
Schrittweite 66
scope operator 151
seek 138
Selection-Sort 102
Selektion 58
Semantik 37
Sequenz 58
Sichten 206, 210, 222
Simulation 169

sizeof 80, 94, 119, 137
Softwareengineering 259
Softwareentwicklungsprozess 226
Softwareergonomie 242
Softwarelebenszyklus 228
Softwaretechnologie 225
späte Bindung 146
Speicherverwaltung
    dynamisch 243
Spezifikation 234, 259f., 262
Spiralmodell 235
Sprung 75
SQL 217, 219
stdio.h 128
Steueranweisung 58
strcat 85
strcmp 85
strcpy 85
Stream 146
String 83
strlen 85
struct 87
Structured Query Language 217, 219
Struktur 87, 105, 120, 261ff., 265
strukturierte Programmierung 142
Strukturierung 142
switch 62
Synchronisation 207
Syntax 37
Syntaxdiagramm 38

Teiler 33
Test 234
Testrahmen 259
Textur 184
Top-down 95, 239
Top-Down-Entwurf 259
Transaktion 207
Transformation 179f., 193ff.
    Animation 180, 182, 198f.
    Rotation 180f., 194f.
    Scherung 180, 182, 196

Skalierung 180ff., 194f.
    Spiegelung 180, 182
    Translation 180f., 194f.
Transformationskomponenten 210
Tupel 213
Turing 16
typedef 87, 92

überladen 152
union 89

Variable 49
    Instanzvariable 149
Vektor 181, 254ff.
Verbundanweisung 58
Vererbung 144, 152, 216
    einfach 144, 152
    mehrfach 144, 154
Verschiebung 180f.
Verzerrung 180, 182
Verzweigung 58
Vielgestaltigkeit 145
Viewport 179
void 97
Vordeklaration 150
Vorgehensmodell 235

Wasserfallmodell 235
while 76, 132
while 69
Wiederholung 65

Zählschleife 66
Zahlen 50
Zeichenkette 83, 116
Zeiger 113, 243
    auf Funktion 107
    Funktionszeiger 188, 249
Zugriffsebene 149
Zugriffskontrolle 205, 207
Zuse 15
Zyklus 65

Teubner Lehrbücher: einfach clever

Brauch/Dreyer/Haacke

Mathematik für Ingenieure

10., durchges. Aufl. 2003. 752 S. mit 450 Abb., 419 Beisp. u. 312 Aufg., z.T. m. Lös. Br. ca. € 39,90
ISBN 3-519-56500-5

Inhalt: Grundlagen - Abbildungen - Funktionen - Spezielle Funktionen - Lineare Algebra - Differentialrechnung - Integralrechnung - Reihen - Differentialgeometrie - Funktion mehrerer Variablen - Vektoranalysis - Komplexe Zahlen und Funktionen - Gewöhnliche Differentialgleichungen - Laplace-Transformation - Statistik

Dobrinski/Krakau/Vogel

Physik für Ingenieure

10., überarb. Aufl. 2003. ca. XIV, 743 S. mit 550 Abb. u. 47 Tab. Geb. ca. € 39,90
ISBN 3-519-46501-9

Inhalt: Mechanik - Wärmelehre - Elektrizität und Magnetismus - Strahlenoptik - Schwingungs- und Wellenlehre - Atomphysik - Festkörperphysik - Relativitätstheorie

Neben den klassischen Gebieten der Physik werden auch moderne Themen wie Laser, Quanten-Hall-Effekte und die Josephson-Effekte, die als Teil der Quantentechnik in der Anwendung immer wichtiger werden, ausführlich dargestellt.

B. G. Teubner
Abraham-Lincoln-Straße 46
65189 Wiesbaden
Fax 0611.7878-400
www.teubner.de

Teubner

Stand 1.7.2003. Änderungen vorbehalten.
Erhältlich im Buchhandel oder im Verlag.